冬奥会综合管廊项目
全过程建设管理

韩宝江　黄茂兰　安志强 ｜ 主编
江玉生 ｜ 主审

中国建筑工业出版社

图书在版编目（CIP）数据

冬奥会综合管廊项目全过程建设管理 / 韩宝江等主编；江玉生主审. -- 北京：中国建筑工业出版社，2024. 9. -- ISBN 978-7-112-30215-4

Ⅰ. TU245.4

中国国家版本馆 CIP 数据核字第 2024NM5545 号

责任编辑：刘颖超　李静伟
责任校对：张　颖

冬奥会综合管廊项目全过程建设管理

韩宝江　黄茂兰　安志强　主编
江玉生　　　　主审

＊

中国建筑工业出版社出版、发行（北京海淀三里河路 9 号）

各地新华书店、建筑书店经销

国排高科（北京）信息技术有限公司制版

鸿博睿特(天津)印刷科技有限公司印刷

＊

开本：787 毫米×1092 毫米　1/16　印张：17　字数：390 千字

2024 年 9 月第一版　　2024 年 9 月第一次印刷

定价：**140.00** 元

ISBN 978-7-112-30215-4

（43497）

编 委 会

主　编：韩宝江　黄茂兰　安志强

主　审：江玉生

编　委：江　华　胡　皓　张　奥　汤志立　李一昕
　　　　康晓乐　邹　浩　王建伟　王　龙　王　磊
　　　　郭宇泰　丁　聪　刘佳宁　李志强　史金栋
　　　　徐志伟　王　冲　黄子晔　牛晓鑫　谢中俊
　　　　祝明闯　徐博超　郑　琪　刘玉章　李鹏飞

参编单位：中铁电气化局集团有限公司
　　　　　中铁十八局集团有限公司

北京作为世界首个荣膺"双奥之城"美誉的城市，继 2008 年夏季奥运会之后，在 2022 年成功举办了冬季奥运会。这一盛事不仅极大地推动了国内冰雪运动的普及和提升，也成为加速科技创新、城市智慧化进程和基础设施现代化的关键动力。作为这一历史性事件的重要组成部分，冬奥会延庆赛区"生命线"——延庆赛区外围综合管廊项目，其投资、建设与运维的全生命周期管理实践，为城市可持续智慧发展提供了新的视角和实践案例。

2022 年北京冬奥会延庆赛区，见证了世界上首个山岭隧道综合管廊工程的诞生，这一创举在全球范围内尚无先例，标志着工程技术领域的一次重大突破。《冬奥会综合管廊项目全过程建设管理》这本书，以一个亲历者的角度全方位审视记录这一工程的深远影响。记录了综合管廊工程项目策划、设计、施工到运营的每一个环节，从项目的战略规划、创新设计、精细施工以及智能化运营等多个维度铺陈开来，展现了一个大型工程项目如何在多方协作下，克服重重困难最终圆满完成冬奥任务的卓越表现。通过对这一工程投资建设运维全过程的深度剖析，我们希望为读者展示大型基础设施项目管理的全貌，也为未来智慧城市综合管廊建设提供参考和启示。

我们诚邀您翻开这本书，与我们一同深入了解冬奥会综合管廊项目的建设与管理。无论您是工程项目管理的专业人士，还是对大型体育赛事基础设施建设感兴趣的读者，都希望本书能为您提供宏观的视野和深刻的洞察。由于作者水平有限，书中难免存在错漏和不足之处，敬请专家和广大读者不吝赐教，多提批评指导意见，以利修正。

目录

第一篇 / **绪 论**
——综合管廊的诞生

第 1 章 相互成就——双奥之城与冬奥管廊 / 3

1.1 世界上的双奥之城与综合管廊 / 3

1.2 综合管廊——冬奥会延庆赛区生命线 / 6

1.3 绿色、开放、共享、廉洁 / 8

第 2 章 集约创新——冬奥管廊工程立项 / 12

2.1 太行与华北交织——管廊建设的地质难题 / 12

2.2 开疆拓土，责任在肩——规划方案确定 / 19

2.3 真抓实干，创新引领——集约高效的综合管廊 / 28

第 3 章 任务使命——管廊工程部署规划 / 37

3.1 管廊建设——冬奥建设重要一环 / 37

3.2 水域充沛——管廊输水得天独厚 / 39

3.3 2022 年冬奥会延庆赛区水务保障规划 / 41

第二篇 / **横空出世莽太行，阅尽人间春色**
——管廊建造纪实

第 4 章 规划设计方案确定 / 45

4.1 冬奥管廊设计——选线 / 45

4.2 冬奥管廊设计——建筑 / 47

4.3 冬奥管廊设计——结构 / 55

4.4 冬奥管廊设计——工法 / 58

第 5 章　施工进程纪实 / 61

　　5.1　冬奥管廊施工——TBM 段 / 61

　　5.2　冬奥管廊施工——钻爆段 / 74

第 6 章　施工过程管理 / 77

　　6.1　冬奥管廊管理——施工全过程 / 77

　　6.2　冬奥管廊管理——心得 / 81

第三篇　不畏这山高，不畏这雪多
　　　　　——攻坚克难

第 7 章　一条山路，工程生命线 / 85

　　7.1　拥堵的山路 / 85

　　7.2　松闫路交通管控 / 86

　　7.3　综合管廊施工中的渣土外运 / 88

第 8 章　支洞部署难题 / 90

　　8.1　制定支洞施工总体方案 / 90

　　8.2　支洞施工全过程 / 92

第 9 章　渗漏水难题 / 103

　　9.1　探析围岩渗透特征 / 105

　　9.2　涌水量实时监测 / 108

　　9.3　涌水量计算预测 / 113

　　9.4　隧道涌水攻坚克难引起的思考 / 117

第 10 章　绿色施工及环保 / 119

　　10.1　绿色施工措施 / 119

　　10.2　环保体系 / 124

第 11 章　攻坚克难利器——管廊创新技术总结 / 132

　　11.1　风险控制与 BIM 技术 / 132

　　11.2　超前地质预报与预警管理 / 132

　　11.3　智慧管理可视化平台 / 133

第四篇 飞起玉龙三百万，搅得周天寒彻
——运维管理体系

第 12 章　入廊管线安装 / 137

12.1　管廊安装原则 / 137
12.2　施工前期全方位准备工作 / 138
12.3　施工方案及技术措施 / 139
12.4　质量管理体系与措施 / 157
12.5　安全管理体系与措施 / 161
12.6　冬期和雨期施工方案 / 162
12.7　应急预案 / 165

第 13 章　冬奥会综合管廊项目的运维平台体系 / 169

13.1　运维管理基本原则与概况 / 169
13.2　运维管理重点与难点 / 172
13.3　运维管理中的"得"与"失" / 174

第 14 章　综合管廊建设过程中的节能减排 / 177

14.1　装备优化提升节能工况 / 177
14.2　精细化能源管控策略助力运营期节能 / 182
14.3　精细化能源管理策略 / 196

第五篇 夏日消融，江河横溢
——后冬奥时代海坨山发展

第 15 章　冬奥管廊工程经验面向全国的推广——北京城市
综合管廊 / 201

15.1　冬奥综合管廊工程经验总结 / 201
15.2　冬奥综合管廊工程经验推广 / 204

第 16 章　后冬奥时代海坨山的发展 / 213

16.1　延庆海坨山滑雪旅游度假地 / 213
16.2　海坨山踏青 / 218
16.3　海坨山山谷露营音乐节 / 221

16.4 海坨山越野挑战赛 / 224

16.5 延庆后奥运时代总结 / 226

第六篇 / **千秋伟业，谁人曾与评说**
——冬奥管廊工程总结与启示

第 17 章 冬奥综合管廊工程总结 / 233

17.1 建设过程质量 / 233

17.2 冬奥管廊工程品质 / 246

17.3 冬奥管廊技术创新 / 248

第 18 章 冬奥参与者的感受与感悟 / 259

写给 2022 年的自己的一封信 / 259

第一篇

绪　论

综合管廊的诞生

第 1 章

相互成就——双奥之城与冬奥管廊

1.1 世界上的双奥之城与综合管廊

1.1.1 双奥之城

冬季奥林匹克运动会，简称冬奥会或冬季奥运会，是国际奥林匹克委员会主办的世界性冬季项目运动会，也是目前世界规模最大的冬季综合性运动会。冬季奥运会每隔 4 年举行 1 届。2015 年 7 月 31 日在马来西亚吉隆坡举行的国际奥委会第 128 次全会上，投票确定 2022 年冬奥会的最终举办城市是北京和张家口，其中北京市将承办冰上项目比赛，北京市的延庆区和河北省张家口市共同承办雪上项目。

习近平总书记强调，在北京举办一场全球瞩目的冬奥盛会，必将极大振奋民族精神，有利于凝聚海内外中华儿女为实现中华民族伟大复兴而团结奋斗，也有利于向世界进一步展示我国改革开放成就、和平发展主张。

"双奥之城"是新时代北京城市的一个新形象、一张金名片，不仅代表了对国际奥林匹克大家庭的贡献，也反映了北京建设国际一流和谐宜居之都的生动实践，具有鲜明的时代特征和丰富内涵。

一是时代性。继 2008 年夏奥会之后，2022 年冬奥会花落北京，这是中国百年奥运梦想与中华民族伟大复兴之梦的伟大结晶。习近平总书记表示，举办北京冬奥会、冬残奥会来之不易、意义重大，同实现"两个一百年"奋斗目标高度契合，给新时代北京发展注入了新的动力。截至目前，北京已成为国际上唯一举办过夏季和冬季奥运会的"双奥城"。这一重要指示，从时代和全局的高度对举办北京冬奥会的意义给予了肯定，对北京"双奥之城"的城市形象寄予了厚望。国际奥委会主席巴赫也明确表示，北京冬奥会将是一次历史性的盛会，因为北京是第一个既举办夏季奥运会又将举办冬季奥运会的城市，这对于整个奥林匹克运动都很重要。回顾现代奥运会的历史，从 1896 年雅典奥运会起，共有 28 座城市承办了夏奥会；自 1924 年第 1 届冬奥会举办以来，至今已有 20 座城市承办了冬奥会，北京成为世界上首座"双奥之城"。

二是文化性。奥运会是体育与文化相结合的典范，集精彩的体育竞技、独特的文化魅力和强烈的人文精神于一身。奥运会的文化价值既包括其丰富的仪式和标志体系，比如圣火仪式、口号、会徽（图 1.1-1）、吉祥物等，又反映在东道国和举办城市展示文化传统、促进文明交流的实践创新之中。北京拥有 3000 多年的建城史、800 多年的建都史，传统文化与现代文明在这里交相辉映，是具有重要国际影响力的大都市。奥运会对北京城市文化建设与发展产生了广泛而深刻的影响，"鸟巢""水立方""冰丝带"等艺术性建筑和奥运文化遗产相继诞生，志愿服务精神开花结果，传统文化保护受到了广泛关注，冰雪文化推广蓬勃开展，等等。"双奥之城"不仅见证了城市文明程度、市民文明素质的不断提升，也促进了奥运文化与古都文化、红色文化、京味文化、创新文化的融合发展，形成了丰厚的文化底蕴。

图 1.1-1　北京双奥会徽

三是可持续性。1994 年，国际奥委会在"体育、文化"之后，将"环境"确立为奥林匹克运动的第三大支柱。环境和可持续发展问题在奥林匹克运动史上得到了前所未有的重视。国际奥委会也要求举办城市必须具备城市美化、环境优雅的条件。2008 年，北京奥运会将"绿色奥运"列为三大主题之一。2022 年，北京冬奥会明确提出"绿色办奥"的理念，把环境保护与可持续利用放在重要位置，抓好低碳场馆、低碳能源、低碳交通、林业碳汇等措施，并推动首钢园区转型升级、建设冬季奥林匹克公园，为城市留下宝贵的环境遗产。同时，以奥运会为契机开展环境教育，提升市民环境素养，营造人人爱护环境、人人参与环境建设、人人共享环境建设成果的良好局面。进入新发展阶段，"绿色北京"战略正在深入实施，绿色生产生活方式日益成为社会共识，这是"双奥之城"的应有之义和坚实保障。

四是国际性。体育是全世界共通的语言，为促进不同国家、地区和不同民族的交流搭建了一座桥梁。在两个世界性大型综合性赛会的筹办过程中，北京城市所蕴含的国际性、开放性特点充分彰显，形成了从"同一个世界，同一个梦想"到"纯洁的冰雪，激情的约会"的生动实践。习近平总书记指出，开放办奥，就要坚持面向世界、面向未来、面向现代化，使冬奥会成为对外开放的助推器。当前，北京正在加快建设国际一流和谐宜居之都，更好服务国家开放大局。"双奥之城"是北京对外开放的一扇窗、一张金名片，在弘扬奥林匹克精神、促进中外体育交流的同时，为深入开展对外文化推广、讲好中国故事、北京故事，展示大国首都良好形象提供新契机新平台。

对中国来说，获得冬奥会举办权是一个新的起点。在筹办冬奥盛会的六年中，在党的领导下，在创新、协调、绿色、开放、共享的新发展理念引领下，在实现中华民族伟大复兴中国梦的战略指引下，在古老中国这片充满梦想的大地上，还将不断上演东方奇迹，国家富强、民族振兴、人民幸福；同时还将引领世界合作共赢、和平发展、永续发展，在送给世界一届精彩、非凡、卓越的冬奥会的同时，构建一个环境更舒适、发展更均衡、生活更美好的家园！

1.1.2　北京冬奥会延庆赛区配套综合管廊

2022 年冬奥会延庆赛区位于北京市延庆区西北约 18km 海坨山，覆盖张山营镇西大庄科村及其周边地区，该赛区计划举办高山滑雪、有舵雪橇、无舵雪橇和俯式冰橇等项目，计划建设国家高山滑雪中心、国家雪车雪橇中心、奥运村、媒体中心等场馆（图 1.1-2）。其中国家高山滑雪中心、国家雪车雪橇中心也是为了大力推动雪上项目和冬季奥林匹克运动在中国的发展、培养国家滑雪竞技运动员而特别建设的国家级场馆。

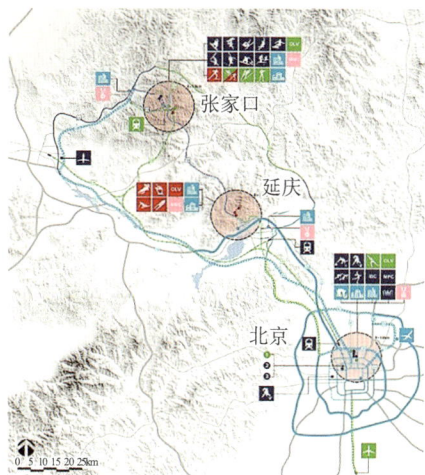

图 1.1-2　冬奥会赛区建设图

为了保障 2022 年冬奥会延庆赛区雪上项目顺利举行，以及赛后国家高山滑雪中心、雪车雪橇中心等场馆的可持续利用，同时由于延庆赛区周边现有市政基础设施没有考虑冬奥会举办的需求，需要梳理相关资源及设施，提出冬奥会延庆赛区市政基础设施保障的解决方案，增强赛区及关联区域市政基础设施保障能力，提升服务水平，建议建设综合管廊作为各类市政管线从外部接引到奥运村的共同通道，拟入廊管线包括：2DN800 造雪输水管道、2DN400 生活用水输水管道、2～4 条 110kV 电缆、2～4 条 10kV 电缆、12 孔电信管道、4 孔有线电视管道。

1.2　综合管廊——冬奥会延庆赛区生命线

延庆赛区位于大陆季风气候区，处于温带与中温带、半干旱与半湿润气候的交汇处。赛区海拔较高，地形像一个西南开口的口袋，使得季风影响显著，四季变化明显。冬季干燥而寒冷，夏季多雨，春秋两季则多风少雨。该区域多年平均降水量（1956—2013 年）为438.7mm，时空分布极不均匀，汛期降水总量占全年降水量的 70%。多年平均水面蒸发量（1961—2000 年）为 1652mm。

按照冬奥会赛事特点，延庆赛区赛事需水预测主要针对赛区内赛道造雪（冰）、景观造雪、人员与公共建筑三个部分，分为赛事准备期和赛事赛期两个供水时段。

1）造雪用水

延庆赛区人工造雪主要集中在国家高山滑雪中心赛道造雪和赛区景观造雪两个部分。冬奥会赛期按照 2021—2022 年雪季测算，雪季为 150d，造雪高峰用水在雪季初期，全力保障赛区有比赛和训练任务的赛道首先完成造雪任务。

2）造冰用水

赛区赛道人工造冰主要是指国家雪车雪橇中心的赛道造冰，赛道造冰长度约 1800m（赛道长度约 1500m），赛道造冰平均厚度在 50mm。

3）人员与公共建筑用水

赛区办公生活需水量为 13 万 m^3，高日需水量 4642m^3/d。

4）需水小计

延庆赛区赛期需水总量约在 225 万 m^3，造雪需水量为 206 万 m^3，自来水需求量为19 万 m^3。

根据延庆赛区用水保障需求，佛峪口水库现有蓄水能力难以独立满足赛区用水需求。因此，区域水资源优化配置保障对赛区赛事用水需求的保障作用更加明显。延庆赛区水资源保障初步计划通过输水设施将白河堡水库地表水注入佛峪口水库，根据赛区用水的动态特征满足赛区赛时的动态用水需求。白河堡水库多年来对北京市供水安全发挥了重大作用，经复核，白河堡水库多年平均上游来水量远高于延庆赛区用水量，因此通过佛峪口水库和白河堡水库的联合调度能够满足赛区水资源保障的需求。

北京 2022 冬奥管廊隧道建设可谓"急难险重"，且这一特点贯穿建设各环节及全过程，主要体现在以下 4 个方面：

（1）"急"：有效工期不足一年

2017 年 9 月 15 日项目实质性开工，2019 年 1 月 4 日隧道贯通，跨越两个冬季，难度最大的隧道贯通阶段仅用了"15 个月"。

（2）"难"：施工工艺难、三通一平施工环境条件差

工艺难：本项目采用 TBM 及钻爆法施工工艺。施工工艺复杂，TBM 施工难度主要体现在三方面。一是大坡度：TBM 连续大坡度上坡掘进施工，向上坡度 4.56%，为国内首例。

二是不良地质段、浅埋段占比大，TBM 掘进施工困难。三是 TBM 始发段为 V 类围岩，采用钢拱架形式对隧道进行初期支护，由于围岩稳定性较差，为防止变形进一步扩大引起危险，必须及时采取有效措施处理。

爆破法施工难点：隧道围岩地质情况较差，竖井及围护桩施工靠近高边坡，安全风险大，施工范围较广，工期紧，施工任务重，需要合理安排爆破施工与其他工序的衔接工作，保证爆破施工的效率和质量。隧道施工过程中存在不可预见因素，如洞口段、浅埋段、偏压段、断层破碎带、溶洞、岩爆等在开挖、支护过程中均具有一定的风险。

交通难：场内运输车辆较多，运输交叉复杂，任务较重。场外运输时（尤其松闫路）社会车辆、邻近在建施工项目工程车较多，道路运输繁忙。本工程起点为佛峪口水库大坝南侧空地，标尾为 23m 深、25m 长、14m 宽竖井，与延崇高速交叉，沿线有国家高山滑雪中心、国家雪车雪橇中心、奥运村、媒体中心等多个项目同时建设，且有松闫公路通行，双车道沥青路面，其他段落均无路通行，人员、设备、材料运输困难。

环保要求高：本标段属冬奥会配套工程，而且本标段施工处于松山自然保护区范围内，环境保护和森林防火要求非常高。

（3）"险"：地质条件复杂

作为国内第一条山岭隧道综合管廊，缺乏成熟的施工经验可供借鉴，同时又面临高海拔、大坡度、生态环境敏感、地质条件复杂等诸多不利条件。管廊因内部舱室较多、结构复杂，洞内二衬、分舱隔板等主体结构施工与公路、铁路等传统山岭隧道具有很大不同，施工空间和施工通道受到很大限制。

工程区主要岩性为燕山晚期侵入的花岗岩，花岗岩中分布有辉绿岩、花岗斑岩、正长斑岩等岩脉。在山谷间沟谷地带分布为第四系松散覆盖层，岩性以洪积、冲积作用形成的卵漂石、碎石土为主，含大孤石。区域地下水以基岩裂隙水及局部沟谷孔隙潜水为主，地下水总体流向由北向南、南东流，与地表沟谷水系统流向基本一致。

依据地勘资料，本标段围岩主要为Ⅲ类围岩，岩性主要为花岗岩，掺杂白云质灰、安山岩、辉绿岩等。其中Ⅱ类围岩占比 24.6%，Ⅲ类围岩占比 45.5%，Ⅳ类围岩占比 22.6%，Ⅴ类围岩占比 7.3%。

（4）"重"：冬奥会赛区"生命线"

2020 年 1 月举行"冬奥会测试赛"。入廊管线包括造雪给水、生活给水、再生水、电力、电信及有线电视等，为赛场造雪用水需求、赛区生活用水循环、赛区电力保障、赛区通信和赛事直播等提供市政管线能源输送支持，是维持保障延庆赛区国家高山滑雪中心、国家雪车雪橇中心、奥运村、媒体中心等设施正常运行的生命线。

北京 2022 冬奥会综合管廊隧道作为冬奥会延庆赛区"生命线"工程，为北京 2022 冬奥会延庆赛区提供稳定可靠的基础设施保障。作为国内首条山岭综合管廊，从建设到运维都是缺乏经验的，从可行性研究到最后建成运维筚路蓝缕，怀揣梦想，逐渐摸索，热情饱满，一群具备相关专业能力与责任心的管理者持续推进项目，怀着"为天地立心，为生民立命，为往圣继绝学，为万世开太平"的情怀，进行冬奥会综合管廊建设及运维管理，以期为后续类似工程提供一定的借鉴和参考。

1.3　绿色、开放、共享、廉洁

　　冬奥质量聚焦于冬奥场馆和基础设施规划、设计、施工、运营、赛后再利用全过程。按照习近平总书记指示，根据"绿色办奥、共享办奥、开放办奥、廉洁办奥"的要求，坚持百年大计、精心设计、精心施工，严格落实节能环保标准，保护生态环境和文物古迹，体现中国元素和当地特色，让奥运场馆与自然山水、历史文化交相辉映，成为值得传承、造福人民的优质资产。

1.3.1　冬奥质量理念

　　冬奥场馆和基础设施建设践行"以运动员为中心、可持续发展、节俭办赛"的办奥承诺，牢固树立"绿色办奥、共享办奥、开放办奥、廉洁办奥"理念，突出科技、智慧、绿色、节俭特色，以绿色建造的方式保障全过程高质量建设。通过填补国内空白编制完成与国际接轨的中国标准，吸收引进国外先进技术，研发形成具有自主知识产权的中国技术，运用中国智慧创新性提出的可持续中国方案，为世界奉上一届"精彩、非凡、卓越"的盛会，打造人与自然和谐共生的奥运遗产。

1.3.2　冬奥质量总体要求

　　积极响应各方对冬奥场馆及基础设施的相关要求，将冬奥质量理念贯彻到北京2022年冬奥会和冬残奥会策划、建设和赛后利用全过程。

　　（1）坚持绿色办奥。牢固树立绿色发展理念，始终把环境保护与可持续利用放在重要位置，突破创新场馆与基础设施建设节能环保技术，实现奥林匹克运动与环境共生共荣。

　　（2）坚持共享办奥。积极调动社会各界力量参与办奥，基于场馆与基础设施建设，打造一批人与自然和谐共生的奥运遗产，以推动城市管理水平和社会文明程度的提升，让市民品尝到竞技运动结出的硕果。

　　（3）坚持开放办奥。加强国内外技术交流，借鉴北京奥运会和其他国家比赛场馆与基础设施建设经验，以世界眼光、中国标准创造冬奥质量，向世界再一次展现大国风采。

　　（4）坚持廉洁办奥。严格预算管理，控制办奥成本，强化过程监督。秉持公开、透明、公正的基本原则，是中国对国际奥委会、奥林匹克运动、中国人民和全世界人民的尊重与承诺。

1.3.3　冬奥质量特征

　　北京2022年冬奥会和冬残奥会筹办过程中，重视人与自然的和谐相处，坚持把绿色可持续理念贯穿场馆和基础设施建设全过程，以绿色建造为抓手，满足国际奥委会以及各单项体育组织关于场馆竞赛的要求，建设过程中凸显绿色生态、节俭廉洁、智慧建造、工业化装配、国际水平、中国智慧的特征，通过编制完成与国际接轨的中国标准填补国内相关领域空白，采用研发形成的具有自主知识产权的中国技术，运用中国智慧创新性提出可持续中国方案，实现绿色可持续的冬奥质量理念，努力将北京冬奥会场馆和基础设施建设成为我国向世界展示生态文明建设成果的重要平台和窗口，形成"绿色奥运"项目的物质遗产，强化国人心中的"绿色发展"理念。

1）绿色生态（绿色化）

为实现场馆和基础设施建设全过程的绿色化，响应绿色奥运理念，在建设过程中实施严格的生态保护，电力供应全部采用绿色电力绿色电网覆盖，应用绿色施工等绿色建造相关技术减少施工对环境产生的影响，积极采用绿色建材，实施高星级的绿色建筑标准提升建筑品质。

2）节俭廉洁

通过科学策划、全过程统筹，采用创新技术，并建立健全规章制度，严格预算管理，控制建设成本，强化过程监督，实现场馆持续利用，全力落实习近平总书记"廉洁办奥"的重要指示，确保"让冬奥会像冰雪一样纯洁干净"，实现"节俭奥运、廉洁奥运、阳光奥运"。节俭办奥运是可持续发展的一项重要内容，是可持续发展理念在赛事筹备和举办过程中的具体体现。从2008年到2018年，北京对节俭办奥运有了更深刻、更全面的认识。

3）智慧建造

北京2022年冬奥会场馆在设计和建造过程中使用建筑信息模型（BIM）、互联网＋等先进技术，实现了项目工程施工建设的绿色、智能、低碳、集约化的智慧管理模式。在冬奥工程中应用到的智能与云存储等先进技术，提升了建造质量，保证了安全可靠施工，确保在确定的施工周期内高质量完成建设目标，这必定会引领智慧建造迎来一场全新变革。

通过BIM技术可以对工程用量的数值加以修订，减少误差。为保证在规定的施工周期内完成施工，采用了三维可视化的进度管理以及施工技术交底，通过将施工计划及现场施工信息关联到BIM模型中，进行统一管理，提升了施工质量，保证了施工工期（图1.3-1）。

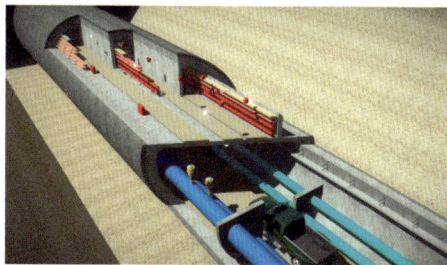

图1.3-1　BIM截面图

（1）智慧工地系统

智慧工地系统的建设将计算机技术与物联网应用相结合，通过RFID数据采集技术、ZigBee无线网络技术以及视频监控等手段，实现对现场施工人员、设备、物资的实时定位，有效获取人员、机械设备、物资位置信息、时间信息、轨迹信息等，及时发现遗漏异常行为，实现自动化监管设施联合运作，提高应急响应速度和事件的处置速度，形成人管、技管、物业管理、联管、安管五管合一的立体化管控格局，变被动式管理为主动式智能化管理，有效提高施工现场的管理水平和管理效率。同时，通过与BIM系统的整合，实现项目资源信息与基础空间数据的结合，构造一个信息共享、集成的、综合的工地管理和决策支持平台，实现经济和社会效益的最大化。

基于"智慧工地"系统平台，工程建设管理层可以随时随地掌握项目的进展情况，监控现场的施工动态，及时发现问题并督促施工单位、项目负责人及时整改隐患，杜绝各种违规操作和不文明施工现象，促进安全生产和工程质量管理。

（2）数字化交付

使用 BIM 技术在计算机中建立一座数字工程实体，数字工程实体中的各个模块信息反映了设计思路及施工工艺要求。通过三维建模和仿真分析对项目的建设功能及质量进行评估，并通过软件可以对项目建成后的结算给出正确合理的参考值，完成项目验收及数字化交付。

项目在设计阶段主要完成参数化设计、性能化模拟、施工图 BIM 模型建立等工作，施工阶段主要完成深化设计 BIM 模型建立、碰撞检查、施工模拟、辅助方案编制、构件信息整理等工作，运维阶段主要完成运营管理平台搭建和维护等工作。

（3）智慧管廊

为保障综合管廊及入廊管线的安全运行，以 BIM、GIS、大数据、云存储等技术为基础，自主研发了综合管廊智慧运维平台，为运营管理公司和行业主管部门提供服务。该平台集"智能监控、数据采集、预警报警"等多种功能于一体，融合了"标准、制度、流程、预案"等相关内容，并与手机 APP 移动终端、管廊内部设备等系统有机结合，实现了"智慧感知、智慧管理、智慧决策"，打破行业主管部门与管线单位的信息壁垒，开启智慧运维的新篇章。

（4）工业化装配

在冬奥场馆和配套基础设施建设中，注重运用先进科技手段，通过采用工业化建造方式，实现节约能源、降低物耗、降低对环境的压力以及资源循环利用的可持续发展目标。装配式建筑、工业化施工以及工业化的临时建筑在北京冬奥会场馆及基础设施建设中得到了充分应用，响应了"坚持以运动员为中心、坚持可持续发展、坚持节俭办赛"的办奥理念。

冬奥会管廊项目采用高效 TBM 硬岩掘进机进行开挖建设，大大降低了施工难度，提高了施工效率。整机全长 155m，总重 1800t，驱动功率 3500kW，装配 68 把滚刀（8 把中心刀，52 把面刀，8 把边刀）；刀盘安装新刀时开挖直径为 10230mm，刀具磨损到极限时开挖直径不小于 10200mm。

（5）国际水平

北京冬奥会策划坚持"绿色办奥、共享办奥、开放办奥、廉洁办奥"的要求，在场馆和基础设施规划、设计以及建设过程中，采用国际先进技术和工艺，执行标准与国际接轨，满足国际奥委会以及各单项体育组织的竞赛要求。

（6）中国智慧

在场馆和基础设施规划、设计以及建设过程中，在国际标准基础上，通过编制完成与国际接轨填补国内空白的相关标准，研发具有自主知识产权的中国技术，运用中国智慧提供冬奥建设的中国解决方案，不仅满足国际奥委会以及各单项体育组织关于场馆竞赛的要求，而且实现了绿色可持续的冬奥质量理念。

第 2 章

集约创新——冬奥管廊工程立项

2.1 太行与华北交织——管廊建设的地质难题

2.1.1 自然地理条件

管廊工程位于北京市延庆区张山营镇，西、北分别与河北省怀来县、赤城县接壤，东、南分别与北京怀柔区、昌平区毗邻。冬奥赛区位于延庆区西北部山区，东经 115°44′～116°34′、北纬 40°16′～40°47′，距北京中心城区 90km，距延庆新城约 18km。延庆区是首都北部重要的生态涵养区，是京津冀协同发展重要的北部门户，全区总面积 1994km²，其中：平原区面积 522km²，山区面积 1452km²，属于燕山山脉，最高峰为海坨山主峰海拔 2241m。赛区大部隶属于松山国家自然保护区，区内山峦起伏，植被发育。延庆区属大陆季风气候，冬季干旱、夏季多雨、春季多风、秋季凉爽少雨。区域年内气温变化较大，全年最高气温在 6～7 月份，最低气温在 1～2 月份。据延庆地区气象观测资料（1959—2009 年），全区年平均温度 8.5℃，7 月平均气温 23℃，1 月平均气温则为−8.8℃。年均无霜期 155～165d，初霜日在 10 月下旬，终霜日在 3 月下旬。延庆区降水量变化较大，张山营站多年平均降水量 448.8mm（1956—2000 年），年最大降雨量 688.0mm（1969 年），年最小降雨量 200.0mm（1965 年），降水在年内、年际间分布不均衡，汛期 6～9 月降水量约占全年降水量的 80%。多年平均蒸发量为 958.2mm（1980—2000 年），年平均气温 8.4℃，相对湿度 57%，年平均风速 2.6m/s。区内地表土层从每年的 10 月开始冻结，至第二年 4 月解冻，历时 5 个月，最大冻结深度一般出现在 2 月。区域标准季节性冻土深度为 1.20～1.35m。工程区内交通条件差，进入区内唯一公路为松闫路，双向两车道，弯道较多。而进入佛峪口沟赛区核心区原仅有人行山道，随着冬奥项目各建设单位的推进，2017 年 7 月底，进入赛区核心区的临时公路（2 号路）竣工投入使用。

2.1.2　工程地质情况

1）地形地貌

延庆区北东南三面环山，西邻官厅水库的延庆八达岭长城小盆地，即延怀盆地，延庆位于盆地东部。区域中北部地貌属于中高山，北部最高峰大海坨山海拔 2241m，是北京市第二高峰，小海坨山在大海坨山南侧，海拔 2198.39m。海坨山山脉呈西南—东北走向，山体坡度为 30°～60°，也是北京西北与河北省的行政分界和分水岭（图 2.1-1）。

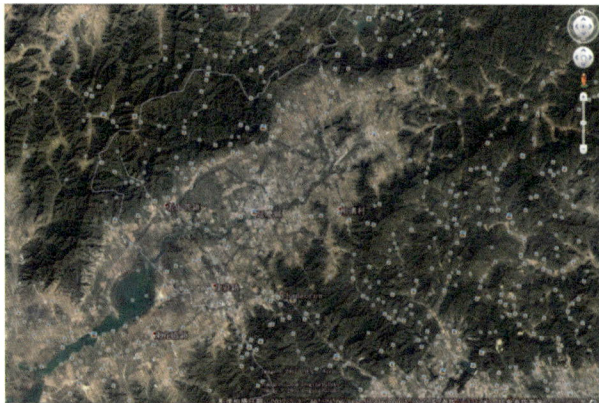

图 2.1-1　地质平面图

海坨山主要发育有东、西和南向三条季节性河谷。西向河谷经大海坨村流入张家口境内；东向河谷经小龙门村流入玉渡山水库；南向河谷经西大庄科村流入佛峪口水库。

海坨山是水库佛峪口沟的发源地，沟谷向南经西大庄科村流入佛峪口水库。水库两岸山体陡峻，山顶高程一般 800～1200m，山间沟谷狭窄，以 V 形谷为主，谷底纵坡大。大坝坝址谷底高程 600m，坝顶高程 643.44m，佛峪口沟总长 11km，沟谷平均坡降 12%，其中库区相对较缓，平均坡降约 4%。

区域南部即为延庆盆地，盆地呈北东向的长条形分布，地形平缓，地面高程一般 480～500m，整体地势自北东向南西倾斜，是典型的山间构造断陷盆地。妫水河由北东向南西纵贯整个盆地，盆地中部为妫水河冲积平原区，西北、东南两侧为山地和山麓斜坡，山前地带分布有孤山和残丘。

综合管廊沿线地貌形态可划分为中低山、中山山区及山间沟谷区两大类，属于海坨山佛峪口沟河流域范围。管廊沿线总体地势由低向高，穿越山区被 7 条较大沟谷切割，其中最大沟谷即为佛峪口沟谷（4 号沟谷，管廊交叉桩号 3＋700），常年有基流，沟谷宽约 90m，谷底高程约 755m；其次为 2 号沟谷（桩号 1＋800），沟谷宽约 80m，谷底高程约 710m；其他沟谷依次为 3 号沟谷（桩号 2＋830），沟谷宽约 50m，谷底高程约 760m；5 号沟谷（桩号 4＋300）宽约 50m，谷底高程约 832m；10 号沟谷（桩号 4＋770）宽约 60m，谷底高程约 908m；6 号沟谷（桩号 5＋300）宽约 80m，谷底高程约 957m；7 号沟谷（桩号 5＋870）宽约 60m，谷底高程约 1007m。沟谷间山体高大雄厚，峰顶高程一般 700～1350m，山势较陡，山坡坡度一般 30°～40°、局部可达 70°，缓坡树木等植被茂密。管廊沿线有两段浅埋深段，即起点段（桩号 0＋030～0＋210）上覆土 3～5m、穿佛峪口沟段（桩号 3＋635～3＋740）上覆土 12～15m，其余段埋深一般 30～300m。

2）地层岩性

工程区主要岩性为燕山晚期侵入的花岗岩，属于北京地区规模巨大的延庆大海坨花岗岩侵入体，成岩基状产出，分布面积 80km²，粗粒结构或中细粒斑状结构。花岗岩体中分布有辉绿岩、花岗斑岩、正长斑岩等岩脉，规模较大的可延伸达 1km（图 2.1-2）。

图 2.1-2　现场地质情况图

北部小海坨山主峰东南部分布有侏罗系髫髻山组安山岩、粗安岩及安山角砾岩，呈条带状分布，南北长约 4km、东西宽约 2km。佛峪口水库大坝下游两岸山体主要岩性为长城系大红峪组石英岩、泥晶白云岩、燧石白云岩，高于庄组白云岩、燧石条带白云岩等（图 2.1-3）。

图 2.1-3　现场岩体情况

在山体间沟谷地带分布有第四系松散覆盖层，岩性以洪积、冲积作用形成的卵漂石、碎石土为主，含大孤石。山体表层分布有残坡积碎石土，局部缓坡台地分布有黄土类土体。

佛峪口水库区南部延庆盆地地层主要为第四系冲洪积松散沉积物，岩性主要为黏性土、粉土夹砂、砾石层。第四系地层厚度变化较大，在官厅水库一带最大沉积厚度可达 1000m以上；在中部延庆城关一带基岩埋深相对较浅，最浅处厚度小于 400m。第四系下伏基岩地层主要以白垩系和侏罗系为主，其中延庆盆地中心以白垩系为主，侏罗系主要分布于盆地的边缘地带，并在盆地四周山区有大面积出露。

管廊起点山体分布有长城系白云质灰岩、燧石条带白云岩、石英岩及安山岩岩脉等。在山体间沟谷地带分布有第四系松散覆盖层，岩性以洪积、冲积、崩积作用形成的卵漂石、碎石土为主，含大孤石。山体表层分布有残坡积碎石土。

管廊起点明挖段（桩号 0+030～0+210）地层岩性主要成分为第四系洪积层卵砾石土，分布不均匀，中密—密实，卵砾石含量占 50%～70%，漂石含量占 5%～10%，漂石粒径可达 2m。管廊隧洞进口段（桩号 0+210～0+550）受花岗岩侵入接触影响，地层岩性多变，为长城系白云质灰岩、石英岩以及后期侵入的安山岩岩脉及花岗岩。白云质灰岩，灰白色，粉细晶结构，以薄层、中厚层状为主，夹泥页岩薄层，岩层产状约 135°∠50°。石英岩，灰白色，细粒变晶结构，层状构造，以薄层状为主，岩体破碎。管廊隧洞其余段地层岩性主要为花岗岩及其他岩脉，岩体呈块状、次块状、镶嵌结构，局部碎裂结构，受构造影响带岩体有蚀变现象、强度降低，完整性变差。钻探取芯多呈柱状、局部碎块状，岩芯 RQD 一般为 30%～80%，花岗岩石英含量为 20%～40%。其中 2 号沟谷覆盖层厚度一般为 11.00～26.70m，岩性主要为块碎石土；佛峪口沟谷覆盖层厚度一般为 3.00～16.00m，岩性主要为卵漂石。

3）地质构造

按新构造单元划分，工程区属于燕山台褶带（Ⅱ1）密（云）怀（来）中隆断（Ⅲ2）大海坨中穹断（Ⅳ4），南邻延庆新断陷（Ⅳ7），见图 2.1-4。

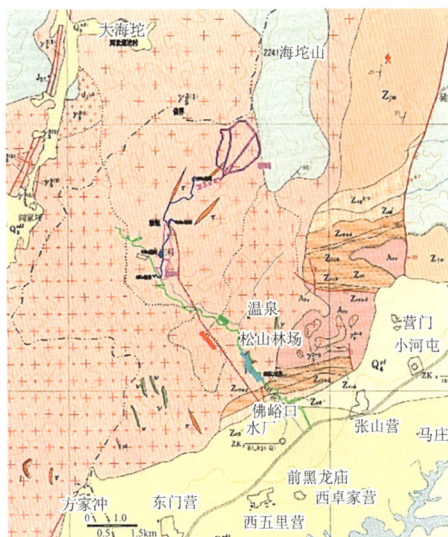

图 2.1-4　工程区域地质图

大海坨中穹断（Ⅳ4）：本区主要特点是该区处于紫荆关深断裂北延部位，燕山运行中、晚期该断裂构造强烈活动，有规模较大的大海坨花岗岩基侵入。受其控制的火山熔岩与火山碎屑沉积岩明显地发育于断陷盆地的部分地区。

延庆新断陷（Ⅳ7）：地貌上为一北东—南西向延伸的盆地。早古生代末期，本区逐渐隆起直至中生代初期仍继续上隆并有向盆地北缘上冲、挤压之势；中生代中、晚期除边缘局部有厚度不大的上侏罗统陆相火山喷发—沉积外，核部地带仍保持隆起状态；直至新生代中、晚期发生隆断，逐渐形成断陷，接受上第三系及第四系的沉积。

工程区主要构造方向为北东向、近南北向。其中，佛峪口水库南约 2km 的佛峪口—黄柏寺断裂，走向北东转至东东，倾向南东，倾角约 70°，为正断层。该断裂是一条燕山期形成的规模较大、构成延庆盆地的北部边界。近南北向断裂多隐伏于第四系覆盖层下，见图 2.1-5。

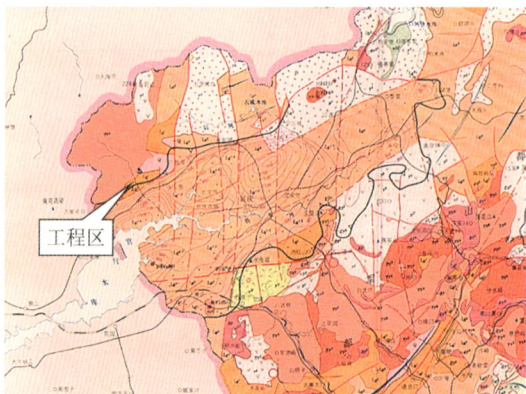

图 2.1-5 工程地质构造图

水库区位于怀来、延庆盆地西北缘，历史上最大地震是 1720 年的沙城地震，震中区地震烈度为 9 度，其次为 1337 年的怀来 8 度地震。根据《中国地震动参数区划图》GB 18306—2015，工程区地震动峰值加速度为 0.20g，相应地震基本烈度为 8 度。

4）场地地震动参数及场地类别

根据《中国地震动参数区划图》GB 18306—2015 及《建筑抗震设计规范》GB 50011—2010（2016 年版），本场地设计基本地震加速度，管廊起点佛峪口水库大坝下游左岸管理处院南处为 0.24g，其余为 0.20g，设计地震分组为第二组，抗震设防烈度为 8 度。鉴于本项目已开展专项地震安全性评价工作，地震动参数应以地震安全性评价报告提供的参数为准。根据《建筑抗震设计规范》GB 50011—2010（2016 年版），综合分析判定管廊沟谷段场区地基土类型为中软土—中硬土，判定建筑场地类别为 II 类；管廊山体段场区地基土类型为软质岩石—岩石，判定建筑场地类别为 I_0 类，属抗震有利地段。

根据《建筑抗震设计规范》GB 50011—2010（2016 年版），场地山间沟谷第四系覆盖层以块碎石土为主，无分布连续稳定的粉土层及砂层，经初判，场区不存在可能液化层。

5）水文地质

管廊沿线地下水以山体基岩构造裂隙水及沟谷覆盖层孔隙潜水为主，地下水含水层及流向受地形、地层、构造及风化带控制。花岗岩体富水性主要受大地构造及囊状风化壳控制，总体富水性较弱，局部条带富水性中等强，地下水位变化大。山间沟谷孔隙潜水埋深也变化较大，穿佛峪口段地下水接近地表。工程区地下水补给来源主要为大气降水、地表水入渗以及山区地下水侧向径流补给等。佛峪口主沟常年有基流，水量受大气降水影响，变幅较大，汇入下游的佛峪口水库；其他沟谷有季节性流水。基岩裂隙水位受岩体节理裂隙构造影响，地下水位变化大；潜水水位随季节变化，年变幅一般为 1～2m。多年变幅主要受大气降水量控制，见图 2.1-6。

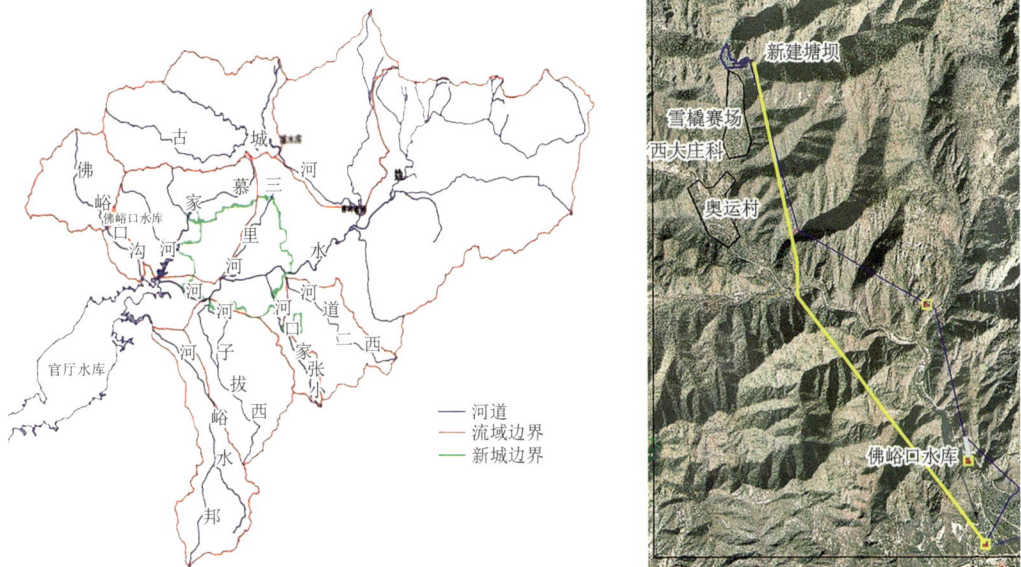

图 2.1-6　水位分布图

钻探期间（2017 年 6～11 月），综合管廊起点段（0 + 030～0 + 600），地下水位高程 540～554m，低于管廊底板，管廊沿线其他段地下水位均高于顶板，沟谷间山体基岩裂隙地下水位总体上与山体形态基本一致，谷间最高水位一般位于山脊分水岭，谷间分水岭水位高程 740～1010m，地下水位高于隧洞洞顶最大约 140m，基岩岩体富水性不均一，主要受构造等结构面控制。本次钻孔揭露地下水仅反映管廊隧洞穿越沟谷及浅埋段，而大部分基岩山体中的地下水位是经综合分析地形地貌、地层岩性、节理裂隙构造及含水岩组水文地质条件等给出的。

重点沟谷地下水位：管廊穿越最大沟谷佛峪口主沟，沟内常年有基流，孔内揭露地下水位埋深 0.00～0.70m，水位高程 752.59～753.95m，含水层为沟谷洪冲积块碎石覆盖层，地下水位高于隧洞洞顶约 12m。2 号沟谷，孔内揭露地下水位埋深 16.40～54.10m，水位高程 683.78～694.89m，含水层为沟谷洪冲积块碎石覆盖层及花岗岩构造破碎带，地下水位高于隧洞洞顶 33～40m。3 号沟谷，孔内揭露地下水位埋深 6.00～7.00m，水位高程 749.91～753.12m，含水层为沟谷洪冲积块碎石覆盖层，地下水位高于隧洞洞顶 44～46m。6 号沟谷，钻孔内揭露地下水位埋深 5.8～21.3m，水位高程 947.2～959.7m，沟谷内含水层为洪冲积块碎石、卵漂石覆盖层，地下水位高于隧洞洞顶 55.2～67.7m。7 号沟谷，钻孔内揭露地下水位埋深 5.0m 左右，水位高程 1003.5m，沟谷内含水层为洪冲积块碎石、卵漂石覆盖层，地下水位高于隧洞洞顶约 60m。

综合分析钻孔基岩压水试验成果，白云质灰岩透水率 $q = 1.8 \sim 193$Lu，平均值 59.7Lu，具中等透水性；安山岩透水率 $q = 2.66 \sim 17.9$Lu，平均值 6.76Lu，具中等透水—弱透水性；2 号沟谷中细粒花岗岩透水率 $q = 1.32 \sim 220$Lu，平均值 8.07Lu，具中等透水—弱透水性，局部具强透水性。3 号沟谷中粗粒花岗岩、花岗斑岩透水率 $q = 1.58 \sim 12.0$Lu，平均值 3.46Lu，具中等透水—弱透水性；3 号沟谷中细粒花岗岩透水率 $q = 1.46 \sim 5.90$Lu，平均值 2.79Lu，具弱透水性。4 号沟谷中（佛峪口沟）细粒花岗岩透水率 $q = 1.39 \sim 25.6$Lu，平均值 8.08Lu，具中等—弱透水性。5 号沟谷，花岗岩透水率 $q = 0.22 \sim 10.4$Lu，平均值 2.7Lu，具弱透水性。6 号及 7 号沟谷，花岗岩（细粒花岗岩、花岗斑岩）透水率 $q = 1.08 \sim 11.00$Lu，平均值 4.46Lu，具弱透水性；花岗岩中闪长岩岩脉透水率 $q = 0.10 \sim 6.8$Lu，平均值 3.38Lu，具弱透水性。局部岩体破碎带、节理裂隙密集带无法卡塞试验，实际岩体透水率将会比试验结果偏大。沟谷之间的山体基岩渗透性可就近参照同一类型岩体透水率，按地质原理综合分析，其渗透性总体上比沟谷处岩体要弱。地面测绘的断层碎破带，综合分析其总体具中等透水性。佛峪口沟谷处基岩上部的漂卵石含水岩组，分布不均匀，其渗透系数经验值可按 $300 \sim 400$m/d 考虑。

管廊沿线共取 9 组地下水样及 6 组地表水样进行水质分析试验，依据《岩土工程勘察规范》GB 50021—2001（2009 年版）判定，场区地下水、地表水对混凝土结构、钢筋混凝土结构中的钢筋具微腐蚀性。场区及周边地区无土壤污染源，管廊隧洞围岩均为基岩（局部断层破碎带），依据《岩土工程勘察规范》GB 50021—2001（2009 年版）判定，场区岩土对混凝土结构、钢筋混凝土结构中的钢筋具微腐蚀性。

管廊起点段（0 + 030～0 + 600），据地形地貌、岩性、构造节理等及钻孔揭露、压水试验成果综合分析，隧洞开挖不会出现揭露地下水，但在雨季期间，洞内可能产生由降雨形成的渗水或滴水，局部可能产生线状流水。管廊其余段，隧洞开挖会揭露地下水，地下水会沿构造节理裂隙、断层破碎带、节理密集带产生滴水、线状流水，局部可能会发生涌水，特别是穿沟谷段及断层破碎带段涌水的可能性更大。综合管廊各洞口高程满足防洪要求。

经过计算各支洞口不同重现期水文流量及水位见表 2.1-1。

不同重现期水文流量及水位　　　　　　　　表 2.1-1

重现期	30 年		100 年		洞口高程（m）
	流量（m³）	水位（m）	流量（m³）	水位（m）	
1 号支洞	9.500	667.000	12.5000	667.200	675.000
5 号支洞	220.000	705.522	285.000	705.767	707.000
松闫路竖井	220.000	756.400	285.000	757.550	758.050
2 号支洞	115.000	810.500	150.000	811.200	812.000
3 号支洞	—	—	8.100	903.451	906.190
4 号支洞	85.000	954.745	110.000	954.870	956.550
管廊末端	100.000		130.000	1000.000	1002.452

6）围岩类别

综合分析各种勘察成果，按照《水利水电工程地质勘察规范》GB 50487—2008，结合工程类比及经验，综合管廊隧洞主洞围岩类别以Ⅱ、Ⅲ类为主，主要分布于山体段；Ⅳ类次之，主要分布于沟谷浅埋段；局部Ⅴ类，主要分布于隧洞进出口、构造破碎带、蚀变带及岩体接触带。其中，Ⅱ类围岩长 1230m，占总长约 19.7%；Ⅲa 类围岩长 1570m，占总长约 25.1%；Ⅲb 类围岩长 1560m，占总长约 25.0%；Ⅳ类围岩长 1428m，占总长约 22.8%；Ⅴ类围岩长 462.52m，占总长约 7.4%。

围岩划分段内若有断层分布，根据断层规模及其对隧洞围岩影响程度，按其破碎带宽度适当降低围岩类别，工程地质剖面图中反映的山体断层与隧洞交叉位置会有偏差，这是由于断层产状会有变化等因素决定的。隧洞沿线两侧 100m 范围内可见各类岩脉百余条，工程地质剖面图上却没有反映，这是由于地表出露的位置与地下位置分布不一致，还有的岩脉可能没有延伸至地表，岩脉与隧洞交叉位置更不易确定。隧洞实际开挖掘进中，围岩划分段内若有岩脉分布，根据岩脉岩性及其对隧洞围岩影响程度，按其宽度适当调整围岩类别。

7）岩土工程分级

参照《铁路工程地质勘察规范》TB 10012—2019 附录 A 岩土施工工程分级表，管廊明挖块碎石（卵砾石）施工分级等级为Ⅳ级，管廊隧洞开挖花岗岩施工分级等级为Ⅵ级。参照《水利工程设计概（估）算编制规定》（水总〔2002〕116 号文）附录，管廊明挖块碎石（卵砾石）施工分级等级为Ⅳ级，隧洞花岗岩施工分级等级为Ⅺ～Ⅻ级。

8）气象

冬奥会延庆赛区属大陆季风气候区，是温带与中温带、半干旱与半湿润的过渡地带。由于海拔较高，地形呈口袋形向西南开口，故大陆季风气候较强，四季分明，冬季干冷，夏季多雨，春秋两季多风少雨。1980—2000 年多年平均气温 8.8℃，7 月平均气温 23.2℃，1 月平均气温为−8.8℃；1980—2000 年间最高气温 39℃，最低气温−27.3℃。年无霜期平原区 180～190d，山区 150～160d。该区域多年平均降水量（1956—2013 年）为 438.7mm，时空分布极不均匀，汛期降水总量占全年降水量的 70%。多年平均水面蒸发量（1961—2000 年）为 1652mm。

2.2　开疆拓土，责任在肩——规划方案确定

根据北京市规划和国土资源管理委员会发布的《2022 年冬奥会延庆赛区外部市政保障规划》，延庆赛区（图 2.2-1）位于延庆新城西北方向张山营镇范围内的小海坨山区域。由于现有市政基础设施并未考虑到冬奥会举办的需求，因此有必要对相关资源和设施进行全面梳理，以提出针对性的解决方案，确保延庆赛区市政基础设施的保障能力，提升服务水平，满足奥运会的需求。为了解决这一问题，建议建设综合管廊，以集中管理和维护各类市政管线。目前计划纳入综合管廊的管线包括：2DN800 造雪输水管道：用于输送造雪所需的水资源，确保雪上项目的顺利进行；2DN400 生活用水输水管道：为赛区内的生活用水提供保障，满足日常生活和赛事需求；2～4 条 110kV 电缆：为赛区提供稳定、高效的电力供应，确保

各项设施的正常运行；2～4 条 10kV 电缆：作为辅助电力供应，进一步提高电力系统的可靠性和安全性；12 孔电信管道：为赛区提供高速、稳定的通信服务，满足信息传输和赛事直播的需求；4 孔有线电视管道：为赛区内的有线电视用户提供高质量的广播电视信号。

图 2.2-1　延庆赛区俯瞰图

通过建设综合管廊，可以有效整合各类市政管线，提高资源利用效率，降低维护成本，同时也有利于保护环境和景观，减少对赛区周边生态环境的影响。这将有助于提升延庆赛区及关联区域市政基础设施的保障能力，为 2022 年冬奥会的成功举办提供有力支持。

初选工程路考虑综合管廊建设周期、廊内管线出支等需求，初选工程总体路由设计方案分为在现状松闫路东侧山体内开挖隧道构成输水管线方案和沿现状松闫路路下明挖构成输水管线方案，同时还对河谷内明铺和河谷内明挖直埋方案等进行了分析比较，分别如下：

1）在松闫路东侧山体内开挖隧道构成输水管线方案。

在山体内开挖隧道后，在初衬基础上采用钢筋混凝土二次衬砌，将隧道建设为综合管廊，管廊内布置造雪引水、生活用水、中（污）水排放管线的设计方案。

根据隧道施工工法不同，可分为 TBM 工法和钻爆法。即以 TBM 工法为主开挖隧洞后，钢筋混凝土衬砌为综合管廊的设计方案；或以钻爆法为主开挖隧洞后，钢筋混凝土衬砌为综合管廊的设计方案。

2）沿松闫路路下开挖隧道构成输水管线方案。

本方案可根据最终形成输水管线结构形式，分为沿现状道路明挖后直接敷设管线方案和沿现状道路明挖沟槽后，现浇钢筋混凝土方涵为综合管廊的设计方案。即沿现状松闫路路下开挖沟槽后，直接敷设造雪引水、生活用水、中水排放管线的设计方案；或以沿现状松闫路路下，明挖沟槽现浇钢筋混凝土方涵形成综合管廊方案。

3）沟谷内明铺方案为将现状路拓宽或将防洪水位以上山坡开挖后敷设输水管线，输水管线冬季需采用保温措施；沟谷内明挖直埋为在现状道路下（佛峪口水库段）或沟谷内明挖开槽后直埋管线的设计方案。

方案比选后认为，沟谷明铺或明挖直埋方案存在防洪、运行管廊等方面难题，为不推荐方案；钻爆法、TBM 工法施工隧洞后＋衬砌而形成的综合管廊方案，对赛区其他工程或基础设施施工影响较小，而沿现状松闫路施工的两个方案严重制约其他工程进展，经与奥组委、市重大办、市水务局、区水务局等单位沟通，认为钻爆法或 TBM 工法施工方案为较优方案。

TBM 工法施工方案与钻爆法方案比较，TBM 工法能有效改善施工人员工作环境，施工安全程度较钻爆法得到有效提高，故一般认为 TBM 施工工法方案是较优推荐方案。但因本工程完工工期需考虑 2019 年冬季举办测试赛，故本工程完工工期需设定为 2019 年 10 月底，在国内 TBM 通用尺寸缺乏，且现有机械尺寸与本工程一致较少的情况下，采购设备周期较长，影响施工工期，因此初步推荐钻爆法施工方案。但如果国内有合适尺寸，通过租赁可解决 TBM 设备采购周期长的问题，可根据今后工程进展实际情况，灵活调整施工工法。

4）北京市水务局组织召开了《冬奥会延庆赛区造雪引水及集中供水工程》方案审查会，北京市延庆区水务局的代表参加了会议。与会专家听取了设计单位北京市水利规划设计研究院关于冬奥会延庆赛区造雪引水及集中供水工程方案汇报，经质询和讨论，形成主要评审意见如下：（1）工程设计方案基本合理，同意在现状松闫路东侧山体内开挖隧洞敷设造雪用水、生活用水、中水管线，保障延庆赛区用水需求和中水排放需求；专家通过对综合管廊隧洞、路下明挖直埋、路下混凝土方涵、明铺等 5 个管道铺设方案进行了充分论证，一致推荐综合管廊隧洞方案，电力、电信等管线可随隧洞敷设。（2）同意综合管廊隧洞采用钻爆法施工方案。（3）建议：①尽快商议赛区内部方案设计单位及电力、电信等专业公司，优化综合管廊断面、分支布置等；②抓紧开展详细的工程地质与水文地质勘察工作；③征求冬奥组委意见，细化完善造雪引水输水至小海坨山山顶的设计方案。

5）受北京松山国家级自然保护区影响调整的路由

本工程在前期设计过程中，发现本工程路由大部分位于北京松山国家级自然保护区的试验区，但局部 500～700m 位于自然保护区的缓冲区，而依据《中华人民共和国森林法》《中华人民共和国自然保护区条例》等法律法规，以及《北京松山国家级自然保护区总体规划》等，核心区、缓冲区内施工活动被严格禁止。

为促进工程进展，又比选了在现状松闫路和佛峪口水库西侧布置约 4150m 综合管廊的路由设计方案。

新路由方案起点仍位于佛峪口水库大坝南侧空地（图 2.2-2），向北从现状松闫路和佛峪口水库西侧的山体内布置约 4150m 综合管廊，然后向北再沿初选方案路由，或沿山体西侧山脚明挖现浇钢筋混凝土综合管廊。明挖现浇综合管廊方案提出，主要考虑初选方案含两段较长隧洞，均为工期控制段，而明挖现浇段场地较开阔，可多工作面施工，工期容易控制；同时，考虑明挖现浇段与赛区场馆邻近，管廊内管线出支方便；明挖现浇段还可以减少穿越佛峪口河、穿越阎崇高速段影响。路由方案比选见表 2.2-1

图 2.2-2 起点主洞

路由方案比选表   表 2.2-1

比选项目	方案		
	松闫路（佛峪口水库）东线路由	松闫路（佛峪口水库）西线路由	
		全线开挖隧洞方案	末端明挖现浇方案
地下水对施工影响	工程区大部分位于水库和河道洪水高程以上，地下水影响较小	起始段位于水库常水位以下，可能对施工造成一定影响	起始段位于水库常水位以下，可能对施工造成一定影响
对水利、电力、电信、有线电视等管线影响	目前管廊路由设计等以水利管线为主，但距离松闫路较近，较容易部分满足电信、有线电视沿松闫路出支需求	目前管廊路由设计等以水利管线为主，但起始段距离松闫路较远或受水库影响，较难满足电信、有线电视沿松闫路出支需求	目前管廊路由设计等以水利管线为主，但起始段距离松闫路较远或受水库影响，较难满足电信、有线电视沿松闫路出支需求。但明挖现浇段濒临奥运场馆建设区，管廊内管线出支等比较方便
施工支洞布置影响	全线距离松闫路较近，施工支洞位置、数量布置灵活，有利保障工期	首段约 4km 距离松闫路较远，受水库影响，能布置施工支洞位置有限	首段约 4km 距离松闫路较远，受水库影响，能布置施工支洞位置有限

经过综合比选，认为松闫路东线方案目前已经受到穿越自然保护区缓冲区制约，进展受到较大影响，故建议调整为松闫路西线方案。松闫路西线方案中，部分沿山体西侧山脚明挖现浇综合管廊方案能有效减少开挖隧洞对本工程工期制约，且可在施工结束后进行植被恢复，对自然环境破坏较小，有利于综合管廊内各类管线出支，为推荐路由方案。

6）冬奥会综合管廊土建部分简介

2022 年冬奥会延庆赛区外围配套综合管廊工程南起佛峪口水库管理处（图 2.2-3），北至赛区新建塘坝，总长 7.9km（主管廊 6.5km + 支管廊 1.4km），建设总投资约 17.5 亿元。入廊管线包括造雪给水、生活给水、再生水、电力、电信及有线电视等，是维持保障延庆赛区国家高山滑雪中心、国家雪车雪橇中心、奥运村、媒体中心等设施的生命线。

图 2.2-3　项目起点

修建地下综合管廊，不仅有利于节约用地和环境保护，有效减少对赛区周边松山国家级自然保护区的影响，同时也有利于开展入廊管线的施工、运营和维护等工作，为冬奥会延庆赛区提供稳定、可靠的基础设施保障。

综合管廊主线长 6.5km，支管廊长 1.4km，共 7.9km，自佛峪口水库起，布置于松闫路西侧山体内部，需下穿在建延崇高速，至山顶冬奥会赛区蓄水塘坝。综合管廊覆土深度 3～300m，坡度 5%～10%。全线根据施工方式划分为两个标段（图 2.2-4～图 2.2-6）。

冬奥会延庆赛区总平面图

超级大回转赛道
大回转赛道
安保线
管廊终点塘坝
管廊支洞
雪车雪橇中心
奥运村

里程6+500
里程5+954
里程5+140

高山赛区
松山国家级自然保护区
管廊主体

图 2.2-4 管廊全线及分支示意图与延庆赛区示意图

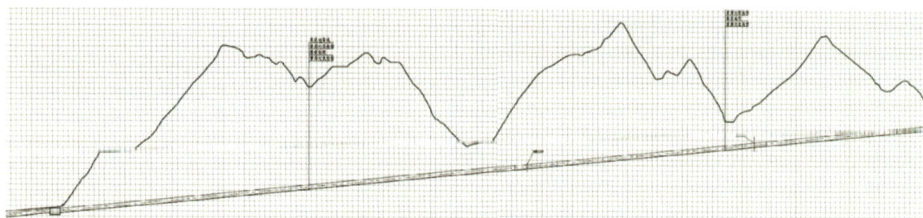

图 2.2-5 一标段纵断面（坡度 5%）

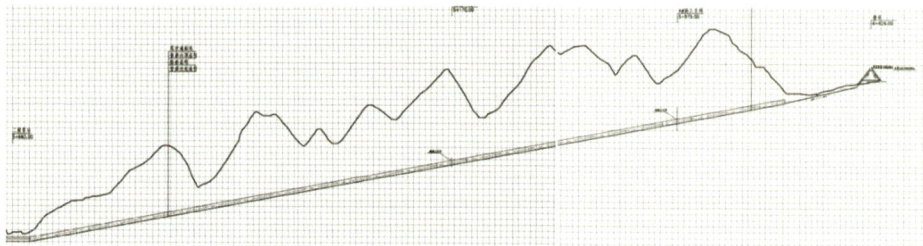

图 2.2-6 二标段纵断面（坡度 10%）

一标段隧道部分采用 TBM 工法，管廊断面为圆形（毛洞直径约为 10m），衬砌厚度约 0.7m，内部设置为下部水舱，上部电力舱（2 舱）、电信舱（图 2.2-7）。

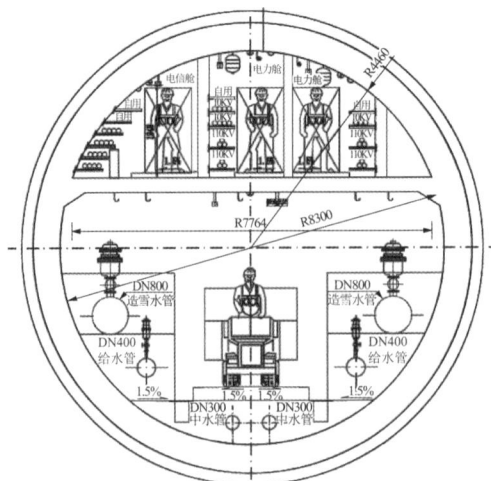

图 2.2-7　一标段横断面示意图

二标段隧道部分采用钻爆工法，管廊断面为城门洞形（毛洞尺寸约为 8.6m×8.6m），衬砌厚度约 0.7m，内部设置为下部水舱，上部电力舱（2 舱）、电信舱（图 2.2-8）。

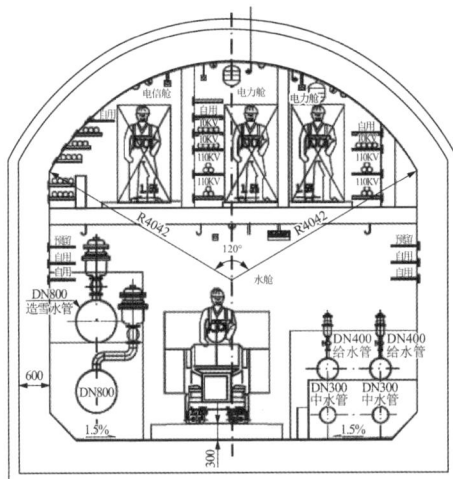

图 2.2-8　二标段横断面示意图

7）冬奥会综合管廊设备系统简介

2022 年北京冬奥会综合管廊设备系统分为供电系统、照明系统、通风系统、标识系统、支架及封堵系统、环境与设备监控系统、安防系统、通信系统、电力监控系统、火灾自动报警系统、消防灭火系统、智慧管理平台。

（1）供电系统简介

主要包括管廊内通风设备、检修预留装置、消防设备、监控设备等配电；管廊内正常照明、应急照明系统；管廊综合接地装置；管廊自用电 10kV/0.4kV 变电所等。

（2）照明系统简介

管廊内照明系统分为正常照明和应急照明，管廊内各舱室均设正常照明和应急照明。

（3）通风系统简介

通风的目的是排除管廊内陈旧空气，为管廊内运行维护人员提供足够的新鲜空气；稀释管廊作业过程中释放出的有害物质；控制管廊内空气温度；事故后，排除管廊内有害气体；控制逃生通道内气压，防止烟气侵入逃生通道。

冬奥会综合管廊设置四个通风分区，每个通风分区各设置一处集中的风机房，每个通风分区设置如下：1号电力舱、2号电力舱、电信舱共用一套通风系统，设置两台风机分别满足舱室平时通风工况和事故通风工况；水舱单独使用一套通风系统，设置一台风机。两套通风系统独立设置。

（4）标识系统简介

综合管廊的标识系统分为警告标志、禁止标志、指令标志、向导标志、说明标志、提示标志、管道标志铭牌等。其他可根据后期管理的需要适当增加设置。

安全提示、引导指示、警告警示、管线标志和标识等标识系统需要以标志牌形式安放在管廊内特定的位置。

（5）支架及封堵系统简介

在1号电力舱单侧安装5层电缆支架，2号电力舱单侧安装8层电缆支架，支架布置间距不大于1.0m，通常敷设5×50mm镀锌扁钢接地线，接地电阻小于1Ω。电力舱每隔1m采用舱底和舱顶预留埋件焊接固定结构钢柱1根，各电缆支架采用螺栓固定在钢柱上。

电信舱布置7层光缆支架，电信舱支架主要采用其槽钢立柱每隔1m直接与舱底和舱顶的预埋钢板焊接固定，局部舱段采用螺栓固定在侧墙。

水舱两侧分别布置3、5层自用防火电缆桥架及支架（用于自用400V电缆、火警、弱电、监控线缆敷设）。

在电缆穿越防火分区隔墙处做防火封堵，封堵设计耐火极限为3h，采用阻火包、有机防火堵料封堵，两侧电缆各不小于1m范围刷防火涂料。各舱防火分隔墙处按支架分层预留矩形孔洞。电缆出支管廊处，预留套管，电缆敷设完毕做防水防火封堵。

（6）环境与设备监控系统简介

在综合管廊沿线舱室设置温度、湿度、O_2监测设备，间距不大于200m，并备有手持式一体气体监测设备。H_2S、CH_4监测设备设置在综合管廊内人员出入口和通风口处（图2.2-9）。

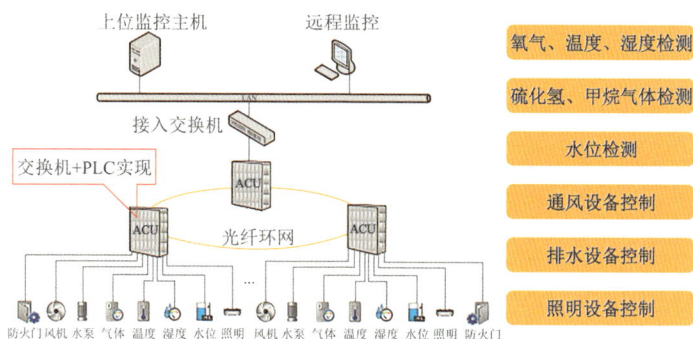

图2.2-9　环境与设备监控系统框架图

（7）安防系统简介

安全防范系统的功能是实现对综合管廊全域内人员的全程监控，将实时视频信息和电子巡查信息传输到监控中心，便于值班人员及时发现现场问题，排除故障以及对警情的及时处理，保证管廊正常运行。安全防范系统实现对各子系统的有效监控、联动和管理，其功能由统一管理平台实现。

安全防范系统包括：视频监控系统、入侵报警系统、出入口控制系统、电子巡查系统、人员定位系统和逃生井盖监测系统（图 2.2-10）。

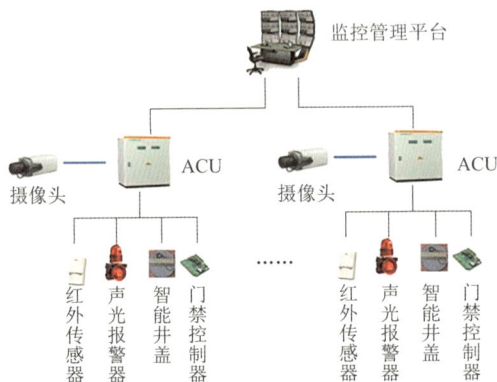

图 2.2-10　安防系统图

（8）通信系统简介

通信系统由网络系统、固定语音通信系统、广播系统等组成（图 2.2-11）。网络系统以太网交换机支持网管，统一由综合管廊智能运维管理系统（统一管理信息平台系统）网管模块进行管理。

固定语音通信系统由安装在监控中心的通信主机、传输链路和现场固定通信终端组成。监控中心通信主机与廊内现场 IP 电话通过光缆传输信号。广播系统是监控中心人员向廊内工作人员通告安全、向导等服务信息、发布作业命令、通知；向非法入侵人员发布警示信息的通信设备。

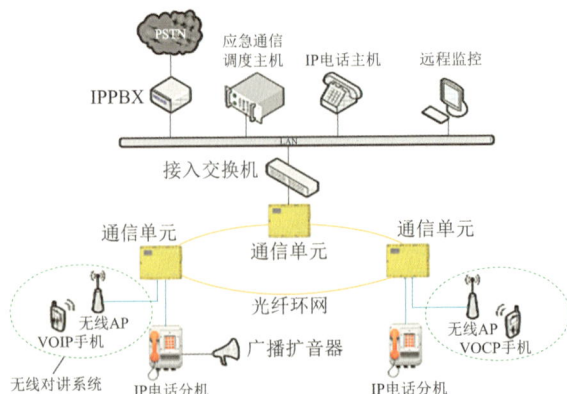

图 2.2-11　通信系统图

（9）电力监控系统简介

在各变配电室低压柜进线、出线安装智能电力仪表，采集电压、电流、功率、电能等电气参量及开关分合状态、故障报警信息；通过变压器温度巡检装置采集变压器温度，通过开关量输入模块采集环网柜开关分合状态、低压进线及母联、重要回路开关分合状态。在区域动力配电柜进线安装智能电力仪表，采集电气参量及开关分合状态、故障报警信息。对不间断电源（UPS）的运行状态及故障报警信号进行监测。

（10）火灾自动报警系统简介

火灾自动报警系统接收火灾探测器和来自其他系统的报警信息，并根据已经设置好的联动逻辑关系启动现场消防设备。在监控中心设置的火灾报警主机通过区域火灾报警控制器，分区域进行火灾探测、报警及联动控制（图 2.2-12）。

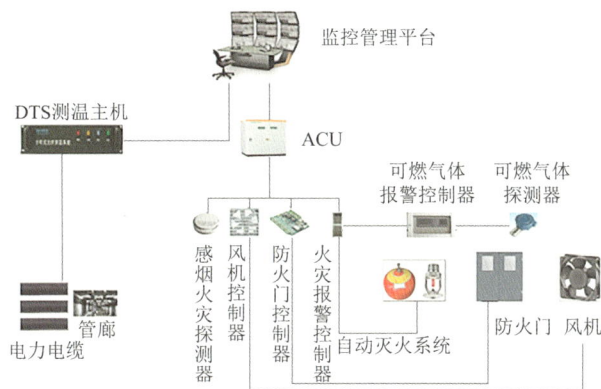

图 2.2-12　火灾自动报警系统图

（11）消防灭火系统简介

地下综合管廊内除了各种水管之外，还容纳了大量的电力电缆和通信电缆，虽然这些电缆多为阻燃电缆，但是按规划干线综合管廊中容纳电力电缆的舱室、支线综合管廊中容纳6根及以上电力电缆的舱室应设置自动灭火系统。自动灭火系统可根据综合管廊的内部空间、运营管理水平等情况采用气溶胶、细水雾及超细干粉等自动灭火设施。同时，综合管廊内应在沿线、人员出入口、逃生口等处设置灭火器材，灭火器材的设置间距不应大于50m。

在综合管廊的主廊道与支洞口连接处设有监控室和变配电室，在管廊外的通风机房处也分别设有监控室和变配电室。监控室的消防采用手提式干粉灭火器，变配电室的消防采用七氟丙烷气体灭火系统，同时配置手提式干粉灭火器。

（12）智慧管理平台简介

智慧管理平台（图 2.2-13）是基于云服务、物联网、BIM/GIS 及大数据技术，针对管廊智慧化运维建设的系统平台，应用层包括系统管理、模型管理、实时监控、安防管理、通信管理、应急管理、日常管理、资产管理、智能分析与决策 9 个子系统，每个子系统又包括多个功能模块。系统各个子系统之间、各子系统功能模块之间，基于统一数据库实现，满足数据共享的要求，同时系统各部分与管廊内相应的硬件设备具备联动控制功能。

系统主体要求综合应用 BIM/GIS 方式来进行软件部署，软件架构要求具备开放性，提供完整、规范的开发接口，能够满足主流平台和跨平台快速应用开发的需求。

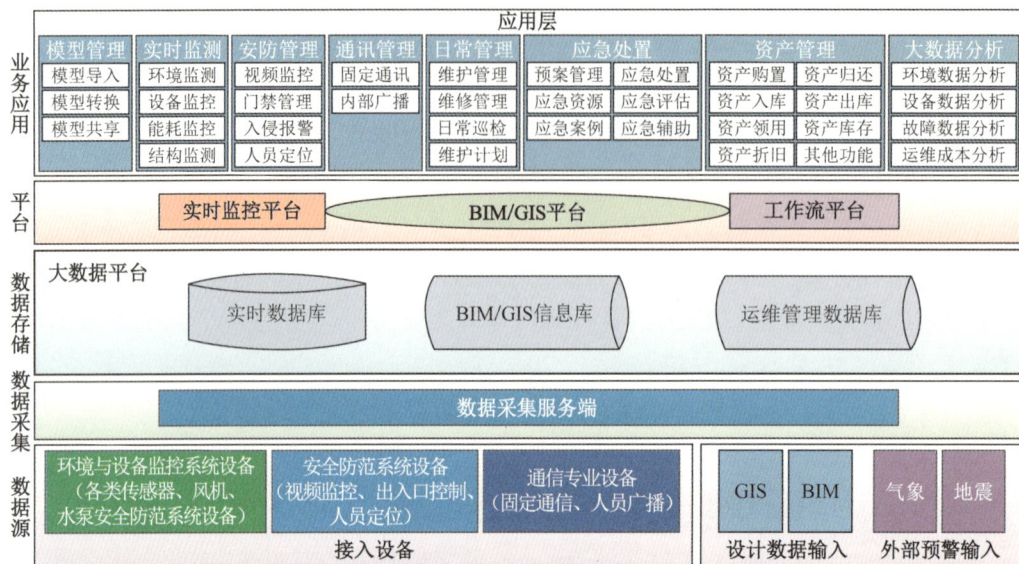

图 2.2-13　智慧管理平台

综合管廊智能运维管理平台需采用数据流架构与微服务架构相结合的方式构建，管廊设备与平台之间的实时数据交互需采用标准的 Modbus TCP 协议；数据采集服务端与大数据平台之间的数据传输需采用相应的数据压缩与加密技术；数据采集服务需支持分布式部署。

综合管廊云平台为综合管廊数据资源的存储提供硬件和软件环境，利用综合数据云服务平台，对外提供统一的数据服务，实现综合管廊各类数据、信息的集中存储、管理、分析与共享，为各类智慧应用提供完整、有效的数据支撑，解决分散建设导致的数据不共享、不同步、更新难的弊端，避免"数据孤岛"问题的发生。云平台建设主要包括硬件和软件两个层面，硬件指服务器和网络等硬件设备，软件指与硬件配套支撑的软件，主要指服务器操作系统、数据库管理软件等。

2.3　真抓实干，创新引领——集约高效的综合管廊

2022 年冬奥会延庆赛区外围配套综合管廊工程是保障延庆赛区造雪用水、生活用水、电力、电信、有线电视转播等市政能源需求的重要市政基础设施。工程起点位于佛峪口水库管理处，终点位于赛区新建塘坝处，全长 7.9km，其中主管廊长约 6.5km，支管廊长约 1.4km。工程主线部分穿越松山国家级自然保护区，起点佛峪口水库是地方重要饮用水源，因此项目从立项之初就制定了极高的生态环境保护标准，严格践行可持续发展理念，落实"绿色办奥、共享办奥、开放办奥、廉洁办奥"理念。按照"北京冬奥会延庆赛区核心区总体规划环

境影响评价环境保护措施责任矩阵表"54 项措施的具体要求，结合现场实际情况，本项目进行了逐项分析、深化、拓展，从规划设计、施工控制、水资源保护和利用、野生动植物保护、扬尘治理、生态建设、森林防火、经济和社会可持续发展等环境因素出发，采取了一系列可持续发展措施。

2.3.1　科学规划比选，优化设计方案

（1）为保障 2022 年冬奥会延庆赛区比赛项目的顺利举办，满足冬奥会延庆赛区造雪用水、生活用水、中水排放、电力、电信及有线电视转播等需求，需建设配套市政基础设施将各市政能源接入赛区。在项目规划阶段，通过对直埋、架空、管涵、管廊等多种市政能源接入模式的综合比选，最终确定采用综合管廊的建设方式，可有效提高赛区市政综合保障能力，同时将建设对自然保护区环境的破坏降到最低，最大限度地兼顾工期、建设、投资及景观等因素。方案比选详见表 2.3-1。冬奥管廊 TBM 盾构机见图 2.3-1。

方案比选　　　　　　　　　　　　　　　　表 2.3-1

比选事项	方案	
	路侧山区暗挖综合管廊	路侧山区暗挖给排水隧洞（6.5m 小隧洞）电力、电信山区架空
主要工程内容	暗挖综合管廊约 7.5km	暗挖给排水隧洞约 7.5km 电力、电信架空土建设施约 20km
占地及景观、环境影响	占地较少 对景观、环境影响较小	大量施工占地及配套道路 对景观、环境影响巨大
总投资	约 17.5 亿元 （土建约 1.3 亿/km，设备约 0.4 亿/km）	水利隧洞约 11.1 亿元（土建约 1 亿/km，设备约 0.1 亿/km） 电力架空约 3.2 亿元，电信架空约 0.6 亿元总计约 14.9 亿元
总工期（含管线敷设）	20 个月 + 6 个月	18 个月 + 8 个月
运维功能条件及可持续发展	运维便利	给排水管线运维便利，电力电信管线运维难度大
推荐方案	√	

图 2.3-1　冬奥管廊 TBM 盾构机

（2）确定了综合管廊的建设方式以后，本项目又联合政府相关部门、入廊管线单位及项目各参建单位，对管线需求、建设规模、断面尺寸、施工工艺、主线路由等进行了详细的设计和论证；同时，考虑到山岭隧道综合管廊的特殊性和唯一性，最终确定了最优的线路走向和断面尺寸，兼顾了功能、施工和环保等各方面的需求，满足可持续发展的要求，见图 2.3-2、图 2.3-3。

图 2.3-2　管廊断面图

图 2.3-3　管廊平面图

2.3.2 专家指导技术先行，施工控制全程跟进

（1）项目实施之前，聘请相关领域专家和专业服务公司对施工区域和影响区域内的环境、生态、水资源、野生动植物等进行了充分调查研究，编制了环境影响评价、生态影响评价、水影响评价、国家级重点保护野生动物、市级重点保护野生动物等多份专题评价报告，并取得相关主管部门的核准批复，确保项目各项建设措施满足生态环保要求。

（2）合理规划使用场地，分区管理，最大化利用场地，并多次组织专家评审会，优化临时占地面积，最大限度地减少施工临时占地，见图 2.3-4。

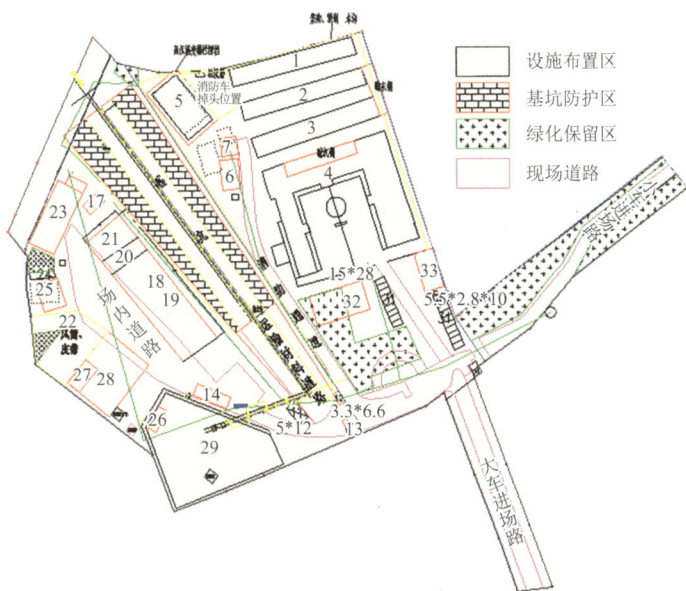

图 2.3-4 优化场地分区图

（3）聘请林业专家对占地范围内的林木进行评估和鉴定，由专业移植公司将需要移栽的重点保护植物移栽至指定地点，严控树木采伐数量；利用和保护施工用地范围内原有绿色植被，设置免伐区，打造"花园式"项目部，见图 2.3-5。

图 2.3-5 施工现场设置免伐区

2.3.3　保护水资源，防止水污染

（1）施工期间制定绿色减排和水资源生态利用专项方案，地下水以防堵为主，不直接抽排，减少地下水流失。

（2）对于必要的施工排水，设置高标准三级沉淀池和水处理设备，同时对处理之后的水进行循环利用，用于现场洒水降尘、混凝土养护等，最大限度地减少水资源浪费，见图 2.3-6。

图 2.3-6　水处理设备

2.3.4　保护野生动物，倡导文明施工

（1）减少施工噪声污染对野生动物栖息环境的影响。TBM 施工本身具有振动小、噪声弱的特点，钻爆法施工采用水压弱爆破，减少振动和噪声对野生动物栖息环境的影响。

（2）减少施工光污染对野生动物栖息环境的影响。施工现场夜间施工电焊作业全部加装遮光罩，夜间的所有照明灯具使用柔光照明，见图 2.3-7。

图 2.3-7　柔光照明系统

2.3.5　预防空气污染，落实扬尘治理

（1）本工程采用 TBM 和钻爆法结合施工的方式，TBM 本身具备振动小、扬尘少的施

工特点，钻爆法施工采用水压爆破和湿式凿岩，严控爆破扬尘的产生，见图 2.3-8。

图 2.3-8　水压弱爆破施工

（2）洞口、掌子面、喷锚站均设置自动水幕降尘系统，洞内爆破、喷锚施工、钻孔施工过程中，自动喷淋系统将在扬尘产生部位形成水幕，有效起到降尘效果。搭配使用移动式雾炮，布设在重点扬尘产生部位，加强降尘效果见图 2.3-9、图 2.3-10。

图 2.3-9　洞口帷幕降尘设施

图 2.3-10　雾炮机降尘

（3）严格落实六个百分之百和"门前三包"要求，施工区域全部采用混凝土硬化，不能及时硬化的覆盖绿网；边坡喷锚后覆盖绿网。每天对便道和场地进行洒水，专人清扫。便道出入口设置洗车机，车辆货箱全覆盖，见图 2.3-11。

(a) 道路硬化

(b) 围挡设置

(c) 洒水降尘　　　　　　　　　　　　　(d) 施工苫盖

图 2.3-11　现场措施图

2.3.6　科学规划生态建设，减少施工生态影响

　　根据政府相关部门统一安排和部署，本项目聘请专业技术团队，编制了冬奥会综合管廊工程生态建设方案，建立了生态建设台账，并经专家评审通过，力求将项目建设对生态环境的影响降到最低，相关环保理念和环保措施得到了政府部门和专家的一致认可。

2.3.7　严防森林火灾，守护绿水青山

　　（1）本项目地处小海陀山区，森林植被茂盛，森林防火是安全管理的重要环节。从制度和方案层面，本项目编制了森林防火专项工作方案和应急预案，并经专家评审通过，指导项目森林防火和应急救援工作，见图 2.3-12、图 2.3-13。

图 2.3-12　编制生态建设方案并经专家评审通过

图 2.3-13　森林防火专项方案和应急预案

（2）本工程各项目部均成立防火部，组建专职森林消防队伍，配备专职消防员 20 人；同时聘请当地专业防火护林员，形成与属地的联防联控机制；并定期邀请森林消防大队对项目专职消防队伍进行技能培训，组织联合消防演练，加强专职消防队伍的业务培训，见图 2.3-14、图 2.3-15。

图 2.3-14　项目专职防火队　　　　图 2.3-15　消防培训和演练

（3）现场建立消防应急救援仓库和微型消防站，仓库购买足量的专业森林消防应急救援物资，配备专职防火巡查专用车，每日对施工现场进行防火巡查和重点盯控，见图 2.3-16。

图 2.3-16　消防物资库和微型消防站

（4）施工区域全封闭，入口设置防火检查站，禁止无关人员进入，严禁任何火源进入。进出口设置森林防火自动语音提示器，当人员、车辆进入施工区域时自动播放森林防火相关语音提示，提升人员的森林防火意识，见图 2.3-17、图 2.3-18。

图 2.3-17　现场封闭管理　　　　图 2.3-18　自动防火语音播报系统

2.3.8　加强企地共建，促进可持续发展

（1）本工程在建设的同时，也注重加强与项目周边的共建，带动周边社会发展。项目部与西大庄科村和松山管理处进行企地共建，支持西大庄科村新农村文明建设费用，用以改善村民生活和村容村貌；支持松山管理处松山自然保护区管理和保护工作费用，维护保护区的生态环境。

（2）项目部租用西大庄科村和水峪村闲置的农家乐用于工区和工班驻地，每月支付租金；对于现场的部分临建和出渣运输，选用当地施工队伍、车辆进行施工，并安排当地村民进行后勤、门卫、零工等作业内容；聘请西大庄科村有森林防火经验的村民担任专业森林防护员，为当地创造就业岗位，提高村民收入。

（3）项目部大量购买张山营镇产出的苹果、葡萄等水果，每天购买当地农户种植的蔬菜和养殖的家禽，帮助消纳当地农副产品，促进当地村民增收，促进地方税收收入，推进当地经济社会可持续发展。

第 3 章

任务使命——管廊工程部署规划

3.1 管廊建设——冬奥建设重要一环

冬奥管廊工程是保证国家高山滑雪中心、国家雪车雪橇中心等比赛场馆造雪（冰）用水、用电和通信等的重要措施，是 2022 年冬奥会延庆赛区基础设施建设的重要组成部分，是比赛场馆雪（冰）道建设成败的关键，对保障 2022 年冬奥会成功举办具有积极意义。

目前，北京 2022 年冬奥会和冬残奥会组织委员会将在北京延庆、张家口崇礼均建设雪上竞技项目场地及配套设施。其中延庆赛区位于延庆区西北约 18km 海坨山，覆盖张山营镇西大庄科村及其周边地区。

海坨山（图 3.1-1）位于北京市延庆区张山营镇北部与河北省张家口市赤城县交界处，属于大陆性季风气候，属温带与中温带、半干旱与半湿润带的过渡地带，多年平均降雨量 438.7mm（1956—2013 年），降雨年际变化大，年内分布不均，可能出现冬奥会计划举办年没有足够的自然雪举行比赛的问题，同时根据历届冬奥会举办经验，均须进行人工造、补雪（冰），保证国家高山滑雪中心、国家雪车雪橇中心等比赛场馆雪（冰）道建设和正常运行，

图 3.1-1　海坨山俯视图

因此考虑增加人工造、补雪（冰）的供水工程等保障设施是十分必要的，且造雪引水工程是 2022 年冬奥会延庆赛区基础设施建设的重要组成部分，是比赛场馆雪（冰）道建设成败的关键，对保障 2022 年冬奥会成功举办具有积极意义。

此外，延庆赛区现状基础设施薄弱，不能满足冬奥会比赛及赛后可持续利用需求，本工程综合管廊为电力、电信、有线电视等管线从外部接入赛区提供条件，是 2022 年冬奥会

延庆赛区基础设施建设的重要组成部分。

冬奥管廊工程是保证 2022 年冬奥会延庆赛区奥运村、媒体中心、颁奖广场等非比赛场馆，及国家高山滑雪中心、国家雪车雪橇中心等比赛场馆观众席等区域用水、用电和通信等的重要措施，是各场馆正常运行和使用的关键。

用水、用电和通信供应设施是奥运村、媒体中心、颁奖广场等非比赛场馆的必需基础设施，同时也是国家高山滑雪中心、国家雪车雪橇中心等比赛场馆的必需基础设施，用以保证观众席等区域的正常使用。目前，海坨山附近人烟稀少，南侧北京延庆区境内有西大庄科村一个村庄和松山自然保护区管理处；北侧河北赤城县境内有闫家坪、姜庄子、大海坨村三个村庄；东侧是玉渡山风景区，几十平方公里内人口只有几百人，区域附近生活用水供应的基础设施薄弱。

冬奥管廊工程是应急排放 2022 年冬奥会延庆赛区各场馆再生水至佛峪口水库下游的重要措施，是赛区基础设施建设的重要组成部分，是保障佛峪口水库水源清洁和可持续利用的关键，对冬奥会延庆赛区赛后利用和环境保护具有积极意义。

预测冬奥会延庆赛区观众容量可达 18500 人/d，运动员、记者、官员、志愿者最高达22500 人/d，再生水应急排放量可高达约 4000m³/d。因冬奥会延庆赛区位于佛峪口水库上游，佛峪口水库为生活用水水源地，禁止污水或再生水直接排放，故采取工程措施将冬奥会延庆赛区污水排放至佛峪口水库下游集中处理后排放，或将赛区内污水处理设施产生回用外富余的再生水排放至佛峪口水库下游，是十分必要的，是赛区基础设施建设的重要组成部分，是保障佛峪口水库水源清洁和可持续利用的关键，对 2022 年冬奥会延庆赛区赛后利用和环境保护具有积极意义。

冬奥管廊工程是全面落实中共中央和中央政府要求的 2022 年冬奥会发展理念、办奥要求、办会目标的重要措施，是全面实现 2022 年冬奥会奥申委提出申办理念、筹办要求和全面践行《奥林匹克 2020 议程》的重要措施，也是促进和实现京津冀协同发展国家战略的重要措施。

2016 年 3 月 18 日，中共中央总书记、国家主席、中央军委主席习近平在中南海主持召开会议，专题听取北京冬奥会、冬残奥会筹办工作情况汇报。习近平总书记强调，筹办好北京 2022 年冬奥会、冬残奥会，意义重大，责任重大。要增强使命感、责任感，认真落实创新、协调、绿色、开放、共享的新发展理念，坚持绿色办奥、共享办奥、开放办奥、廉洁办奥，高标准、高质量完成各项筹办任务，把北京冬奥会、冬残奥会办成一届精彩、非凡、卓越的奥运盛会，向祖国人民、向国际社会交上一份满意答卷。在申奥期间，2022年冬奥会申委提出了"以运动员为中心，可持续发展，节俭办奥"三大理念；目前正在进行的 2022 年冬奥会筹办工作中，北京冬奥组委聚焦可持续发展和奥运遗产利用，充分体现和践行了国际奥委会的《奥林匹克 2020 议程》的精神内涵。

京津冀协同发展，是一个重大国家战略，而举办 2022 年冬奥会将大大促进京津冀协同发展，将成为推动三地绿色发展的巨大动力。首先，北京市与河北省共同筹办、举办 2022年冬奥会，将为两市一省创造同一个平台、共同的时间点和共同奋斗的目标，将促进京津冀三地协同发展，共同通过约 7 年筹办时间达到国际奥委会的标准，即"体育、文化、环境和可持续发展"。其次，延庆和河北赛区的建设将会带动周边地区交通及市政基础设施的建设，为该区域的发展创造条件。最后，2022 年冬奥会后，延庆和河北赛区比赛和非比赛场馆可作为奥运遗产，可持续发展和利用，如部分场馆可利用为国家高山滑雪、雪车雪橇等项目训练中心，又可发展为冰雪旅游胜地，促进当地经济社会发展等。

管廊工程区地形地貌为中高山区，现状松闫路为进入赛区唯一道路，且延庆赛区场馆及配套设施建设均需通过松闫路交通，且延庆赛区为满足 2019—2020 年冬季远东杯测试赛需求，建设周期十分紧张。根据以上条件分析，为保障赛区建设交通需求，以隧洞形式建综合管廊，纳入造雪供水、生活用水、再生水、电力、电信管线，几乎是唯一可行的建设方案。

管廊工程所在地被北京松山国家级自然保护区环绕，植被茂密，物种丰富，根据以上条件分析，以隧洞形式建综合管廊，纳入造雪供水、生活用水、再生水、电力、电信管线，最大限度控制对地表破坏和地表永久设施数量，对减少生态环境的破坏和减少对松山保护区风貌破坏具有重要意义。

建设综合管廊，对延长入廊管线使用寿命和运行维护、管理具有明显优势，综合管廊整体设计寿命周期内可明显节约经济费用；建设综合管廊，多种管廊入廊敷设，相对各入廊管线产权单位独立寻找路由敷设，可提高土地利用率，提高基础设施现代化水平，创建冬奥会建设新亮点。

3.2 水域充沛——管廊输水得天独厚

延庆赛区，这颗镶嵌在北京市延庆区西北部山区的璀璨明珠，不仅地理位置独特，更是京津冀协同发展的重要战略节点。这里自然风光旖旎，社会经济蓬勃发展，水资源充沛且管理得当，为即将到来的重大赛事提供了得天独厚的条件。

1）基本水情

延庆区共有河流 46 条，分属潮白河、永定河和北运河三大水系。潮白河水系的白河与黑河为过境河流，其余河流均发源于延庆区内。其中：永定河水系的妫水河是延庆地区最大的境内河，自东向西横贯延庆盆地，于大路村北入官厅水库。延庆赛区位于永定河水系妫水河支流佛峪口沟，河流长度为 18km，流域面积 71km²。佛峪口沟发源于松山国家级自然保护区海坨山南麓，河口位于张山营镇后黑龙庙村汇入官厅水库，佛峪口水库以上河段常年有水。

2）水资源量

（1）地表水资源是河流、水库等地表水体中当地降水形成的、可以逐年更新的动态水量，用天然河川径流量即还原后的多年平均天然河川年径流量表示。延庆赛区所处的佛峪口沟常年有水，赛区下游的佛峪口水库是一座小（Ⅰ）型水库，是区域现状最重要的供水水源。

（2）延庆区地下水资源根据地下水埋藏条件大致分为第四系地下水和基岩地下水。第四系地下水主要分布于延庆盆地，盆地中部以湖相沉积为主，沉积厚度受构造控制；基岩地下水主要分布于山区，地下水赋存条件取决于区域地质构造。延庆赛区地处山区，地下水开采以本地基岩地下水为主，开采难度大，出水量不稳定。

（3）水资源可利用总量

根据《延庆区水资源综合规划》，延庆区（县）1980—2000年多年平均地表水资源可利用量为1.03亿m^3，多年平均浅层地下水可开采量0.86亿m^3，多年平均地表水资源可利用量与地下水资源可开采量之间重复计算量150万m^3，多年平均水资源可利用总量1.88亿m^3。

（4）根据《北京市地表水功能区划方案》划分水功能区及水质，延庆区地表水功能一级分区有两处：白河市界—密云水库段主导功能为省界缓冲区，水质目标Ⅱ类；官厅水库库区范围规划为饮用水源地保护区，水质目标Ⅱ类。延庆区地表水功能二级分区有两处：永定河三峡段官厅水库坝下—区界主导功能为饮用，水质目标均为Ⅱ类；关沟石佛营寺—区界主导功能为景观，水质目标均为Ⅳ类。延庆赛区处于官厅水库库区范围规划为饮用水源地保护区，水质目标Ⅱ类。根据市水文总站2015年6月对佛峪口水库水体水质监测结果显示，佛峪口水库水体水质整体良好，达到地表水环境质量标准Ⅱ类，满足地表水功能区划要求。

（5）水务基础设施现状

延庆区现有蓄水工程42座，其中：中型水库1座（白河堡水库），小型水库2座（古城水库、佛峪口水库）、香村营（中型）拦河闸、三里河橡胶坝等及36座小塘坝，总蓄水能力1.1亿m^3。此外，与河北省怀来县交界处还有官厅水库，总库容41.6亿m^3。官厅水库：永定河流域最重要的控制性工程，控制永定河流域面积4.3万km^2，总库容41.6亿m^3，具有防洪、供水、发电、灌溉等多种功能，曾经是北京市重要水源之一。

白河堡水库：工程标准为百年设计、千年校核。

主要建筑物有大坝、溢洪道、输水隧洞、泄洪洞、南北干渠等，控制流域面积（云州水库以下）2657km^2，设计总库容9060万m^3，其中：兴利库容6920万m^3，是北京地区海拔最高的水库。

佛峪口水库：佛峪口沟的重要控制性工程，控制流域面积52km^2，设计总库容205万m^3，开敞式坝顶溢洪道顶部对应水库库容为131万m^3，具备防洪、供水、灌溉、发电等多种功能，是延庆赛区最重要的水源之一。

供排水基础设施：延庆区现有运行的城镇和农村集中供水厂8座，设计供水能力为5.2万m^3/d，现状除佛峪口水厂外均使用地下水作为供水水源，供水管网配套不完善，生活和工业用水中自备井供水相对密度约占67%；全区仅有缙阳污水处理厂出水可以达到一级A标准，现状污水处理率为69%，全区绝大多数地区仍然采用雨污合流系统，大部分乡镇和广大农村地区没有污水收集管网及污水处理设施。

延庆赛区以其独特的地理位置、优美的自然环境、蓬勃发展的社会经济和丰富的水资源，成为举办重大赛事的理想之地。在未来的发展中，延庆赛区将继续发挥其在京津冀协同发展中的重要作用，为区域经济的繁荣和生态环境的保护作出更大贡献。

3.3　2022 年冬奥会延庆赛区水务保障规划

根据北京市水利规划设计研究院等单位编制的《北京 2022 年冬奥会和冬残奥会水资源与水环境保障规划（延庆赛区）》，延庆赛区水资源配置和保障规划如下：

延庆赛区将形成佛峪口水库水、白河堡水库水、官厅水库水和本地再生水多水源互联互调、分质供水的水源系统。考虑赛区水文地质条件，本地地下水开采难度大，已难以保障赛区供水安全。延庆赛区水资源配置中考虑以佛峪口水库地表水为主，白河堡水库和官厅水库联合为赛区供水提供保障，安全、合理使用非常规水源。延庆赛区赛事需水时段为150d，造雪造冰用水以佛峪口水库和白河堡水库地表水为主；赛区办公生活和公共建筑自来水取用佛峪口水厂和白河堡净水厂的自来水；公共设施冲厕和奥运村冲厕全部采用非常规水源。延庆赛区赛事需水预测主要有以下三个部分：全年造雪用水量 206 万 m^3，其中赛道初次造雪用水 90 万 m^3，15～30d 完成初期造雪任务，造雪日需水量为 3 万～6 万 m^3/d。赛区赛道人工造冰主要是指国家雪车雪橇中心的赛道造冰，赛季总用水量为 800m^3。赛区人员与公共建筑用水主要针对赛事官员、运动员、志愿者以及观众等人员进行预测，赛区办公生活需水量为 13 万 m^3，高日需水量 4642m^3/d。延庆赛区赛期需水总量约在 225 万 m^3，造雪需水量为 206 万 m^3，自来水需求 19 万 m^3。由于延庆赛区整体规划方案尚不稳定，目前预测基于《申办报告》。根据赛区用水需求，佛峪口水库现有蓄水能力难以独立满足赛区用水需求，因此区域水资源优化配置保障对赛区赛事用水需求的保障作用更加明显。延庆赛区水资源保障初步计划通过输水设施将白河堡水库地表水注入佛峪口水库，根据赛区用水的动态特征满足赛区赛时的动态用水需求。白河堡水库库容 9060 万 m^3，多年来对北京市供水安全发挥了重大作用，白河堡水库多年平均上游来水量远高于延庆赛区用水量，因此通过佛峪口水库和白河堡水库的联合调度能够满足赛区水资源保障的需求。

第二篇

横空出世莽太行
阅尽人间春色

管廊建造纪实

— 第 4 章 —

规划设计方案确定

随着冬奥会的脚步日益临近，延庆赛区综合管廊项目的规划设计方案终于尘埃落定。如同横空出世的莽太行，不仅将在延庆的山岭间书写新的篇章，更将阅尽人间春色，为未来的冬奥盛会提供坚实的市政保障。在规划设计的初期，我们面临着诸多挑战。延庆赛区位于燕山山脉，地形复杂多变，给管廊的设计和施工带来了极大的难度。作为冬奥会的重要基础设施之一，管廊需要承载电力、通信、供水等多项功能，同时还要确保与周边环境的和谐共生。为此，组织了一支由业内专家组成的团队，进行了深入的现场勘察和调研。通过反复讨论和论证，最终确定了管廊的规划设计方案。这一方案充分考虑了地形、环境、功能等多方面的因素，力求在确保管廊功能性的同时，最大限度地减少对自然环境的破坏。

4.1 冬奥管廊设计——选线

本综合管廊工程设计起点为佛峪口水库大坝南侧空地，在延庆赛区规划红线附近塘坝结束。综合管廊平面路由（即管线走向位置）的选取是本工程的重点。

考虑综合管廊建设周期、廊内管线出支等需求，综合管廊工程总体路由设计方案初步拟定分为在现状松闫路东侧山体内开挖隧道，沿现状松闫路路下明挖以及沿松闫路西侧（佛峪口水库西侧）山体内开挖隧道构成综合管廊方案。

（1）在松闫路东侧山体内开挖隧道构成综合管廊方案是在山体内开挖隧道后，在初衬基础上采用钢筋混凝土二次衬砌，将隧道建设为综合管廊，管廊内布置造雪引水、生活用水、中（污）水排放管线的设计方案。

本路由方案起点位于佛峪口水库大坝南侧空地，向东穿越佛峪口河后再折向北，为施工及综合管廊出支方便，基本沿现状松闫路东侧山体内开挖隧洞至松山景区附近，再折向西北，依旧在松闫路东侧山体内开挖隧洞至赛区新建塘坝附近。

（2）沿松闫路路下开挖隧道构成综合管廊方案

考虑到综合管廊常规做法，一般在城市道路或规划路由上明挖现浇或预制混凝土方案构成综合管廊。本方案也考虑沿现状道路明挖沟槽后，现浇钢筋混凝土方涵形成综合管廊。

（3）沿松闫路西侧（佛峪口水库西侧）山体内开挖隧道构成综合管廊方案

本方案起点仍位于佛峪口水库大坝南侧空地，向北从现状松闫路和佛峪口水库西侧的山体内布置约4150m综合管廊，然后向北在松闫路东侧山体内开挖隧洞或沿山脚明挖现浇方涵构成综合管廊至赛区新建塘坝附近。

（4）路由比选

尽管在路下明挖技术方案成熟，应用案例广泛，但需长时间截断道路。考虑到现状松闫路是通往赛区唯一道路，赛区比赛、非比赛场馆，在建延崇高速等建设均需要该道路作为唯一交通道路，长时间断路将严重制约其他场馆等基础设施建设，为非推荐方案。

路由主要比选在松闫路东侧、西侧方案，主要比选项目见表4.1-1。

路由方案比选表　　　　　　　　　　　　表 4.1-1

比选项目	方案		
	松闫路（佛峪口水库）东侧路由	松闫路（佛峪口水库）西侧路由	
		全线开挖隧洞方案	末端明挖现浇方案
总体布置和主要工程内容	主体均为山体内开挖隧洞形成综合管廊方案，主要工程内容为综合管廊及沿线附属建筑物	主体均为山体内开挖隧洞形成综合管廊方案，主要工程内容为综合管廊及沿线附属建筑物	部分段为山体内开挖隧洞、部分段为明挖现浇方涵形成综合管廊方案，主要工程内容为综合管廊及沿线附属建筑物
综合管廊总长度	约7800m（主洞长度）	约7530m（主洞长度）	约7530m（主洞长度）
与自然保护区关系	大部分路由位于保护区试验区，500~700m位于缓冲区	大部分位于保护区试验区，避开了缓冲区	大部分位于保护区试验区，避开了缓冲区
投资	17.675亿~21.994亿元	17.113亿~21.233亿元	17.513亿~20.833亿元
总工期	20个月	20个月	20个月；但末端采用明挖现浇方案，施工场地较开阔，更易控制工期
对水利、电力、电信、有线电视等管线影响	目前，管廊路由设计等以水利管线为主，但距离松闫路较近，可以较为轻松地满足部分电信、有线电视沿松闫路出支需求	起始段距离松闫路较远或受水库影响，较难满足电信、有线电视沿松闫路出支需求	起始段距离松闫路较远并且受水库影响，较难满足电信、有线电视沿松闫路出支需求。但明挖现浇段濒临奥运场馆建设区，管廊内管线出支等比较方便
施工支洞布置影响	全线距离松闫路较近，施工支洞位置、数量布置灵活，有力保障工期	首段约4km距离松闫路较远，受水库影响，能布置施工支洞位置有限	首段约4km距离松闫路较远，受水库影响，能布置施工支洞位置有限

本工程沿松闫路东侧山体大部分位于北京松山国家级自然保护区的试验区，但局部500~700m位于自然保护区的缓区。而依据国家和地方的相关规定，核心区、缓冲区内严

格禁止任何的施工活动。经过综合比选，认为松闫路东线方案受到穿越自然保护区缓冲区制约，初步拟定设计采用松闫路西线方案。同时，考虑末端明挖现浇方案虽然施工技术成熟、工期可控，但需要大量伐移树木，对生态环境影响较大，故比选后西线方案推荐采用全线开挖隧洞方案，见图 4.1-1。

图 4.1-1　推荐平面路由方案示意图

4.2　冬奥管廊设计——建筑

随着冬奥会的临近，延庆赛区综合管廊项目作为重要的基础设施之一，其建筑设计要满足赛事期间的各项需求，我们将从综合管廊的断面设计、竖向设计和节点设计三个方面进行阐述。

4.2.1　综合管廊的断面设计

1）管廊断面形式及分舱

（1）管廊的断面形式

根据上述综合管廊的平面路由，施工工法拟采用 TBM 法、钻爆法，管廊断面分别为圆形、城门洞形。

（2）管廊断面分舱

管线分舱以管线自身敷设环境要求为基础，在满足管线功能要求的条件下可根据规划管线数量、管径等条件合理同舱。

本工程为干线型综合管廊，入廊的管道尺寸和规模都很大，故将同种管道同舱敷设。

2）管廊的空间控制

地下综合管廊内管线横断面和竖向布置需符合相关规定要求，管线之间控制参数包含管线之间控制参数、管线与舱室之间控制参数、舱室内控制参数，其空间布置见图 4.2-1。其中管线之间控制参数要求管线之间满足安装、检修、更换等最小间距要求、各种管线之间最小间距，并适当留意未来发展空间。电力电缆的支架间距应符合现行国家标准《电力工程电缆设计标准》GB 50217 的有关规定，通信线缆的桥架间距应符合现行行业标准《光缆进线室设计规定》YD/T 5151 的有关规定。

此外，管线与舱室之间控制参数需满足《城市综合管廊工程技术规范》GB 50838—2015 管廊最小高度要求、管廊检修通道最小间距要求，并满足规划管线及未来发展为管线安装、检修、更换等需要所预留的最小空间要求，见图 4.2-1。综合管廊的管道安装净距，不宜小于表 4.2-1 中数值，对于管径小于等于 300mm 的给水管道，管道安装净距可以执行《建筑给水排水设计标准》GB 50015—2019 以及安装图集的要求。管廊采取紧凑布置，可减少断面规模和投资。

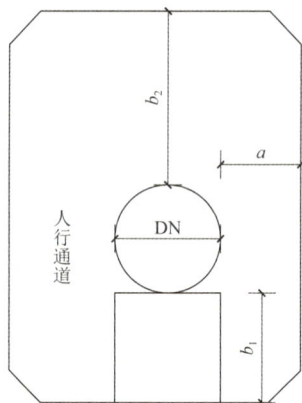

图 4.2-1　空间布置示意图

部件尺寸图　　　　　　　　　　　　　　　　　　　　　　　　　表 4.2-1

DN	铸铁管、螺栓连接钢管			焊接钢管、塑料管		
	a	b_1	b_2	a	b_1	b_2
DN < 400	400	400			500	
400 ≤ DN < 800	500	500		500		
800 ≤ DN < 1000			800		500	800
1000 ≤ DN < 1500	600	600		600	600	
≥ DN1500	700	700		700	700	

3）综合管廊的断面

根据有关规划要求、参照《城市综合管廊工程技术规范》GB 50838—2015，综合管廊标准横断面分为上下两层、4 个舱室：上层 3 个舱室，分别为 1 个电信舱，2 个电力舱，其中电信舱按照净尺寸不小于 1.75m×2m（长×宽）；电力舱单舱按照净尺寸不小于 1.75m×2m（长×宽）；下部 1 个水舱，见图 4.2-2 及图 4.2-3。

据国网北京市电力公司发策部要求，综合管廊主洞、3 号支洞及 4 号支洞内的电力管线布置为独立 2 舱。电力舱沿侧墙自上而下依次布置 10kV、110kV 电缆支架，支架的尺寸形式详见电气设计要求。电信管线与电力管线分属不同产权单位，根据专业公司配合要求，为保证今后巡检、维护互不交叉干扰，同时考虑到 110kV 及以上电力电缆不应与通信电缆同侧布置，综合管廊主洞、3 号支洞及 4 号支洞内的电信管线为独立舱室布置。电信舱沿侧墙自上而下依次布置 12 孔电信、4 孔有线电视电缆支架，支架的尺寸形式详见电信设计要求，见图 4.2-6、图 4.2-7。

综合管廊内水务管线含 2 根 DN800 造雪水管、2 根 DN400 生活水管及 1 根 DN300 应急再生水排放管，沿综合管廊主洞及各支洞节点位置，管线上间隔设有排气阀、泄水阀、伸缩节、阀门等管线附件。考虑到水务管线均为高压管道，管道压力在 3～10MPa，本工程将水务管线单独设为一舱。水舱内主要敷设造雪输水管线、生活用水管线、再生水应急排放管线及管道沿线附属设施。水舱预留小型车辆运输通行条件，可作为电力、电信舱施工、检修、逃生、通风、排水、巡视等功能的综合舱。经过方案比选和设计优化，最终本工程综合管廊全线位于现状山体内，埋深范围为 10～300m，纵坡范围为 4.56%～15%。下层水舱需要设置主检修通道，以便进行管线和设备的运输、安装和检修维护。检修通道的宽度被确定为 2.5m。DN800 造雪水管与墙、通行通道和其他管道之间的间距为 0.5m，DN800 管道排气阀的高度约为 1.4m。水舱内有两根 DN800 造雪水管，它们在同一侧上下安装。此外，两根 DN400 生活水管被并排放置，与墙和其他管道之间的间距为 0.5mm。生活水管下方设置了一根 DN300 再生水应急排放管，生活水管与紧急再生水排放管之间的间距也为 0.5mm。综合考虑了水舱通道宽度、管线与墙、管线之间的间距以及净高要求，水舱的净尺寸至少需要为 7.0m×4m（宽×高）。

综合管廊的 1 号电力舱、2 号电力舱及电信舱均为独立舱室，沿单侧墙体设置线缆支架，通行通道在一侧布置。电力舱人员通行通道需保证 2.7m 的净高，人员通行净宽为 1.25m；电力舱的支架宽度为 0.5m，电力舱净尺寸至少需 1.75m×2.7m（宽×高）；电信舱净尺寸同电力舱。见图 4.2-4、图 4.2-5。

为满足施工总进度要求，隧洞开挖和混凝土衬砌需平行施工，衬砌后断面宽度应满足双车道通行要求，隧洞净宽不小于 7m。综合管廊内的电气、通信及消防等设备详见电气、通风专业设计。

根据上述水舱、电力舱及电信舱所需有效空间的净尺寸要求及施工要求，综合管廊城门洞形断面净尺寸为 7m×7m（宽×高）。TBM 段衬砌后隧洞净直径为 8.6m，其有效利用断面面积同城门洞形 7m×7m 断面相同，见图 4.2-8。

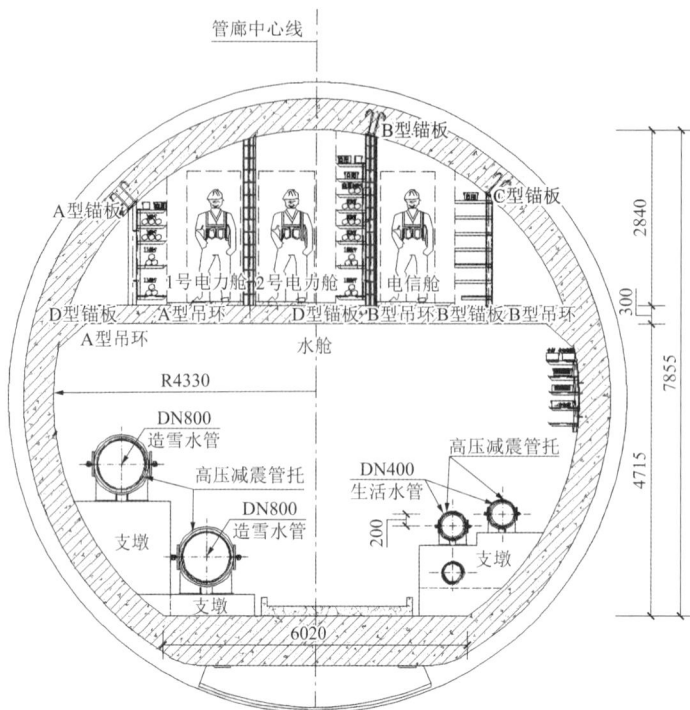

图 4.2-2　TBM 工法施工综合管廊标准横断图

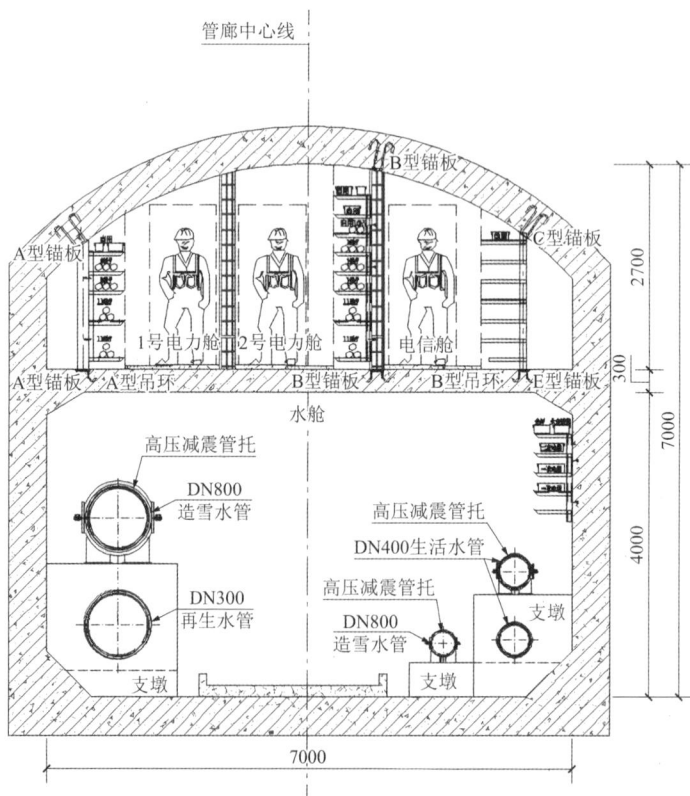

图 4.2-3　钻爆工法施工综合管廊标准横断图

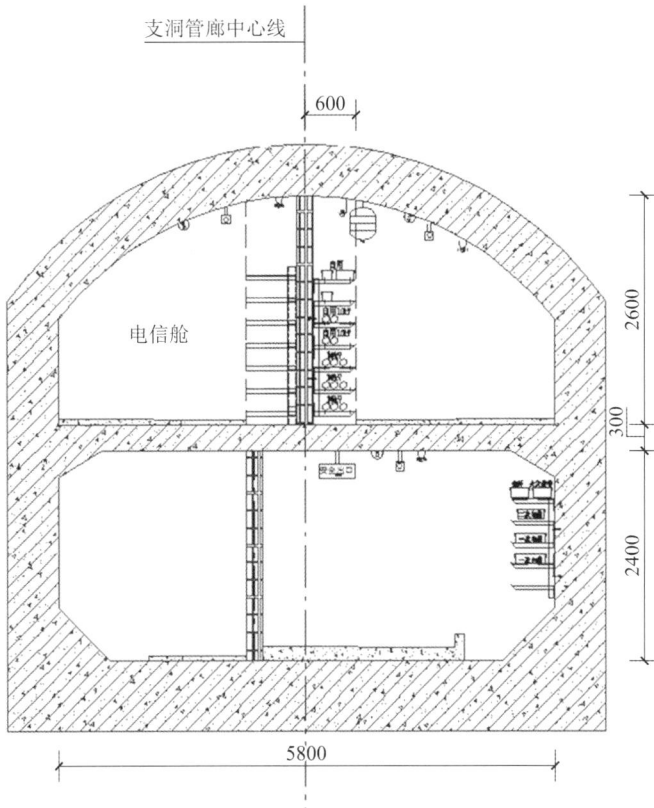

图 4.2-4　综合管廊 1 号支洞标准横断图

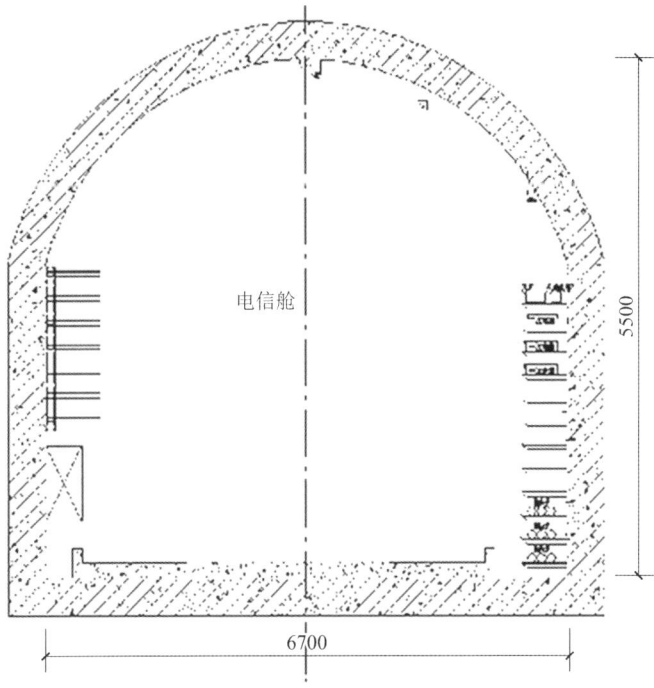

图 4.2-5　综合管廊 2 号支洞标准横断图

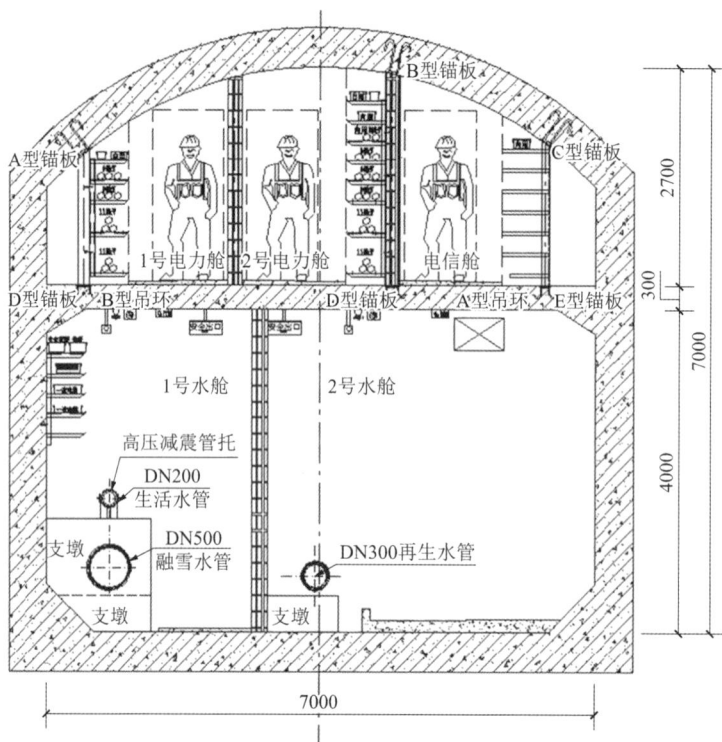

图 4.2-6　综合管廊 3 号支洞标准横断图

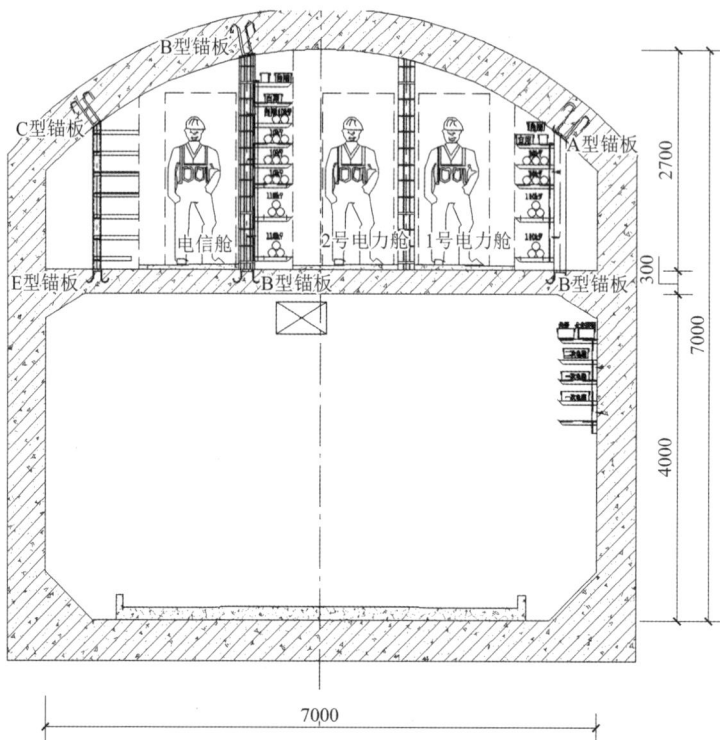

图 4.2-7　综合管廊 4 号支洞标准横断图

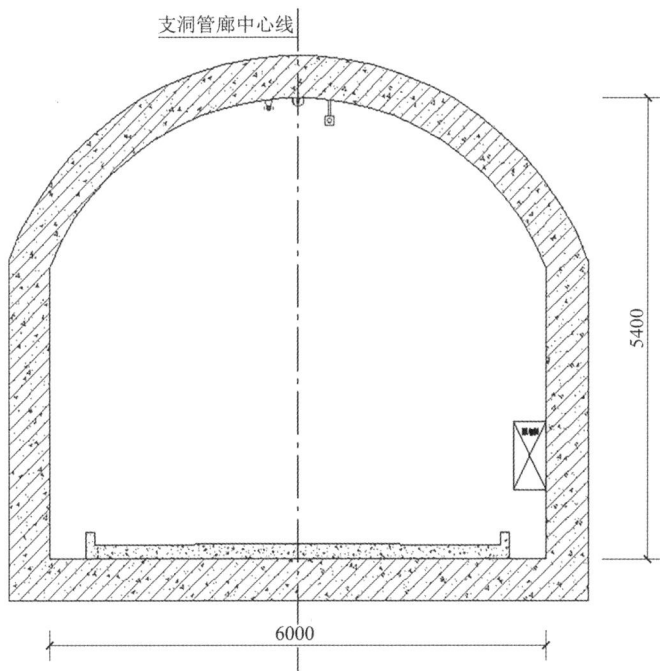

图 4.2-8　城门洞形标准横断图

4.2.2　综合管廊的竖向设计

1）竖向高程控制原则

（1）在综合管廊的纵剖面布置中，主要结合平面设计，考虑满足综合管廊的运行、管理以及景观等功能需求。同时，在施工期间也需要满足隧洞施工常用的钻爆法、TBM 法或明挖现浇等工法的施工要求。

（2）根据综合管廊沿线的地形和地貌情况，管顶以上的围岩厚度一般在 10～50m 之间。当管道需要穿越现状河道时，埋设深度要达到 100 年一遇洪水的冲刷深度以下。

（3）管线纵断坡比除佛峪口水库下游穿越河道段外，均保持坡比在 10% 之内，可满足 TBM 机械施工要求。

2）竖向坡度控制

综合管廊的最小坡度为 2‰，以满足沟内排水需要。纵坡度应控制在不大于 10% 的范围内。在综合管廊节点处和纵断坡度变化处，需要满足各类管线的设计和安装要求。当综合管廊纵向坡度超过 10% 时，应在人员通道部位设防滑地坪或台阶。

4.2.3　综合管廊的节点设计

综合管廊节点设计旨在满足综合管廊内入廊管线布置和运行管理的需要，包括管线出支口、交叉节点、检修车辆及材料运输出入口、电缆接头、闸阀、集水坑等设施。节点设计内容还包括综合管廊的管线出支口（线）等，以及通风口、吊装口、人员出入口和人员逃生孔等。根据本工程特点，一般会结合隧洞施工洞口和支洞布置进行考虑。

1）节点设计原则

考虑本工程地形地貌的特殊性，参照《城市综合管廊工程技术规范》GB 50838—2015，主要针对出支口、电力、电信、水务入廊管线制定设计原则。

（1）出支口通过调整局部管廊结构的下沉、加高、加宽、设置分层、增加楼梯、平台等结构形式，以满足入廊管线的衔接（出支）、管线之间的避让交叉、自身的弯折、综合管廊附属系统的设置以及人员的检修、交通等需求。

（2）电力线缆的弯曲半径和分层符合现行国家标准《电力工程电缆设计标准》GB 50217 的相关规定。

（3）通信线缆弯曲半径应大于线缆直径的 15 倍。

（4）给水（中水）管线应预留焊接或机械连接、阀门安装等操作空间。

2）管线出支口节点

本工程路由大部分位于山体中，管廊干线人员出入口、逃生口与进风口结合隧洞主体施工组织、入廊管线沿途出支需求设置，永临结合，全线共设置 8 个节点。

3）吊装口

吊装口设计需考虑到综合管廊内所需投入管线的尺寸、治安设备、人员出入等因素。

因为本工程综合管廊不同于一般城市地区综合管廊，吊装口一般需要考虑从水舱向顶部电力、电信舱吊装。

综合管廊电力舱及电信舱内部吊装口与逃生口并用，电力舱逃生口每隔 200m 设置一处，电信舱逃生口每隔 400m 设置一处，逃生口净尺寸为 1m×1m，由管廊内设置直梯，从上部电力及电信舱直通下部水舱，管廊内电力舱及电信舱敷设缆线用吊装口均位于各支洞与主洞交叉节点处，吊装口尺寸 1m×2m，间距与各支洞间距一致，管廊内人员均可通过该处节点进入沿线支洞，支洞口直通户外。

4）人员出入口、逃生口

依据《城市综合管廊工程技术规范》GB 50838—2015："5.4.3 综合管廊人员出入口宜与逃生口、吊装口、进风口结合设置，且不应少于 2 个"，以及"5.4.4 敷设电力电缆的舱室，逃生口间距不宜大于 200m；敷设其他管道的舱室，逃生口间距不宜大于 400m"。

本工程电力舱与水舱之间每隔 200m 设置一处爬梯，每个防火分区内，两个电力舱之间设置甲级防火门，两个电力舱互为逃生通道；出入口利用施工支洞兼做通风口，共设置 8 处。发生火灾时，电力舱人员可通过未发生火灾的电力舱通道行至人员出入口，也可从电力舱通过爬梯，逃往水舱后沿水舱通道行至人员出入口；电信舱人员可就近逃往管廊出入口或通过爬梯逃往水舱后沿水舱通道行至人员出入口；水舱内入口发生火灾，人员可直接通过就近的出入口疏散至室外。其逃生口、出入口和通道设置均满足消防疏散的要求。

配电室建筑严格按照现行《建筑设计防火规范》GB 50016 中的电气设计防火部分的要求进行设计，配电室防火门设置，根据《20kV 及以下变电所设计规范》GB 50053—2013 第 6.2.6 条内容："长度大于 7m 的配电室设两个安全出口，并宜布置在配电室的两端。当配电室的长度大于 60m 时，宜增加一个安全出口，相邻安全出口之间的距离不应大于 40m"

进行设计。

管廊工程配电室的长度大于 7m 并小于 40m，均设两个防火门，并设计完善的消防疏散标志，其布局均满足消防疏散的要求。管廊主体位于山体内部，受条件限制，管廊通风及人员进出口结合施工支洞及其他节点进行设置，人员进出口兼工程通风口。本工程共设计 8 个出入口，每个出入口通过修建道路可直接与社会道路连通。

5）防火分区、通风系统

本工程电力舱按照不大于 200m 设置一个防火分隔，主洞和支洞电力舱共划分为 71 个防火分隔，其中主廊道 62 个，4 处支洞共 9 个（5 号支洞无电力、电信管线通过）。水舱和电信舱因其发生火灾的可能性及危害都极低，因此不做防火分隔，每舱为一个独立的防火分隔。

管廊共分为 4 个通风分区。通风分区间采用实体墙分割，防止气流掺混、短路，并设置常闭抗风压门，保证人员通行。电力舱防火分隔不大于 200m，采用防火门进行分隔。同一通风分区内，电力舱的防火门采用常开防火门，保证电力舱正常通风；火灾事故时，事故防火分区及相邻防火分区的防火门自动关闭，进行防火分隔；事故后，由专业人员手动开启防火门，确定火灾熄灭、烟气冷却后，通风排除有害烟气。

4.3 冬奥管廊设计——结构

在冬奥会管廊项目中，结构设计是确保管廊稳定性、安全性和功能性的核心。面对延庆赛区复杂的地形条件和特殊的气候环境，团队采用了一系列先进的设计理念和技术手段，以确保管廊结构的稳固和可靠。

4.3.1 主要设计标准和参数

边坡工程：根据《建筑边坡工程技术规范》GB 50330—2013，土洞进口及各支洞口边坡均为临时边坡，安全等级为二级。

基坑工程：根据《建筑基坑支护技术规程》JGJ 120—2012，4 号地基坑的安全等级为一级。

隧洞工程：由于管廊工程没有关于隧洞工程的设计规范，国家也没有隧洞工程的国家标准，目前国内其他行业常用的关于隧洞方面的设计规范包括《水工隧洞设计规范》SL 279—2016、《铁路隧道设计规范》TB 10003—2016、《公路隧道设计规范 第一册 土建工程》JTG 3370.1—2018，经分析比较三本规范，三本规范关于结构计算方法基本相同，关于荷载取值稍有差异。《公路隧道设计规范 第一册 土建工程》JTG 3370.1—2018 规定了围岩压力的取值，但没有规定外水压力如何取值；《铁路隧道设计规范》TB 10003—2016 也规定了围岩压力的取值，但关于外水压力在条文说明中建议采用《水工隧洞设计规范》SL 279—2016 中关于外水压取值的计算方法；《水工隧洞设计规范》SL 279—2016 既规定了围岩压力取值的计算方法，又有关于外水压力取值的计算方法。由于本工程隧洞外水荷载是主要的控制性荷载，根据上述规范要求外水压力应按《水工隧洞设计规范》SL 279—2016 要求取值，为使结构荷载取值和结构设计规范体系统一，本工程的隧洞结构设计按《水工隧洞设计规范》SL 279—2016 进行设计。又由于本工程属于综合管廊工程，因此隧洞结构构造措施、耐久性要求等应满足《城市综合管廊工程技术规范》GB 50838—2015 相关规定。根据国家和行业的相关规范，并考虑工程的重要性，本工程隧洞级别为 3 级。

明挖暗涵工程：本工程明挖暗涵段结构设计按《城市综合管廊工程技术规范》GB 50838—2015 相关要求执行。

综合管廊的设计使用年限为 100 年，相应结构可靠度理论的设计基准期均采用 50 年，并根据使用环境类别进行耐久性设计。

应按荷载效应的基本组合和偶然组合进行承载能力极限状态计算；应按荷载效应的准永久组合并考虑长期作用的影响进行正常使用极限状态裂缝宽度验算。与地下水、土接触并有自防水要求的混凝土构件，其表面最大裂缝宽度限值应取 0.2mm，其他构件的最大裂缝宽度限值应取 0.3mm。应按荷载效应的准永久组合并考虑长期作用的影响进行正常使用极限状态变形验算。受弯构件的最大挠度限值不应超过 $L_0/400 \sim L_0/300$，悬臂构件的最大挠度限值不应超过 $2(L_0/400 \sim L_0/300)$，L_0 为构件的计算跨度。

地下结构设计应满足《建筑设计防火规范》GB 50016—2014 的相关要求，地下结构中承重构件的耐火等级为一级，其他构件应满足相应的室内建筑防火规范要求。

地下结构的自身防水要求应满足建筑物防水等级要求，管廊按二级防水等级要求设计，监控中心按一级防水设计。

当地下结构处于有侵蚀地段时，应采取抗侵蚀措施，混凝土抗侵蚀系数不得低于 0.8。

与地面线相接的人员出入口处应作防洪设计。根据《防洪标准》GB 50201—2014 的要求，本项目涉及各专业工程须满足同时相应专业的标准设计。根据《防洪标准》GB 50201—2014，输水管道穿越交叉河道时，确定输水管道防洪标准为设计标准重现期 30 年洪水，校核标准为重现期 100 年洪水。

输水管道与铁路、公路交叉建筑物同时须满足相应专业的标准设计。根据《防洪标准》GB 50201—2014，电力管线 110kV 防护等级属于Ⅳ等，防洪标准为 10～20 年。综上所述，本综合管廊防洪按入廊管线中防洪要求最高的管线确定，各出入口防洪标准为重现期 100 年洪水。综合管廊工程抗震设防类别为重点设防，本地场地抗震基本烈度为 8 度，地下结构的地震作用应符合 8 度抗震设防烈度进行设计。

4.3.2　衬砌计算

综合管廊采用初期支护和现浇钢筋混凝土构成的复合衬砌形式。综合管廊隧洞采用钻爆法或 TBM 工法开挖施工，隧洞开挖过程中适时施工初期支护。初期支护主要以锚杆、湿喷混凝土（钢筋挂网）、钢拱架等为主，超前注浆小导管、超前锚杆等为施工辅助措施，充分调动和发挥围岩的自承能力，在监控量测信息的指导下施作初期支护和二次模筑衬砌。在初期支护基础上，永久结构形式均为现浇钢筋混凝土结构形式。

结构计算分析主要计算软件为有限元分析软件 ABAQUS,运用其强大的非线性计算功能和友好的前后处理程序对比分析现浇方案下一标准圆形二次衬砌及横隔板的受力、变形,并在此基础上基于应力进行配筋计算。根据有限元计算原理,与洞轴线垂直的水平方向及模型底部均考虑 8 倍洞径,上部建至地面。模型顶部为自由边界,底部为固定约束,前后左右分别约束其轴向位移及绕轴转动。模型中混凝土采用弹性模型,岩体采用 M-C 弹塑性模型。

1)荷载

(1)地下水位

本工程隧洞为无压隧洞,主要受外水压力作用影响。根据钻孔水位资料及地质专业划分不同围岩分类,统计每类围岩对应的最高水头资料及其相应的隧洞埋深资料。

(2)地震作用

按《中国地震动参数区划图》GB 18306—2015,工程区地震动峰值加速度 0.20g。根据《水工建筑物抗震设计规范》SL 203—97,在地下结构的抗震计算中基岩面 50m 及其以下部位的设计地震加速度代表值可取该规范规定值的 1/2,即 0.1g;基岩面下不足 50m 处的设计地震加速度代表值可按深度作线性插值。本次计算断面埋深均大于 50m,因而取地震动峰值加速度为 0.1g。

(3)设备自重

主洞,3 号、4 号支洞中隔板荷载为 110kV 电缆、10kV 电缆、自用电缆、通信电缆、所有支架及高压电缆抱箍。

(4)人员检修荷载

上隔舱考虑施工检修人员荷载,根据《水工建筑物荷载设计规范》SL 744—2016 检修荷载取 4.0kN/m²。

(5)安装荷载

考虑下层水舱内水管吊装需在横隔板下部设置吊钩,根据吊装方案,吊钩荷载初步按如下考虑:沿纵向每 3m 设置,且每个吊钩设计荷载分别为 3t(DN800 造雪管)、1.5t(DN400 输水管),同时考虑动力系数为 1.4。

2)荷载组合

荷载组合:结构(衬砌、横隔板、竖隔墙等)自重、设备自重、人员检修荷载、安装荷载、围岩压力、外水压力、地震作用和围岩弹性抗力。

考虑该工程重要性,将地震作用考虑在运行工况,并取设计状况系数均为 $\psi = 1.0$。

4.3.3 灌浆与防水

综合管廊防水质量对管廊使用年限和运行费用影响较大,需要着重考虑。地下结构的自身防水要求应满足建筑物防水等级要求,管廊按二级防水等级要求设计,控制中心按一级防水设计。

本工程防排水设计原则为:"防、排、截、堵相结合,因地制宜,综合治理"。

堵：对Ⅳ、Ⅴ类围岩采取径向灌浆，减少排放。

排：防水板和一衬间设排水系统，与灌浆结合，才能有效降低外水压力，没有排水系统，衬砌将不堪重负。

防：二次衬砌防水混凝土＋防水板。

1）灌浆

由于本工程地处国家自然保护区，为了减少工程对自然生态环境的影响，并防止隧洞纵向在浅埋段形成高差水头压力，我们计划在隧洞深埋与浅埋段分界处设帷幕灌浆。帷幕灌浆施工将遵循环间分序、环内加密的原则；对于有两环帷幕的部位，将先施工下游环，再施工上游环；同时，环内钻孔将分两序逐渐加密施工。

根据地勘资料显示，固结灌浆将主要应用于Ⅳ、Ⅴ类围岩隧洞段。然而，如果在开挖过程中发现Ⅳ、Ⅴ类围岩发生漏水，固结灌浆也将需要进行。固结灌浆将在一次支护后进行，浆液将采用水泥浆液。

2）防水

结构采用混凝土抗渗设计等级为 W12，防水材料采用 EVA。变形缝与施工缝处采用钢边橡胶止水带；嵌缝材料采用双组份聚硫密封膏，底板下侧为遇水膨胀橡胶条，内侧为防火填缝胶。排水在初期支护和 EVA 防水材料之间，环向按一定间距设置软式透水管环向盲沟，纵向通常在隧洞底板两侧均设置排水管；环向排水管在二衬底板附近通过泄水管连通管廊内排水沟；环向、纵向排水管和泄水管共同组成排水系统。

4.4　冬奥管廊设计——工法

本工程主要包括明挖段、主洞钻爆法施工段、主洞 TBM 法施工段、1 号施工支洞钻爆法施工、二次衬砌施工、混凝土中隔墙施工、混凝土中层板施工、固结灌浆施工、永久道路施工及临建设施工。部分项目采用平行作业，主体工程采用顺序施工，TBM 掘进与二次衬砌同步施工。

首先进行 0＋000～0＋210 明挖段施工，采用钻爆法完成主洞钻爆法施工段 0＋210～0＋400，完成主洞钻爆段施工后再进行 1 号施工支洞钻爆法段施工；TBM 在洞口明挖段完成组装调试，待 0＋210～0＋400 主洞钻爆段底板混凝土浇筑完成后，TBM 步进至始发洞，开始掘进施工。

4.4.1　明挖段施工

明挖段 0＋000～0＋210 段开挖采用浅孔梯段爆破或预裂爆破；为保证边坡开挖后岩石的完整性和开挖面的平整度，边坡开挖均采用轻型潜孔钻钻孔进行预裂爆破，坡面及平台预留不小于 1.5m 的保护层进行光面爆破。每层开挖前先用人工或推土机、反铲平整工作面，然后测量定出孔位，保护层开挖采用手风钻钻孔，人工装药爆破。装载机或反铲挖装，自卸车运输至指定渣场。

各区段在剖面上形成钻孔、装药爆破、出渣、边坡网喷混凝土工序流水作业，在平面上和立面上展开多工序作业，以加快施工进度。

严格遵循"阶梯式"开挖施工顺序，"从上到下，纵向分段，竖向分层，由中间向两端，边坡及时支护"的总原则。

4.4.2 隧道施工

1）主洞钻爆法施工段

首先施工 0 + 210～0 + 400 主洞钻爆段，然后再进行 1 号施工支洞钻爆段施工。钻爆法开挖及初期支护结束后，作业面交给衬砌施工队，路面混凝土施工及进洞口二次衬砌，衬砌施工和路面浇筑平行作业。

2）TBM 法施工段

TBM 在洞口明挖段内进行组装，待 0 + 210～0 + 400 钻爆段完成混凝土底板浇筑后，TBM 步进至始发洞，开始掘进。TBM 掘进 1km 时，洞口安装两台仰拱衬砌台车进行仰拱衬砌，两台仰拱衬砌台车始终跟进 TBM 同步施工；仰拱衬砌 50m 后，在洞口安装第一台边顶拱衬砌台车，TBM 掘进至 2km 时，在洞口安装第二台边顶拱衬砌台车，两台边顶拱衬砌台车首先共同完成隧洞进口至 1 号施工支洞之间的边顶拱衬砌任务，然后同时进行 1 号施工支洞至隧道出口方向边顶拱衬砌。中层板混凝土浇筑在 TBM 掘进完成后开始施工，从进口向出口方向安排 1 个作业面、从 1 号施工支洞向进出口方向各安排 1 个作业面，共 3 个作业面施工；中隔墙混凝土滞后中层板 28d 施工。

4.4.3 施工难点及解决措施

1）TBM 施工工艺

本项目部分段落是将电力、通信、输水管路等各种工程管线集于一体，并且采用 TBM 法进行施工的综合管廊隧道。TBM 始发段为 V 类围岩，采用钢拱架形式对隧道进行初期支护，由于围岩稳定性较差，施工过程中局部区域钢拱架出现了下沉变形，为防止变形进一步扩大引起危险，必须及时采取有效措施处理。

2）地下管廊软弱围岩地段支洞进主洞施工难点

管廊隧道支洞进主洞交叉口地段施工时，由于交叉口部位受力情况复杂，如开挖或支护方式不当，极易造成塌方或隧道成型后支护开裂。当处于软弱围岩地段时，危险系数将更大，如何保证软弱围岩管廊隧道支洞进主洞地段施工的安全和质量成为这一施工方法的主要难点。

3）爆破法施工难点

（1）隧道围岩地质情况较差，竖井及围护桩施工靠近高边坡，安全风险大，施工范围较广，工期紧，施工任务重，需要合理安排爆破施工与其他工序的衔接工作，保证爆破施工的效率和质量。

（2）隧道施工作为地下工程，施工过程中存在不可预见因素，如洞口段、浅埋段、偏压段、断层破碎带、溶洞、岩爆等在开挖、支护过程中均具有一定的风险。

（3）隧道各洞口分散，距离较远，对施工组织和爆破物品的运输和使用的管理要求高。

（4）对自然环境中动植物的保护要求高。

施工区域内国家级和市级保护动植物众多，施工时应注意对野生动植物和自然资源进行保护。

— 第 5 章 —

施工进程纪实

　　北京冬奥会延庆赛区的综合管廊工程是一个重大的建设项目，被称为"生命线"，对于整个冬奥会的顺利进行至关重要，是国内首条投入使用的大落差、大坡度山岭综合管廊，也是世界首条高寒地区大坡度山岭隧道综合管廊。

　　施工过程中面临了极大的挑战，包括复杂的地质条件、高海拔和低气温等。例如，小海陀山的地质结构复杂多变，甚至一个几十平方米的作业面一半是坚硬的岩石，一半是破碎的岩石，使得施工非常困难。为了确保安全和效率，工程团队采用了多种创新技术和方法，如光面爆破法、智能眼监控等，并且在整个施工过程中严格遵循"绿色办奥"的理念，努力减少对环境的影响。

　　北京冬奥会延庆赛区的综合管廊工程在施工过程中，涉及了多个复杂的阶段和施工方法。其中就包括 TBM（隧道掘进机）段施工和钻爆段施工，这两个阶段在工程中扮演着重要角色，它们的衔接和协调是确保整个工程顺利进行的关键。

5.1　冬奥管廊施工——TBM 段

5.1.1　施工部署总体规划

　　本工程主要包括明挖段、主洞钻爆法施工段、主洞 TBM 法施工段、1 号施工支洞钻爆法施工、二次衬砌施工、混凝土中隔墙施工、混凝土中层板施工、固结灌浆施工、永久道路施工及临建设施工。部分项目采用平行作业，主体工程采用顺序施工，TBM 掘进与二次衬砌同步施工。

　　首先进行 0 + 000～0 + 210 明挖段施工，然后完成主洞钻爆法施工段 0 + 210～0 + 400，完成主洞钻爆段施工后再进行 1 号施工支洞钻爆法段施工；TBM 在洞口明挖段完成组装调试，待 0 + 210～0 + 400 主洞钻爆段底板混凝土浇筑完成后，TBM 步进至始发洞，开始掘进施工。

TBM 掘进 1km 时，洞口安装两台仰拱衬砌台车，进行仰拱衬砌，两台仰拱衬砌台车始终跟进 TBM 同步施工；仰拱衬砌 50m 后，在洞口安装第一台边顶拱衬砌台车。TBM 掘进至 2km 时，在洞口安装第二台边顶拱衬砌台车，两台边顶拱衬砌台车首先共同完成隧洞进口至 1 号施工支洞之间的边顶拱衬砌任务，然后同时进行 1 号施工支洞至隧道出口方向边顶拱衬砌。中层板混凝土浇筑在 TBM 掘进完成后开始施工，从进口向出口方向安排 1 个作业面、在 1 号施工支洞向进出口方向各安排 1 个作业面，共 3 个作业面施工；中隔墙混凝土滞后中层板 28d 施工。

5.1.2　TBM 法施工方案与技术措施

根据招标文件，TBM 在洞口明挖段内进行组装，由洞口向进洞反方向长 80m、宽 18m 作为 TBM 组装场地（图 5.1-1），受场地条件限制，优先组装 TBM 主机和连接桥，主机和连接桥组装完成后依靠步进机构向前步进进洞，然后组装 TBM 配套台车，最后将后配套台车依次向前拖拉并与主机连接。TBM 整机向前步进时，同步开始组装连续皮带机。

图 5.1-1　场地实际布置图

（1）组装场地

在进口的明挖段内进行 TBM 的组装工作。一旦 TBM 进场，首先完成对组装场地的场地平整和明挖段的开挖工作。随后，对 TBM 组装场地的地基进行夯实处理，表层采用 30cm 厚的 C20 混凝土进行硬化，确保表面平整。同时，在步进洞和始发洞都采用网锚喷初期支护措施，底部进行混凝土浇筑，以满足 TBM 的步进和始发需求。在组装场地内安装相关的配套风、水、电设施，以满足 TBM 组装和步进的需要，同时根据需要平均布置配电柜于场地。此外，照明灯具的安装间距为 10m，以满足场地组装时的照明需求。

（2）现场组装

受场地条件限制，TBM 部件运抵组装场地后，优先组装 TBM 主机和连接桥，组装完成后依靠步进机构步进进洞，然后组装后配套台车。

TBM 主机部件包括前底护盾、机头架、刀盘（图 5.1-2）、主梁等，由于 TBM 部件多，系统复杂，在组装场地内必须合理摆放，才能保证 TBM 的顺利组装和组装期间的人机安全。TBM 主机大件在组装场地的摆放参见图 5.1-3。

图 5.1-2　刀盘情况图

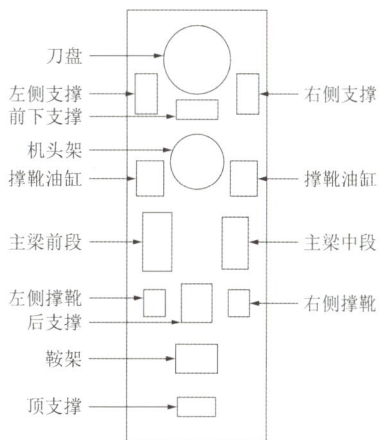

图 5.1-3　TBM 主机大件摆放示意图

（3）组装要求

TBM 作为先进的现代化隧道施工机械，具有设备体积庞大、结构复杂、系统高度集成、机电液一体的特点，组装的质量和效率决定了 TBM 后期施工能否顺利进行，因此本投标人根据组装的不同时期，提出不同的要求。

①组装准备要求

为了使 TBM 组装工作有序可控，需要制定详细的 TBM 组装计划。此计划应包括组装的各个阶段、时间安排、人员分工、质量控制等方面的内容，以确保组装工作按照既定计划进行。在组装前，需要提前做好技术培训，确保参与组装的人员了解 TBM 整机的结构和功能，以便他们能够有效地完成组装工作。另外，需要制定合理的组装材料、配件、工具供应计划，以确保所需物资能够及时到位，为组装工作提供保障。在组装现场，需要将组装零部件标识清楚、堆放整齐，并做好清洁工作，以确保组装过程能够高效进行。最后，需要制定组装安全措施及应急预案，以确保组装工作过程中的安全和应急情况的处理。这些措施应该包括安全防护、事故预防和应急处理等方面的内容。

②组装实施要求

制定技术交底，根据组装计划，做好每日工作计划清单；组装时与设备改造方技术人员积极配合；设置专职的质量控制组，加强组装的过程控制；设置专门的安全控制小组，确保组装安全。

③组装后的检验要求

制定组装检查制度，对每个工序进行检验，并及时总结检查结果。在独立设备组装完成后，对独立设备进行检查，以便及时发现问题并进行处理。整机组装完成后，将联合招标人、监理方和设备改造方进行四方联合检查，以确保整机组装质量符合要求。

（4）设备进场验收

现场验收由投标人联合发包人、监理方共同进行，投标人将在 TBM 设备到场后积极联合发包人和监理人进行各项验收工作。验收工作由项目部组织设备、资料、技术等部门，根据工作计划联合发包人和监理方相关部门进行开箱检查和验收，确保 TBM 设备部件在运输过程中无损坏和缺漏。

开箱检验包括设备内外包装情况、货物数量和规格、货物外表质量、检查实物、技术资料与装箱单是否相符，设备配套是否齐全（包括附件、软件、专用工具、辅料、备品配件等），设备外观有否残损、锈蚀、变形（必要时现场拍照），检验完成后有关各方在开箱检验单会签。

检验验收过程同时进行 TBM 配套技术资料的验收和相关资料的归档，并征求发包人意见根据施工需要保留必要的份数于本投标人 TBM 技术室存档。

（5）组装流程

TBM 组装主要包括主机组装、连接桥组装、后配套组装及电气、液压系统组装，其中主机部件最先组装，根据组装进度，再将运到临时存放场的其他主机部件按照组装计划依次进行组装。TBM 组装完成并步进进洞后，开始进行连续皮带机的组装。TBM 组装流程见图 5.1-4。

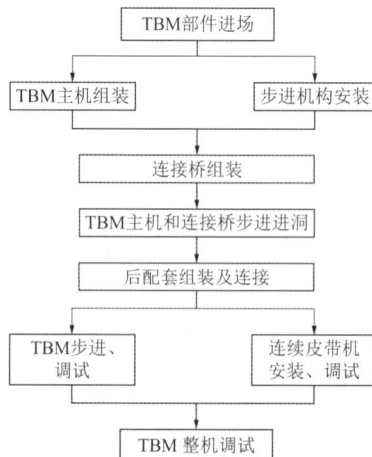

图 5.1-4　TBM 组装流程图

（6）主机组装

TBM 大件由汽车运送至组装场地。卸车时，严格按照起吊规范操作，避免发生碰撞或安全事故。对刀盘支撑、驱动总成等精密部件，应放置在枕木上，避免与地面直接接触。刀盘放置时，应预留足够空间，以便刀盘焊接、翻转及吊装。

主机组装顺序为：

刀盘就位→底护盾放置于规划区域→机头架与底护盾连接→主梁前段与机头架连接→主梁中段与主梁前段连接→安装料斗、主机皮带前部到刀盘支撑内部→安装侧护盾→主梁后段总成与主梁中段连接→安装驱动总成→安装鞍架及推进缸→安装后支撑总成→安装钢拱架安装器、锚杆钻机、主机皮带机等设备→安装步进机构→安装刀盘→安装顶护盾→液压润滑系统安装→电气系统安装。

第一步：将刀盘分块按要求组合焊接在一起，并水平放置在安装区域前端，见图 5.1-5。

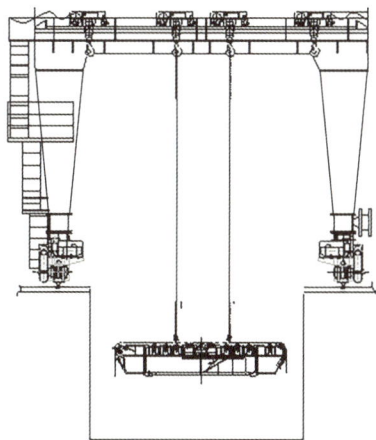

图 5.1-5　主机组装流程图（一）

第二步：把步进机构大滑板放置到指定位置，把底护盾放置在大滑板上，并将它们焊接在一起，见图 5.1-6。

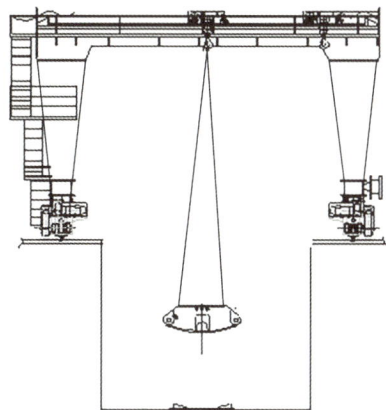

图 5.1-6　主机组装流程图（二）

第三步：安装机头架到底护盾上，见图 5.1-7。

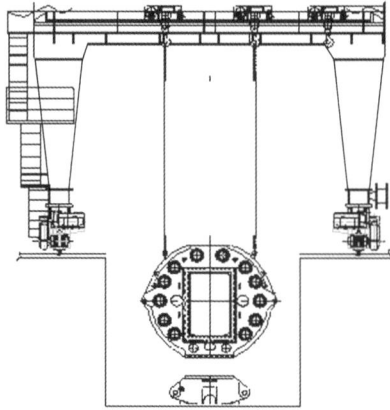

图 5.1-7　主机组装流程图（三）

第四步：安装主梁到机头架，安装皮带机和溜渣槽，把行走梁放到主梁下，见图 5.1-8。

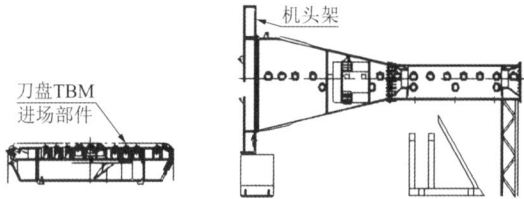

图 5.1-8　主机组装流程图（四）

第五步：安装支撑鞍架到主梁中段后端，安装上支撑油缸到支撑鞍架，安装鞍架到行走梁，见图 5.1-9。

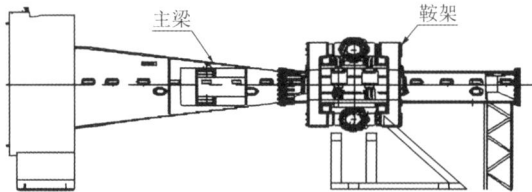

图 5.1-9　主机组装流程图（五）

第六步：安装支撑油缸、推进油缸、撑靴到支撑鞍架，安装后支撑总成，见图 5.1-10。

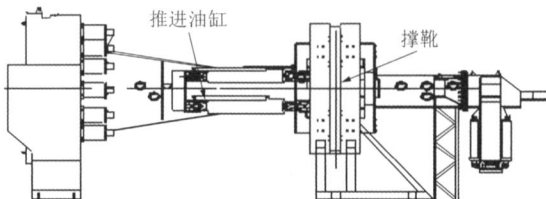

图 5.1-10　主机组装流程图（六）

第七步：安装主驱动总成和侧支撑到机头架，见图 5.1-11。

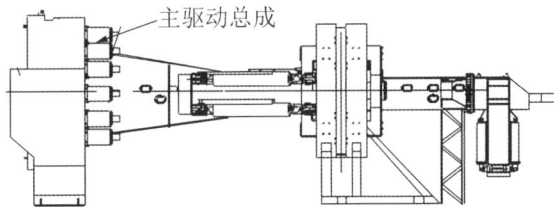

图 5.1-11　主机组装流程图（七）

第八步：安装环形支架、锚杆钻机、走道、扶梯、踏板、泵站到掘进机上，安装刀盘到机头架上，安装顶护盾和顶侧护盾到机头架上，见图 5.1-12。

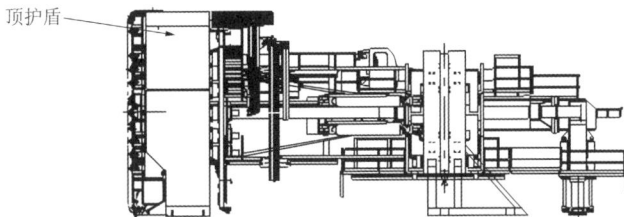

图 5.1-12　主机组装流程图（八）

（7）连接桥组装

TBM 主机主要结构部件组装完毕后，即可开始连接桥的组装。

在组装连接桥前需要在组装场地预先安装轨道，以满足连接桥后部滚轮的定位安装。连接桥的组装顺序如下：连接桥后部轮对就位—轮对固定—连接桥箱梁后段与轮对连接—施作支撑—箱梁中段与前段连接—连接桥中段与后段连接。

连接桥箱梁组装完毕后，进行门架及拖拉机构的安装，再进行连接桥与主机的连接组装。

连接桥与主机连接部分组装完毕，利用门式起重机进行连接桥的其他部件安装。

（8）后配套组装

受组装场地限制，主机与连接桥主结构件组装完毕后，先步进进洞，留出后配套组装空间，在组装场地内利用门式起重机和汽车起重机配合进行后配套结构件及附属设备组装。后配套组装过程中，按照从前到后的过程一次进行，为了加快组装进度，可以利用汽车起重机和门式起重机在确保安全的前提下，分区同步进行，然后完成相关台车连接，最终向前拖拉与连接桥连接。

5.1.3　TBM 步进

1）步进方式

本标段 TBM 采用滑板式步进机构，步进段底板混凝土施工过程中预留导向槽，作为 TBM 主机步进的导向轨道。

步进机构分为底护盾下步进底板、举升油缸、推进系统和鞍架下方安装临时支撑结构。前一部分提供步进动力，后一部分满足步进过程的换步需要，滑板式步进机构主要结构见图 5.1-13。

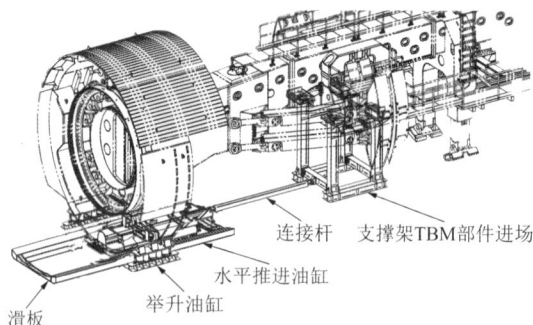

图 5.1-13　滑板式步进系统结构组成

由于大滑板与混凝土底板之间（即钢材与混凝土之间），以及小滑板与大滑板之间（即钢与钢之间）的摩擦系数不同，前者为 0.2～0.3，后者为 0.15；且大小滑板之间涂抹润滑剂后摩擦系数更小（0.1～0.12），而两者所承受的压力基本相当，因而后者所产生的摩擦力远小于前者。TBM 步进时，步进油缸向前顶推 TBM 的反力由上述摩擦力的差值承担。

2）步进流程

（1）步进油缸伸出，推动主机在大滑板上向前滑动，推进油缸随动伸出，同时拖动后配套系统在钢轨上向前运动，完成一个完整的步进行程（与掘进行程长度相同）。

（2）举升油缸和后支撑同时向下伸出，作用于混凝土底板上，两者共同作用将 TBM 主机向上抬起，小滑板脱离大滑板，同时撑靴支架脱离底板。

（3）步进油缸回收，拖动大滑板在底板上向前滑动一个行程；同时，推进油缸收回，拖动撑靴支架向前移动一个行程。

（4）举升油缸和后支撑同时收回，TBM 主机再次依靠滑板和撑靴支架承载，开始再次步进。如此循环，TBM 就可以不断地向前步进。

3）步进技术要点

（1）开始步进前，全面检查步进洞，混凝土底板要具有足够的平整度，不能有明显凸起，更不能残留裸露钢筋等杂物；复核断面尺寸，如有干扰提前处理。

（2）全面检查和清理导向槽（如果有），不能残留石渣等杂物，位置和尺寸满足步进要求，确保不会出现导向轮卡滞现象。

（3）确保步进所需液压系统具有良好的状态。

（4）举升油缸承载重量大、行程短，从结构设计至操作过程控制，都要严格把关，控制好伸缩量和垂直度，举升高度控制以小滑板脱离大滑板约 1cm 为宜，同时又要保证撑靴支架完全脱离底板。这就要求混凝土底板的平整度要高，否则就必须加大举升油缸的提升量，进而要配置较大行程的油缸，影响油缸的合理安装位置。

（5）关注大滑板和小滑板的耐磨防护，避免异常磨损。

（6）撑靴支架在步进换步过程中可能发生姿态改变，注意调整左右方向。

5.1.4　TBM 试掘进

1）试掘进的目的

在面对全新工程采用 TBM 掘进机施工的情况下，需要通过试掘进检验设备的功能与隧道实际情况的匹配性。通过试掘进达到以下目的：

（1）试掘进段主要检验 TBM 掘进机改造与隧道地质适应性。

（2）连续皮带机出渣能力和效率的检验，以及与 TBM 掘进施工的匹配性。

（3）完成各个单项设备的功能测试，并对各设备系统作进一步的调整，使其达到最佳状态，具备正式快速掘进的能力。

（4）了解和认识本工程的地质条件，掌握根据地质情况调整 TBM 掘进参数的方法，为全程掘进提供参考依据。

（5）理顺整个施工组织，在连续掘进的管理体系中抓住关键线路的控制工序，为以后的稳定高产奠定基础。

2）试掘进准备

（1）接通 TBM 主机变压器的电源，使变压器投入使用。待变压器工作平稳后，接通电源输出开关，检查 TBM 所需的各种电压，并接通 TBM 及后配套上的照明系统，同时检查 TBM 上的漏电监测系统，确定接地电阻及电气系统的绝缘值可以满足各个设备的工作要求。

（2）检查气体、火灾监测系统监测的数据、结果。确定 TBM 可以进行掘进作业。确认所有灯光、声音指示元件工作正常，所有调速旋钮均在零位。

（3）检查液压系统的液压油位、润滑系统的润滑油位，如有必要马上添加油料。确认给水、通风正常。

（4）接通 TBM 的控制电源，启动液压动力站、通风机、TBM 自身的给水（加压）水泵。根据施工条件，确定是否启动排水水泵。

（5）确定连续皮带机、风、水、电管线延伸等各种辅助施工进入掘进工况。

（6）检查测量导向的仪器工作正常，并提供正确的位置参数和导向参数。根据测量导向系统提供的 TBM 位置参数，调整 TBM 的姿态，确保方向偏差（水平、垂直）在允许误差范围内，撑紧水平支撑靴达到满足掘进需要的压力。

3）试掘进组织

TBM 组装调试完成，步进到始发洞后，开始试掘进施工。本标段 TBM 试掘进不设具体长度，主要是检验设备改造后与工程地质的适应性和施工效率，以便及早发现问题，及时调整。

根据正常施工的工班组织配备人员，在掘进施工过程中，TBM 技术人员和操作人员与 TBM 改造商充分沟通。同时完成正常的辅助作业，包括锚杆、挂网、喷射混凝土以及延伸钢轨、风水管、电缆等辅助施工。

4）试掘进注意事项

（1）当 TBM 到达始发洞室，刀盘和岩面接触后，注意初始掘进参数的选择。

（2）在 TBM 破岩掘进前，必须进行洞轴线的校核，TBM 自身导向系统和人工校核两种方式分别进行，确保轴线准确无误。

（3）TBM 试掘进前必须尽早调整 TBM 姿态到设计允许偏差范围。

（4）用最短的时间熟悉掌握大纵坡条件下 TBM 的操作方法、机械性能，培训合格的设备操作人员与维护管理人员。

5.1.5　TBM 掘进施工

1）掘进机破岩原理

在完整、密实、均一的岩石中，刀具的刀刃在巨大推力作用下切入岩体，形成割痕。刀刃顶部的岩石在巨大压力下急剧压缩，随刀盘的回转和滚刀的滚动，部分岩石首先破碎成粉状，积聚在刀刃顶部范围内形成粉核区。

刀刃切入岩石和刀刃的两侧劈入岩体，在岩石结合力最薄弱的位置产生多处微裂痕。随着滚刀切入岩石深度的加大，微裂纹逐渐扩展为显裂纹。当显裂纹和相邻刀具作用产生的显裂纹交汇或显裂纹发展到岩石表面时，就形成了岩石断裂体和一些碎裂体。

2）TBM 掘进施工工艺特点

（1）施工速度快：掘进机可以实现连续掘进，同时完成掘进、出渣、初期支护等作业，并一次成洞，掘进速度快、效率高；

（2）施工质量高：掘进机为机械破岩，避免了因爆破作业对围岩造成的扰动，洞壁完整光滑，超挖量小，减少了模筑混凝土衬砌工程量；

（3）综合经济效益好：在特长隧道中施工速度快，施工工期短，大大提高经济效益和社会效益，运营后还可降低运行维护费用；

（4）安全文明施工：掘进机施工改善了工人的劳动条件，减轻了体力劳动量，施工安全条件好；

（5）环保施工：减少特长隧道的斜井等辅助设施，从而降低了环境破坏、尘埃及弃渣减少，施工环境较好；

（6）出渣能力强：TBM 施工段采用连续皮带机出渣，可最大限度地保证 TBM 的高效率掘进；

（7）系统化程度高：整个 TBM 系统中的各个子系统都要同时运转，其中任何一个环节不协调或运转失灵，都将导致整个系统的运转失灵；

（8）初期支护速度快：开挖与初期支护同步进行，减少围岩的暴露时间，较好地实现了新奥法隧道施工原理；

（9）导向精度高：TBM 导向采用国际先进导向系统，设计轴线水平和垂直偏差可控制在 2s 内，并且可以实时监控；

（10）信息智能化程度高：TBM 主机监控系统可将 TBM 掘进施工过程中的机械运行参数和运行状况通过可视系统显示出来，并可传输到地面管理部门，对 TBM 的运行做到实时监控；

（11）施工管理人员素质要求高：TBM 是综合电气工程、机械工程、地质工程及隧道施工等多学科的施工设备，这就要求施工管理人员具有较高的技能及施工管理方面的综合知识，才能圆满完成施工任务。

3）TBM 掘进

在各系统的正确操作基础上，进行 TBM 的掘进和相应的支护工作。

（1）TBM 在掘进施工过程中，需根据工程地质图纸、石渣情况、上一循环掘进参数等，对掌子面围岩状态作出准确判断，据此选择合理的掘进模式及掘进参数。

（2）选择掘进参数。根据判定的掌子面的围岩状态，选择推力、撑靴压力、刀盘转速等掘进参数。掘进过程中结合实际掘进参数的变化判断围岩的变化，适时适当调整，同时结合京投管廊公司使用 TBM 的施工经验使掘进参数与围岩状况的最佳匹配。

（3）顺序启动洞内连续皮带机、皮带连接桥皮带机、主机皮带机，并确定其运转正常；顺序启动刀盘变频驱动电机；启动主轴承的油润滑系统、各个相对移动部位的润滑系统。启动掘进机各个部位的声电报警系统，提示进入工作状态。

（4）空载启动刀盘，启动除尘风机，水平支撑撑紧，收起后支撑。

（5）慢速推进刀盘靠紧掌子面，确定刀盘已经靠紧掌子面后选择合适的推进速度、刀盘转数进行掘进作业。在刀盘和岩石表面接触之前，启动刀盘喷水系统对岩石喷水。

（6）操作人员在控制室时刻监控 TBM 掘进时各种参数的变化、石渣状态等。掘进时根据 TBM 的设备掘进参数和预计的前方围岩情况选择适当的掘进参数，包括刀盘转速、推进力、变频电机频率、推进速度、皮带机转速等。并根据围岩的状况变化及时地进行调整。专职安全员进行各设备的运行检查，保证设备运行安全。

（7）换步、调向。掘进行程完成之后，停止推进并将刀盘后退 3～5cm、停止刀盘旋转，伸出后支撑撑紧洞壁，收回水平撑靴油缸使支撑靴板离开洞壁，收缩推进油缸将水平支撑向前移动一个行程。撑靴再次撑紧洞壁，利用连接桥和后配套连接油缸拖拉后配套到位，进行换步，重复掘进准备工作，开始下一掘进行程。

本标段采用的 TBM 调向过程可以在换步完成后利用水平撑靴支撑洞壁进行调整，也可以在掘进过程中进行微小的调整。

TBM 主司机应该在换步过程中，根据测量导向系统所显示的上一循环结束时 TBM 的方位，在本掘进循环调向参考值调整 TBM 的姿态，确保掘进方向控制在允许范围之内。如有必要，可以适时在掘进施工过程中进行调整。

4）掘进参数的控制

操作人员熟练掌握掘进机换步调向技术，对调向工作以超前预判、提前实施调向、少量多次调节的原则进行。必须根据技术要求严格控制调向幅度，避免对刀盘边缘的刀具和出渣机构产生大的冲击，造成刀具和出渣机构的损伤。

掘进过程中时刻注意刀盘推力状态，了解出渣情况，综合实际情况正确选择掘进模式、掘进速度等掘进参数，并在掘进过程中随时调向，完全掌握对掘进方向的控制，将掘进方向控制在设计要求的范围之内。

5）不同地质条件下掘进参数的选择

坚持以超前地质预报成果指导 TBM 掘进施工，根据围岩情况及时调整。

（1）Ⅱ类围岩稳定好，不做初期支护，岩石强度相对较高，TBM 破岩效率相对较高，可实现快速掘进。

（2）Ⅲ类围岩局部稳定性差，掘进后需要及时做好初期支护；稳定性较好的洞段，通常不会出现坍塌等状况，并且岩石强度不大，TBM 破岩效率高，可以实现快速掘进。围岩稳定洞段保进度，局部稳定性差的围岩洞段加强初期支护。

（3）Ⅳ类围岩不稳定，自稳时间较短，不及时支护随时可能发生规模较大的变形和破坏。重点是加强超前地质预报和地质观测判断，配合地质探测，并准备足够的钢拱架、锚杆，及时喷射混凝土进行初期支护，保证 TBM 顺利通过不良地质地段。有发生坍塌、软岩变形、突涌水的风险，需做好方案、物资、人员准备工作。

（4）Ⅴ类围岩极不稳定，本标段中的Ⅴ类围岩全部处于断层破碎带，且是突涌水多发洞段，工作重点是加强地质预报，在确保人员、设备安全及工程质量的前提下，争取合理的施工进度。

6）初期支护

TBM 在掘进的同时，根据不同的围岩情况需要完成锚杆、挂设网片、喷射混凝土等初期支护作业，遇到围岩条件不好时，需要安装钢拱架。

本标段施工 TBM 初期支护主要包括钢筋网、锚杆、钢拱架、混凝土喷射四种，根据不同地质，采用不同的支护方式。各类围岩支护参数见表5.1-1。

各类围岩支护参数表 表 5.1-1

序号	围岩类型	TBM 施工段初期支护方式
1	Ⅱ类	随机锚杆ϕ25，$L = 2.5$m；360°范围喷射 C25 混凝土，厚度 8cm
2	Ⅲ类	180°范围系统锚杆ϕ25，$L = 3$m，间距 1.2m；180°范围挂设ϕ8@250×250 钢筋网；360°范围喷射 C25 混凝土，厚度 12cm
3	Ⅳ类	270°范围系统锚杆ϕ25，$L = 3.5$m，间距 1m；360°范围挂设ϕ8@200×200 钢筋网；360°范围喷射 C25 混凝土，厚度 15cm；局部型钢拱架
4	Ⅴ类	270°范围系统锚杆ϕ25，$L = 4$m，环向间距 1m，纵向间距 0.8m；360°范围挂设ϕ8@200×200 钢筋网；360°范围喷射 C25 混凝土，厚度 20cm；型钢拱架间距 0.8m

7）锚杆支护

（1）锚杆形式

根据招标文件，TBM 施工段以Ⅲ类围岩为主，采用砂浆锚杆，部分Ⅳ类、Ⅴ类围岩采用中空锚杆。

（2）锚杆孔

利用 TBM 自身配备的锚杆钻机完成，TBM 主机上的钻机跟随 TBM 掘进同步施工。

锚杆孔的孔位、深度、孔径、钻孔顺序和孔斜应按施工图纸的规定，孔内岩粉和积水必须清除干净。

（3）施工工艺流程

①钻孔：采用 TBM 自身钻机钻孔，钻孔深度比锚杆杆体有效长度大 50～100mm。锚杆孔开孔前做好量测工作，按设计要求布孔并做好标记；锚杆孔的孔轴方向满足施工图纸的要求。

②孔道清洗：钻孔完毕后，用钻机压力水将孔道清洗干净。

③注浆：孔道清洗干净后，注浆管插入孔底再退出 50～100mm 开始注浆，注浆管随砂浆的注入缓慢匀速拔出，使孔内填满砂浆。

④安装锚杆：注满水泥砂浆后，用人工配合钻机大臂快速进行锚杆的安装固定。

8）钢筋网

钢筋网规格根据不同围岩进行调整，钢筋网使用前必须清除锈蚀。钢筋网在施作钢拱架、锚杆的同时铺设，与钢拱架、锚杆焊接牢固，在喷射混凝土时钢筋网不得晃动。

钢筋网的安装在锚杆施工前进行，首先用手持冲击钻在洞壁打孔插入$\phi8$ 短钢筋铆钉将钢筋网片固定在洞壁上，并用细钢丝绑扎连接固定。然后人工将网片顶起移动到安装位置举升到岩面，通过锚杆尾部的垫板固定。

9）钢拱架

本标段 TBM 施工段地质主要以Ⅲ类围岩为主，钢拱架采用 HW 全环型钢拱架，间距根据不同围岩调整，通过 TBM 自带拱架安装器进行安装，钢拱架架立后，采用$\phi25$，$L = 1.5m$ 砂浆锚杆锚固、再喷 C25 混凝土形成封闭结构。

10）钢筋排

在围岩破碎段将$\phi22$，$L = 4.5m$ 钢筋提前插入顶护盾上方的钢筋储存仓中，在掘进过程中配合拱架使用，可以有效防止顶部破碎围岩的掉落，保护人员和设备安全。钢筋储存仓由多个小仓组成，每个小仓中可以一次性储存 3 根钢筋，使用过程中不断补充，保证钢筋排支护的连续性。

11）喷射混凝土

本标段喷锚用材料为 C25 喷射混凝土。喷混凝土支护由 TBM 自带的喷射系统完成，混凝土采取无轨混凝土运输罐车进行运送。

TBM 自带的喷混凝土系统喷射机械手可以在喷混凝土区域纵向和环向移动，操作人员通过操作控制手柄完成设计所要求的喷混凝土作业。

若遇软弱破碎围岩，需要在护盾后初喷混凝土尽快封闭围岩，此时将利用 TBM 后配套上喷混凝土区域的混凝土输送管路接长，延伸至护盾后，利用护盾后应急混凝土喷射机械手进行初喷作业。待该段进入机械喷混凝土区域后，采用机械喷射方式复喷至设计厚度。

工艺要点：

（1）施工准备。喷射前用水或风冲洗受喷面，设置标志或利用锚杆外露长度以掌握喷混凝土层厚度。检查机具设备和风、水、电等管线路，并试运行，保证密封性能良好，输料连续、均匀。空压机性能应满足喷射机工作风压和耗风量的要求。高压风进入喷射机，必须进行油水分离，以免影响混凝土质量。

（2）严格按使用说明书操作喷射机。开始时先给风，再开机，后送料，结束时待料喷完，先停机，后关风。

（3）开始时先给速凝剂，再给料，结束时先停料，后停速凝剂。根据料速的大小和回弹量的多少，适当调节风压，速凝剂溶液在喷嘴处的压力稍大于风压。

（4）喷头垂直于受喷面，距离与风压协调，减少回弹。

（5）突然断水断料时，喷头迅速移开受喷面，严禁用高压风直吹未凝结的混凝土。

本项目部分段落是将电力、通信、输水管路等各种工程管线集于一体，并且采用 TBM 法进行施工的综合管廊隧道。TBM 始发段为 V 类围岩，采用钢拱架形式对隧道进行初期支护，由于围岩稳定性较差，施工过程中局部区域钢拱架出现了下沉变形，为防止变形进一步扩大引起危险，必须及时采取有效措施处理。

5.2　冬奥管廊施工——钻爆段

5.2.1　施工方案

开挖采用浅孔梯段爆破或预裂爆破；为保证边坡开挖后岩石的完整性和开挖面的平整度，边坡开挖均采用轻型潜孔钻钻孔进行预裂爆破，坡面及平台预留不小于 1.5m 的保护层进行光面爆破。在每层进行开挖前，首先使用人工或推土机、反铲对工作面进行平整，然后测量并确定孔位。在保护层的开挖过程中，采用手持风钻进行钻孔。

装载机或反铲挖装，自卸车运输至指定渣场。

各区段在剖面上形成钻孔、装药爆破、出渣、边坡网喷混凝土工序流水作业，在平面上和立面上展开多工序作业，以加快施工进度。

严格遵循"阶梯式"开挖施工顺序和"从上到下，纵向分段，竖向分层，由中间向两端，边坡及时支护"的总原则。

（1）土方按"分层台阶法"采用反铲挖掘机直接开挖。

（2）每台阶每层计划配备 2 台反铲挖掘机挖土。

（3）挖出的土方可直接装车，自卸汽车外运。

（4）每个台阶每层土方按"先中间成槽后向两边扩展"的顺序进行开挖。

5.2.2　钻爆施工

施工前，对预裂（倾斜、垂直预裂）梯段爆破和特殊部位所用的爆破参数与装药量按规范要求进行专项开挖试验，确定安全、合理的爆破参数；开挖过程中根据实际地质条件对爆破规模、爆破参数作优化调整，并在边坡上设置振动监测，控制振动质点速度不超过允许值，保证边坡稳定。

1）钻孔施工

由测量人员给定开挖边线和阶梯顶高程后，由技术人员放出钻孔孔位，并向钻孔作业人员交底，交底包括：孔深、角度及质量控制的方法，质量标准。采用手持风钻钻孔，边坡超前于主爆区进行预裂爆破。

钻孔时应先清除孔位附近的松渣，然后钻机定位。按施工交底要求定好钻孔方向、角度后开钻。在钻进 50cm 时重新核定钻孔角度和方向后，方可逐渐加压提高钻速，在钻孔时应及时核定孔深，钻孔深度误差符合规范和设计要求，终孔后采用强力吹孔排除孔内岩粉，并实量孔深。确认孔深角度、方向无误后，将钻孔封好。完成全部钻孔，在装药前应重新测量孔深，完全达到设计要求后，方可装药起爆。

2）装药爆破

对施工区内的钻孔测量完后，依据爆破设计可适当调整单个孔的装药量，调整装药量的原则应按孔深和抵抗线的大小进行调整，不得随意调整。

主爆孔装药时，第一管药应带导爆索一起装入孔内，用送药杆送到孔底，其余药卷可顺孔壁放下，每放 2～3 管炸药应用送药杆检查炸药是否装到位，确认无误后方可继续装药，以防药柱中间脱空影响爆破效果。

在每孔炸药装完后应及时进行堵塞，堵塞物可用钻孔时排出的岩粉，并用装药杆分层捣实。起爆雷管采用电雷管。地面传爆应加以防护，以免施工中和起爆时破坏起爆网络，影响爆破效果。

起爆时应由专人指挥，合理布置警戒点，在爆破网路检查无误、爆区警戒全部完成后方可下达起爆命令。为保证建基面的平整度，欠挖部分的处理采用液压破碎锤，不再进行爆破。

5.2.3 边坡挂网、喷混凝土施工

1）施工方法

完成分层开挖高度后，人工修整边坡，然后采用湿喷法喷射混凝土。钢筋网分片加工、现场安装，搅拌运输车运送混凝土，湿喷机紧跟开挖作业面喷射混凝土。

2）技术措施

（1）分层喷射，为减少混凝土的裸露时间，混凝土分两次喷射，第一次喷 5cm，等挂网完成后，再喷射至设计厚度。

（2）混凝土材料符合设计及规范要求。

（3）喷射混凝土的配合比通过室内试验和现场试验选定，配合比及搅拌的均匀性每班检查不少于两次。速凝剂的掺量通过现场试验确定，在保证喷层性能指标的前提下，尽量减少水泥和水的用量。

（4）喷射前认真检查受喷面，清除浮土，并对桩体进行凿毛处理；用高压水清洗受喷面；对施工机械设备、风、水管路和电线等进行全面检查和试运行。

（5）喷射混凝土作业分段分片一次进行，按先里后外、自下而上的顺序进行。喷射时，喷嘴距受喷面 0.6~1.2m，以保证混凝土喷射密实。

（6）严格执行喷射机操作规程：连续向喷射机供料；保持喷射机工作风压稳定；完成或因故中断喷射作业时，将喷射机和输料管内的积料清除干净。

（7）掌握好风压，减小回弹，喷射混凝土的回弹率控制不大于 15%。

（8）喷射混凝土终凝 2h 后，进行洒水养护，养护时间不少于 7d。

（9）当有出水点时，设置泄水孔，边排水边喷混凝土。同时增加水泥用量，改变配合比，喷混凝土由远而近逐渐向出水点逼近，然后在出水点安设导管将水引出，再向导管附近喷混凝土。

— 第 6 章 —

施工过程管理

冬奥综合管廊的施工过程管理具有至关重要的地位，其作用类似于一场大型戏剧的导演，负责协调并指导整个施工团队，确保每位成员清晰了解自身的职责与任务，并按计划准时完成工作。同时，它还负责监督施工的安全与质量标准，确保每一项工作都达到预期标准，正如导演需确保每位演员的表演都达到最佳状态。除此之外，施工过程管理还需负责监控预算，确保工程成本控制在预定范围内。如果缺乏有效的施工过程管理，可能导致工程进度混乱、工期延误、成本超支，甚至可能引发安全问题。因此，施工过程管理对于确保冬奥综合管廊工程的成功实施具有不可替代的重要作用。

6.1 冬奥管廊管理——施工全过程

6.1.1 冬奥会综合管廊施工流程管理

施工标段的划分主要包括土建部分和设备部分。土建部分分为两个标段，设备标段又分为外电源和廊内设备安装。

冬奥会综合管廊的施工现场管理由公司建设部负责，主要管理内容包括项目建设资金使用监督管理、建设工程变更洽商管理、建设工程综合计划管理。

1）建设资金使用监督管理

为加强冬奥会项目建设资金的使用和管理，确保专款专用，避免因资金问题影响项目建设的安全、质量和进度，建立了冬奥会项目资金使用监督管理流程。主要内容包括督促施工单位在公司指定的银行开立项目专用资金监管账户及进城务工人员工资（劳务费）专用账户，对施工单位上报的验工计价和进城务工人员工资进行审批。同时指定监管银行查验施工单位的开户情况，包括开户单位名称、账号和银行印鉴预留情况，确保监管账户的唯一性，建立施工单位资金开户情况管理台账。

同时明确了各标段施工单位的职责，在开立结算专户时，应当配合监管银行在其开户预留印鉴上预留监管印鉴（监管单位或监管人）。在其合同项目下与设备供应商、材料供应商、分包单位等签订的合同于10个工作日内报公司备案，并按月向公司报送合同明细表。项目建设资金专款专用，不得转移支付，不得在账户间调转，不得签订虚假合同，预付款不得用于本单位的项目管理费或其他名义费用（如设备租用费）的支付。超过20万元的大额支付，应向公司报送相关审批文件。对于合同进度款，施工单位在验工计价期内其预付款未扣完的情况下，禁止向其公司本部、同级单位、集团公司等方向调动建设资金；确需支付合同项内单位管理费的，必须向管廊公司提出申请，并提交其相关文件的原件，经管廊公司同意后方可支付。在工程竣工验收（单位工程验收）合格，并完成竣工结算后，可向管廊公司申请解除资金监管协议。通过资金监管流程，加强对项目的实际管控力度。

2）建设工程变更洽商管理

工程设计文件一经鉴定批准，任何单位或个人不得随意改变，自设计单位完成并提交经批准的施工图设计文件始至工程竣工验收交接，其间需修改施工图设计文件时，称为工程变更；不需要修改施工图设计文件，但施工图预算或预算定额取费中未包含而施工中又实际发生费用的施工内容，称为工程洽商。对变更引起的已完工程拆改、不良地质引起的地基换填等设计图纸中无法明确的工程量和洽商所涉及的工程量进行确认，称为工程签证。变更洽商应充分考虑设备、材料的订货和供应情况，以及本工程和相关后续工程施工进度情况，减少废弃工程，避免造成设备、材料的积压和延误工期，保证工程及周边环境安全。

（1）工程变更洽商的发起

工程相关的任何一方为了提高工程质量、加快进度、节约造价或认为设计图纸不适应工程实际情况时，均可提出工程变更申请；在不修改设计图纸的前提下，出现依据合同需增加投资额的项目时，有关单位可提出洽商申请。所提工程变更洽商方案须利于确保工程的安全、质量、工期和降低造价。

（2）工程变更洽商的实施

建设单位、设计单位、监理单位、承包商及其他相关各方应通力协作，及时处理变更洽商的有关问题，履行相关程序后方可实施。

（3）工程变更的分类

同一原因、同一时间引起的同一标段的、其内容不应分割的一次性变更，为一项变更。

考虑变更内容的重要性、技术复杂程度、对工程技术标准及功能影响程度、工程实施难度影响程度、对工期影响和增减投资额等因素，按审批权限划分为Ⅰ、Ⅱ、Ⅲ类。

涉及设计规模、标准与技术原则或方案有重大变化的，凡符合下列条件之一者属Ⅰ类变更设计：

①初步设计批准的使用功能标准的更改，如起终点调整、断面增减等；

②用地面积、建筑规模发生大的变化，如监控管理中心建筑规模、数量增减、竖井等节点工程数量增减等；

③主体结构工法发生大的变化，如明挖改暗挖、盾构改暗挖等；

④Ⅰ级及以上风险源发生变化;

⑤政府规划、建设等相关部门要求的建设规模、标准的重大变更;

⑥工程变更虽未涉及土建设计规模、功能、标准与技术原则或方案的重大变化,但一次变更工程投资增减在 100 万元(含)以上者。

涉及土建设计规模、标准与技术原则或方案有一般(普通)变化,在Ⅰ类工程变更规定范围之外,凡符合下列条件之一者属Ⅱ类工程变更:

①施工过程中的变化,如初支(基坑支护)加强变化、二衬变化、地层加固及注浆、建(构)筑物、管线、其他设施的保护、防水材料及工法变化、降水工程变化、明挖围护结构变化、结构预留孔洞、基础换填等;

②变更虽未涉及土建设计规模、功能、标准与技术原则或方案有一般变化,但一次变更工程投资增减费用在 50 万(含)~100 万元之间者。

施工过程中其他变化,一次变更工程投资增减费用在 50 万以下的为Ⅲ类变更。

(4)工程洽商分类

同一原因、同一时间引起的同一标段的、其内容不应分割的一次性洽商,为一项洽商。为便于投资控制及明确管理权限,工程洽商划分为Ⅰ类、Ⅱ类、Ⅲ类:

Ⅰ类工程洽商为投资增减金额 100 万元(含)以上者;

Ⅱ类工程洽商为投资增减金额 50 万(含)~100 万元者;

Ⅲ类工程洽商为投资增减金额 50 万元以下者。

(5)参建各方明确职责

承包商职责包括认真进行工程管理,按批准的施工组织计划实施,避免变更洽商的发生等。当工程确有必要时,需综合考虑与工程相关的影响因素,提出合理可行的变更洽商方案,并及时按规定程序办理审批事宜。

监理单位职责包括组织相关各方(承包商、设计单位、建设单位及其他相关单位)进行工程变更洽商预审,正确核定变更洽商类别;总监签署预审意见,上报管廊公司;监督工程变更、洽商的实施过程,对工程量进行签认。

设计单位职责包括根据工程变更的具体情况,提出设计方意见,参加工程变更审核,提交变更设计文件。

建设单位职责包括变更洽商的审查、审批及办理;变更洽商立项和备案的登记与确认,工程变更洽商工程量的核实。

3)建设工程综合计划管理

(1)项目计划管理工作内容

综合计划管理工作内容主要包括工程项目计划收集、总体计划编制与审批确定、总体计划下发、总体计划分解、各部门计划落实、自检、分析评价以及计划调整工作的全过程。

(2)项目综合计划编制形式

按项目形成总体计划、年度计划和月度计划,计划均由形象进度计划和对应的工程投资计划组成。形象进度计划采用节点计划编制形式,投资计划为与当期形象进度对应的投资额。项目总体计划应该包含项目前期工作、工程前期条件、工程实施过程、外管线入廊及综合调试环节，应包含且不限于：

①基本建设程序各项工作节点；

②一会三函程序或其他特许开工程序各项工作节点；

③工程前期征地拆迁、交通导改、园林伐移、管线改移等各项工作节点；

④土建施工、设备安装施工按管廊所属道路、施工工艺（工法）、设备专业等划分成工作段，以每段作为工作节点；

⑤外管线入廊阶段按外管线分类，每类入廊施工完毕作为工作节点；

⑥综合调试阶段以外电源接入、单设备专业调试、系统联调、外管线接通使用后调试等作为各项工作节点。

（3）项目计划的编制要求

项目年度计划应包含项目总体计划在当年度计划的所有工作内容，并将工程实施过程、外管线入廊和综合调试环节节点细化至每季度计划完成情况。项目月度计划是在项目年度计划的基础上，由施工单位细化分解到每月各项工作节点，并经监理、管廊公司建设管理部审批完成的项目计划。

（4）综合计划分级预警

预警级别分为三级，从重到轻依次为红色、黄色和蓝色预警。

红色预警：节点计划滞后达到或引起相关后续节点滞后达到30d时，发出红色预警；

黄色预警：节点计划滞后达到或引起相关后续节点滞后达到15d时，发出黄色预警；

蓝色预警：节点计划滞后达到或引起相关后续节点滞后达到7d时，发出蓝色预警。

6.1.2　建设过程中的节点管理

全力推进前期工作：在各方大力支持下，冬奥会3个月时间完成开工所需"一会三函"全部手续，以及招标投标、手续办理、采购、施工组织、占地拆迁等各项工作。

外部沟通对接：加强与市、区两级重大办、建委、消防局、安监局等委办局的沟通，主动与之对接，就工程建设安全质量管理与各委办局建立了良好的沟通对接机制，结合冬奥组委对赛区及相关基础设施的整体要求，已与赛区建设单位北控公司建立密切合作关系，精诚合作，共同为冬奥延庆赛区的建设添砖加瓦。

专家全过程技术支撑：冬奥综合管廊在管廊行业情况特殊，诸多施工条件在国内尚属首次，单位组织了管廊、隧道、水利等设计领域的领头单位共同为该工程出谋划策，并组成设计联合体服务项目开展；聘请专家咨询团队对工程全过程安全质量进行现场把控。

安全质量工作：组织日常检查、防汛检查、消防检查、冬施检查、森林防火专项检查、重大节日和活动专项检查等，重视保护区防火工作，项目与松山派出所进行了联合森林防火消防演练，主动邀请市安监局主管处室到延庆项目进行调研指导。

践行冬奥会举办理念：坚持以"绿色、共享、开放、廉洁"理念指导冬奥会工程，采用TBM设备、优化占地方案，减少对松山自然保护区林地和野生动植物生态环境的影响，积极与市、区两级政府和奥运建设单位沟通协调、主动推进工作落地，在市、区审计局指导下合规推进工程前期工作和实体建设工作，严把廉洁关。

6.2 冬奥管廊管理——心得

鉴于冬奥会综合管廊"高海拔、大坡度、大埋深"的工程特殊性与项目建设难度，监理工作更显得尤为重要。冬奥会综合管廊监理工作根据法律法规、工程建设标准、勘察设计文件及合同，在施工阶段对建设工程质量、造价、进度进行控制，对合同、信息进行管理，对工程建设相关方的关系进行协调，并履行建设工程安全生产管理法定职责的服务活动。

冬奥会外围配套综合管廊工程不仅具有"急、难、险、重"的建设特点，还具有重要的政治保障意义。因此，冬奥会综合管廊监理工作必须对建设工作进行严谨的管理，对工程的质量、进度进行严格的把控，确保整个建设工程安全顺利完工。

本节站在项目建设全生命周期角度，对监理工作的重难点与关键节点进行梳理与分析，提出整体工作的创新点与心得，以核心精神为主导，以期为后续大型国家重要市政基础设施规范化建设提供参考。

6.2.1 守住安全底线，切莫得过且过

冬奥会综合管廊监理工作受建设单位委托，对整个工程的质量进行把控，鉴于冬奥会综合管廊工程的特殊意义，监理工作必须极其严格。对于综合管廊的安全质量把控，通过旁站、巡视、检测、验收等工作，对于发现的问题必须及时整改，不可得过且过。要坚守"工程的上一个步骤如果不合格，不允许进入下一个步骤，不合格的材料绝对不允许使用"的原则。如果放任隐患不管、整改问题不查就是对工程的不负责，也是监理工作的大忌。

对于冬奥会综合管廊工程的监理工作，也许并不需要过多的改革与创新工作，只需要一份面对安全质量问题绝不放过的责任，守住安全底线的决心。

6.2.2 驻扎现场，不可"宽容大度"

冬奥会综合管廊工程监理工作受甲方委托负责监管、调度现场各施工标段，平时需时常驻扎在工程一线。监理单位代表甲方居中协调各个标段，并负责现场监督，时常扮演一种"督察"角色。在监理工作期间，切不可由于某些因素，对于发现的安全质量问题"宽容大度"。对于监理工作，纵容看似是宽容大度，实则是害人害己。面对冬奥会综合管廊如此艰难的施工条件，严格把关尚不敢做到万无一失，因此更不能面对问题"宽容大度"。监理工作需怀着"战战兢兢，如履薄冰"的心情，面对问题绝不手软、绝不放纵驻扎一线，做好冬奥会综合管廊工程的钢铁卫士。

6.2.3 施工管理的推进力——责任·原则·能力

冬奥会综合管廊监理工作驻扎一线，任务艰巨，面对施工现场繁杂的任务和复杂的关

系，监理管理人员需要有强烈的责任心。面对安全质量问题绝不放过，对整个冬奥会工程、对国家负有责任的信念，是支撑整个监理工作的基础。责任就是对监理职位的坚守，以责任之心提高执行力，为工程保驾护航。监理工作不仅需要服务于建设单位，还需监管协调土建施工标段、设备施工标段和设计单位等。工作内容包括协助业主招标投标、施工安全质量监督、验收和后期质量保修等。面对各类任务和各单位人员，监理管理人员必须坚守底线，维护监理工作的原则，必须做到铁面无私。如果监理工作没有最基本的原则，便很难开展监理工作，更无法保证冬奥会综合管廊工程的质量。整个冬奥会综合管廊监理工作以"责任·原则"作为执行力，以自身能力并怀揣梦想推进整个冬奥会综合管廊监理工作。

6.2.4　抓住本质，复杂问题简单化

松延高速、高山滑雪等奥运场馆相关十几个重点项目几十家施工单位在方圆 20km 内同时期施工，TBM 及钻爆法国内首次在综合管廊隧道开挖，不可预料的暗挖风险，建设高峰期达到 600 人的施工现场，总会出现这样那样棘手又难解的问题。通过冬奥会综合管廊项目的建设管理，总结当面对复杂的建设管理问题时，冷静地分析问题，要做出公正又准确的判断，关键是有一双纯净不带偏见的眼睛，不要被细枝末节所蒙蔽，直奔问题的根源，直面问题，无论是相邻的其他建设主体的交叉施工、资源共享的问题，还是与合作方施工单位之间成本控制、安全管理以及施工中遇到的风险管控问题，最终都要将错综复杂的问题回归到原点，公正、不带偏见地做出判断就能解决问题。改变观察的角度，或者提高一个层次重新审视问题，答案往往简单明了。

6.2.5　"正当性"重于常识

面对这么紧张的工期要求，在招标投标及合同策划阶段难免有些事项预料不到，当发生"合同外"事项时，应该以"正当性、合理性"的思考方式来决策，根据具体的情况，扪心自问，出以公心，这么做究竟对国家、对社会好不好，究竟对不对？在合同外，以"正确做人"的道德观来判断建设管理遇到的问题。

6.2.6　推进项目的原则——思维方式·热情·能力

作为国内第一条山岭隧道综合管廊，建设之初我们缺乏成熟的施工经验借鉴，同时又面临高海拔、大坡度、生态环境敏感、地质条件复杂、周边建设项目多交叉施工等诸多不利条件。我们之所以完成这个艰巨的任务，总结下来在项目推进过程中公司的各环节参与人员一直以面对复杂问题有清晰的思维方式，对本项目工作有高度热情，具备相关的专业及组织能力的态度推进项目。在建设管理各阶段也本着"思维方式·热情·能力"这个原理原则通过招标选取优质的参建方，这也是冬奥会综合管廊顺利完成的重要原则。

第三篇

不畏这山高
不畏这雪多

攻坚克难

第 7 章

一条山路，工程生命线

冬奥会是体育界的盛事，它汇聚了全球精英运动员和观众，也对主办城市的基础设施建设提出了巨大挑战。冬奥延庆赛区作为 2022 年北京冬奥会的一部分，为了保证比赛的顺利举办，必须在短时间内完成多项重要建设工程。其中，松闫路和沿线山路作为工程生命线，扮演着至关重要的角色，它们在赛区的协调与建设中发挥着不可替代的作用。

7.1 拥堵的山路

松闫路交通拥堵导致工人、炸药、混凝土等运输时效受到影响，影响混凝土质量，打乱现场施工工序，严重制约现场施工进度和施工质量，见图 7.1-1。

松闫路堵路时间统计表							
序号	日期	堵路时间	堵路时长（小时）	序号	日期	堵路时间	堵路时长（小时）
1	2018/8/25	7:00-19:00	12	15	2018/9/14	19:40-21:30	1.8
2	2018/8/26	19:00-21:30	2.5	16	2018/9/16	20:00-21:00	1
3	2018/8/30	7:15-8:20	1.1	17	2018/9/18	3:00-11:30	8.5
4	2018/9/1	10:00-12:00	2	18		18:30-20:00	1.5
5	2018/9/2	18:00-21:00	3	19	2018/9/19	17:20-20:30	3.2
6	2018/9/4	15:00-21:00	6	20	2018/9/20	14:10-17:00	2.8
7	2018/9/5	20:00-21:30	1.5	21	2018/9/22	15:00-17:00	2
8	2018/9/6	15:30-17:40	2.2	22	2018/9/23	6:00-8:30	2.5
9	2018/9/7	14:20-15:20	1	23		19:00-20:30	1.5
10	2018/9/9	20:00-21:30	1.5	24	2018/9/26	18:00-19:30	1.5
11	2018/9/10	3:00-8:30	5.5	25	2018/9/28	2:00-9:30	7.5
12	2018/9/11	9:00-11:00	2	26	2018/9/29	16:00-24:00	8
13	2018/9/12	10:40-12:40	2	27	2018/9/29	00:00-9:30	9.5
14	2018/9/13	6:00-9:00	3		合计		96.6

图 7.1-1　松闫路堵车时间统计

交通堵塞的原因如下：一是高山滑雪项目运送砂浆半挂车数量多，且长时间停放在进场路和松闫路两侧，等候上山送料，导致进场路和松闫路拥堵严重；二是山上拌合站运料车经常沿路停放，排队等候送料，占据松闫路一个车道；三是发生交通事故或有车辆故障时，不能及时处理，事故车辆停留在松闫路不能及时拖走，影响通行；四是发生拥堵现象后，车辆逆行超车，会车后导致交通疏导困难，加重拥堵。见图 7.1-2～图 7.1-5。

图 7.1-2　运送砂浆车辆沿路停放等候

图 7.1-3　车辆占道卸料

图 7.1-4　事故车辆不能及时处理

图 7.1-5　车辆逆行抢道

管廊建设团队联合参建各方发出倡议，对赛区建设生命线道路进行管控优化。各建设单位应加强对施工单位管理，施工单位加强对车辆管理，运送物料车辆统筹安排，严禁占道停车等候；尽量避免占道卸料，并派专人指挥，快卸快走。同时请交管部门现场执法，安排专人巡视，遇交通事故及时处理；现场专门配备一辆拖车，第一时间将事故和故障车辆拖离现场；对逆行超车、抢道、超速等车辆采取处罚措施，保证交通秩序。对松闫路交通安保公司加强管理，在弯道处设专人指挥，遇拥堵及时疏解，切实发挥交通管理、协调、疏导作用。

7.2　松闫路交通管控

为了加强松闫路交通管理，维护道路交通秩序，确保交通安全和畅通，切实保障冬奥会延庆赛区各建设项目按期完成，协调各个参建单位有序使用赛区建设生命线道理，延庆区相关部门出台了松闫路交通管控办法。

7.2.1　管控方案

（1）松闫路交通管控实施时间自松闫路封闭管理之日起至 2019 年年底。

（2）松闫路交通管控实施主体为北京路桥瑞通养护中心有限公司十处（简称"路桥瑞通十处"）。

（3）松闫路交通管控措施将采用"人工＋智能"的方式。在松闫路古龙路交叉口与闫家坪村出入口（市界）两处设置闸机对过往车辆进行管控工作，松闫路沿线包括西大庄科村和河北闫家坪等村村民凭冬奥延庆赛区核心区工程建设管理指挥部发放的通行证件出行。同时在松闫路弯道等重点保障点派专人进行执勤值守，并在松闫路上加设引导标识标牌、减速带、安全提示、安防、监控等设备。

（4）松闫路交通管控期间严格限制社会车辆通行，涉及松山管理处等单位、沿线村镇的社会车辆，施工人员通勤车辆凭证通行。早 6:00～8:00 和晚 17:00～19:00，禁止工程车辆通行。遇特殊超长、超宽、慢速工程车进入松闫路时，采取管制措施。

（5）松闫路交通管控期间，严禁车辆占道停车、装卸货物，严禁逆向行驶、超速行驶等违法违规行为。定期对松闫路进行巡查、疏导，定期检查道路破损、道路遗撒、道路扬尘等，及时消除异常路况对交通的影响。

（6）通行证办理流程。松闫路交通管控期间，通行车辆按流程办理通行证件方可通行。临时车辆须提前一天向冬奥延庆赛区核心区工程建设管理指挥部报备，遇突发及其他应急情况报冬奥延庆赛区核心区工程建设管理指挥部及时处置。

7.2.2 管控方案的实施

（1）冬奥延庆赛区核心区工程建设管理指挥部负责松闫路交通管控方案统筹实施，具体由交通保障组落实。

（2）区重大项目协调服务中心牵头建立统一的松闫路管控指挥体系，从交通保障组主要成员单位、松闫路管控范围内各总包单位、管控实施单位各抽调 1 人组建工作专班，在冬奥延庆赛区核心区北控京奥公司会议室通过视频监控系统进行统一调度，加强与各部门、单位之间的衔接、沟通，进行现场管控监督、应急处置工作。

（3）路桥瑞通十处为松闫路交通管控实施主体，主要负责道路交通管控软硬件的购置、安装、调试，管控方案的实施和现场管理，以及松闫路的维护养护、扫雪铲冰及应急处理等具体工作。

（4）冬奥延庆赛区核心区工程建设管理指挥部交通保障组协调松闫路交通管控方案的实施、现场管理的监督以及交通管控工作效果的评估，安全监管组、应急联络组协助做好松闫路交通管控工作。各成员单位具体职责为：

区重大项目协调服务中心：作为牵头单位，具体协调松闫路交通管控方案的制定、实施工作；建立统一的松闫路管控指挥体系，组建工作专班，协调、沟通各项管控工作；按指挥部办公室职责做好松闫路交通管控工作的具体协调和上传下达工作。

公安局交通支队：负责协助交通管控方案的实施，指导、协调、参与松闫路交通管控工作，协助松闫路交通管控期间的道路交通安全管理、交通疏导、交通执法等工作。

延庆公路分局：负责松闫路交通管控期间的道路维护养护、扫雪铲冰及应急处理等路政管理工作。

区交通局：负责冬奥延庆赛区施工车辆货物运输、道路运输服务业行业监管工作。

张山营镇：落实属地责任，配合做好松闫路交通管控工作，协助做好松闫路沿线村庄村民车辆信息采集、村民稳定工作。

松山管理处：落实属地责任，配合做好松闫路交通管控工作。

区安监局、住建委、城管局（张山营镇城管执法队）：负责监督、检查冬奥延庆赛区各参建单位、施工工地安全生产工作的落实，重点督查各施工区域门前三包工作的落实。

区委宣传部、区应急办、信访办、综治办、卫计委、公安局：负责松闫路道路交通管控期间应急事件的协调处置、舆情监控、对外宣传等工作；协调处理松闫路管控工作与河北区域对接事宜。

北控集团、首发集团、京投管廊公司、水务局、延庆供电公司等赛区参建单位：服从松闫路交通管控规定，负责加强对各施工总包、分包单位的教育和管理，督促各总包、分包单位严格执行管控规定，协调各总包单位派专人到工作专班参与交通管控工作；负责分类统计松闫路通行车辆信息、科学合理制定工程建设计划并报交通管控主体备案，参与制定车辆通行计划；参与松闫路管控期间因交通引起的应急事件现场处理，参与现场车辆疏导、引导等工作；负责各自施工区域内的安全管理，负责落实施工现场门前三包，负责施工出入口交通疏导、引导工作。

北控京奥公司负责核心区（进场路闸口以内区域）的封闭管控工作。

7.3 综合管廊施工中的渣土外运

冬季奥运会是全球最具盛名的体育盛事之一，举办城市也承担着巨大的基础设施建设任务。其中，管廊工程作为一个关键项目，为承载各类管线和设备提供便利，但其施工过程中产生的废渣处理和运输组织也是需要精心规划和管理的重要环节。本书将深入探讨冬奥会管廊工程的运输组织与废渣管理，以确保工程建设的顺利进行。

管廊工程是为了集中布置各种管线，如电力、通信、供水等，以减少地面开挖，提高城市空间利用效率。在冬奥会的背景下，这些管道将为比赛场馆、村庄等提供各种基础设施的支持。然而，管廊工程的建设不仅涉及管道铺设，还伴随着大量废渣的产生和运输。

7.3.1 工程渣土

在管廊工程的施工过程中，废渣是不可避免的产物。这些废渣包括建筑垃圾、砂石等，如果处理不得当，将可能影响工程进度、环境质量和社会形象。因此，科学的废渣管理是确保工程顺利完成的重要保障。

1）废渣分类与处理

废渣应该根据材料特性进行分类，有利于后续的处理和回收利用。例如，混凝土碎片可以进行破碎处理后再次用于其他工程项目，减少资源浪费。

2）环保废渣处理方式

对于不能回收利用的废渣，选择合适的处理方式，确保其不会对环境造成负面影响。采用环保的处理方法，如填埋，以减少对大气、土壤和水源的污染。

3）合法处理与监管

废渣的处理需要依靠合法的废渣处理企业，确保处理过程符合环保法规和标准。监管部门应加强对废渣处理企业的监督，防止不合规行为的发生。

7.3.2 废渣运输组织

废渣的运输是管廊工程的另一个重要方面。合理的废渣运输组织不仅能够保证废渣及时清理，还能减少交通拥堵和环境污染。

1）运输路线的规划

废渣的运输路线充分考虑道路通畅性和交通状况。合理规划运输路线，避免废渣运输过程中的交通阻塞，确保废渣能够高效地到达处理地点。

2）运输工具的选择

废渣的运输工具需要根据废渣数量和种类进行选择。运输车辆工具的选择应兼顾运载能力和环保标准，减少尾气排放和噪声污染。

3）运输与施工进度的协调

废渣的及时清理与施工进度密切相关。废渣的及时运输和清理能够避免堆积，从而影响施工进度。因此，废渣运输组织需要与施工计划相衔接，保证废渣问题不影响工程进度。

7.3.3 废渣管理与环境保护

废渣管理不仅是工程的需求，更是对环境质量和可持续发展的责任。

1）环保标准的遵守

废渣处理和运输过程中要严格遵守环保标准，避免废渣对环境造成污染。废渣运输工具也要符合相关排放标准。

2）废渣的最小化产生

在废渣管理过程中，可以采取一些措施来最小化废渣的产生。例如，通过精细的施工计划和工程管理，减少不必要的废渣产生。

3）社会意识的培养

废渣管理不仅涉及技术层面，也需要培养公众和从业人员的环保意识。加强废渣管理的宣传和培训，从而形成更好的废渣处理风气。

冬奥会管廊工程的运输组织与废渣管理是工程建设过程中至关重要的环节。通过合理的废渣分类、运输规划和环保处理，可以最大限度地减少废渣对环境的影响，保证工程顺利完成。同时，这也是一个机会，能够加强社会对环保意识的培养，为可持续发展作出贡献。冬奥会管廊工程不仅是为了比赛的顺利举行，更是向全球展示中国现代化城市管理水平和环保意识的机会。

第 8 章

支洞部署难题

在冬奥会的辉煌背后，隐藏着无数不为人知的辛勤与智慧。延庆赛区作为这场国际体育盛事的重要组成部分，其综合管廊的建设更是彰显了人类工程技术的卓越与不凡。然而，在综合管廊的建设过程中，支洞的部署难题犹如一道难解的谜题，考验着工程团队的智慧与勇气。支洞施工部署作为综合管廊施工的关键环节，其部署的合理性直接关系到整个工程的进度与质量。在延庆赛区，由于地质条件复杂、施工环境恶劣，支洞的部署面临着前所未有的挑战。如何在这样的条件下，科学、高效地部署支洞，成了摆在工程团队面前的一道难题。面对这一难题，工程团队迎难而上，充分发挥专业素养与团队协作精神，深入现场，反复勘测，不断探讨与试验，最终找到了解决这一难题的方式。他们的努力与智慧，不仅为延庆赛区综合管廊的建设奠定了坚实基础，也为未来的工程建设提供了宝贵经验。

8.1 制定支洞施工总体方案

8.1.1 总体施工方案

（1）严格按"早预报、先治水、管超前、短进尺、弱爆破、强支护、快封闭、勤量测、步步为营、稳步前进"的原则组织施工。支护紧跟开挖，加强监控测量，及时采取措施，确保不塌方、不停工；做到稳中求快，及时采取必要的措施，确保施工安全。管廊隧道以开挖为主要工序，在确保安全的前提下，适时安排支护和二衬施工。

（2）3 号支洞及管廊隧道正洞按照新奥法原理组织施工，Ⅴ级围岩采用环形导坑预留核心土法开挖，Ⅲ、Ⅳ级围岩地段采用全断面或台阶法开挖，光面爆破，楔形掏槽，微差起爆，采用 YT-28 风枪钻孔。管廊标准断面见图 8.1-1。

（3）3 号支洞进口用大管棚进洞，洞身岩性分界面、岩体破碎带、粉质黏土段等采用小导管超前支护，一般地段拱部采用中空注浆锚杆，边墙采用砂浆锚杆支护。隧道衬砌施工贯彻仰拱先行的原则，采用仰拱栈桥保护通过，现场根据实际地质，围岩较完整处选用调平层代替仰拱，拱墙衬砌采用整体式模板台车一次灌筑。

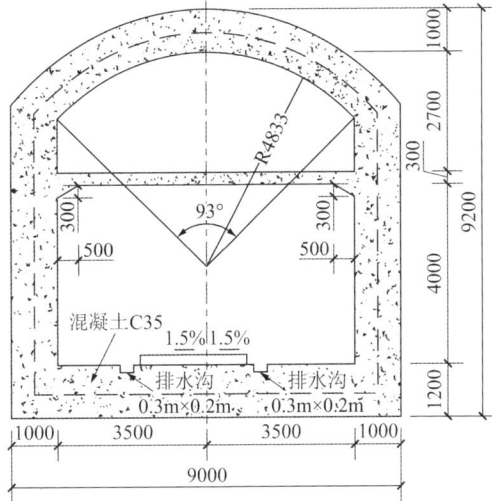

图 8.1-1　管廊标准断面图

进洞施工工艺流程详见图 8.1-2。

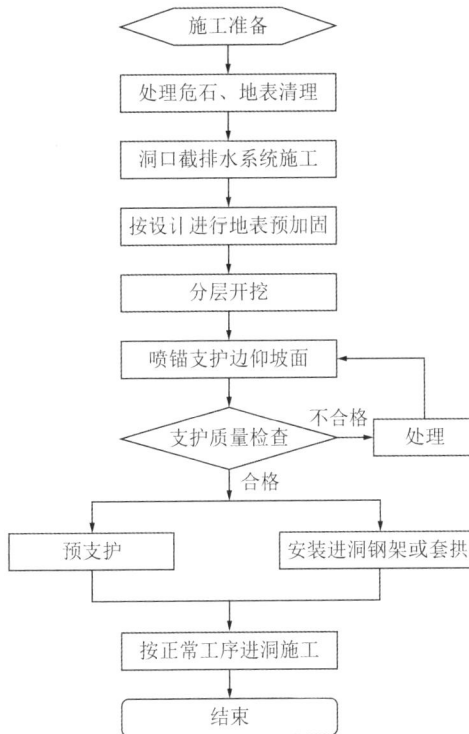

图 8.1-2　进洞施工工艺流程图

8.1.2 施工重点及控制要点

洞口段施工地质由原地表至隧底，可分为两层：上层为腐殖土夹杂孤石，下层为卵石砂层夹杂孤石。仰坡开挖深度大，易造成边坡失稳滑塌，锚杆孔成形后，卵石层中易塌孔，不利于锚杆的送入。

控制要点：（1）在进行边坡仰挖时，应及时清理坡面上的孤立石块，并用浆砌片石修补空洞。（2）完成边坡仰挖后，应立即进行支护工作。首先进行支护试验段施工，如果试验段的锚固效果不理想，建议采用增强支护形式。（3）在进行大管棚施工时，应在成形的孔中顶入一根管，并及时进行注浆。（4）加强对边坡仰挖的监测和测量工作。（5）在进行隧道开挖时，应在满足挖掘机自由操作的前提下，尽可能减小开挖断面，并及时进行支护工作，必要时对锁脚锚管进行加强替换。

8.2 支洞施工全过程

8.2.1 施工现场准备

（1）现场调查：支洞进口地处山体中部，山体较陡，与现有地方道路间有一约18m的冲沟相隔，3号支洞施工前，需从地方现有道路位置修建一条便道通向3号支洞洞口处。3号支洞进口处围岩多为燕山晚期侵入的花岗岩，取芯结果显示岩石较完整，岩性坚硬致密，抗蚀力强。

（2）劳动组织准备：隧道施工管理、操作人员已组织进场，项目部已做好施工人员入场后的质量、安全、文明施工等培训工作。

（3）所需材料已基本到达现场，能满足施工生产需要。

（4）空压机、风水管等全部安装完毕，可满足施工生产需要。

（5）施工场外协调：项目经理部（征拆部）已与当地政府、林业部门、环保部门、交警部门、消防部门等单位做好施工协调关系，对交通、环卫市容、弃渣场、扰民及民扰等问题做预处理准备工作。

8.2.2 测量放样

1）洞口边仰坡测量放样

根据全站仪控制导线网对洞口进行投点，据此结合图纸定出进洞口开挖中线、边坡和仰坡开挖轮廓线，画出开挖轮廓线，复核无误后进行洞口开挖。

2）洞口仰坡监控测量

沿线路中心线在洞顶仰坡面每5m设置一个测点，利用水准仪进行洞口浅埋地段地表下沉观测，为能及时调整仰坡加固支护参数提供依据。

3）洞内测量

隧道进口位于山体中部，洞内导线网由洞外引入，可利用全站仪对路线方向进行放样，定出隧道主洞中线方向，并沿主线每隔 20m 设一个水准点，定期复核。

每次开挖前，对开挖断面进行施工放样，定出开挖轮廓线位置。施工全过程依据中线延伸法利用全站仪在即将开挖的掌子面定出开挖中线，再利用五线台拉线法（或定圆中心画弧法）对隧道拱腰、边墙及底板等位置放样打点；开挖后利用激光断面仪进行辅助断面复测，沿隧道纵向每 5m 设置一个断面点，及时调整开挖轮廓，严格控制超欠挖现象发生。

8.2.3 地表清理、危石处理

由于洞口边仰坡的地层条件主要是腐殖土及岩层风化层，并夹杂有大小不一的孤石，岩石颗粒之间固结力很低，孔隙率较大，如遇雨水冲刷易引起坍塌，所以洞口施工前，宜采用挖掘机和人工结合施工的办法对地表进行清理，排除周边危石，确保施工安全。

8.2.4 排水系统施工

隧道洞口开挖前，在洞口开挖边仰坡线 5m（水平距离）以外施工截水沟，截水沟设置沿地表坡面平滑顺直向下，避免急弯并通向地方现有排水系统，以防雨季山坡汇积水冲洗已开挖的坡面。截水沟采用人工开挖法开挖，由 30cm 厚 M7.5 浆砌标准片石牢固砌筑。截水沟的上游进水口与原地面衔接紧密或略低于原地面，下游出水口与道路排水系统顺接。排水系统宜在旱季完成施作，确保排水系统畅通，施工安全。截水天沟大样见图 8.2-1。

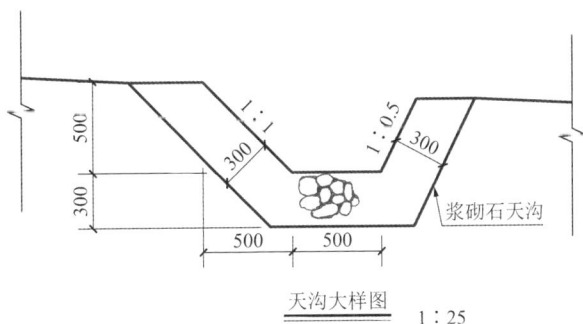

图 8.2-1 截水天沟大样示意图

8.2.5 监控测量

建立监控量测小组，配备专用量测设备、仪表，按规定频率进行量测，准确、完整、及时地收集数据。

1）边仰坡监控测量

确保边仰坡的安全稳定，根据沿线地质条件及工程实际情况，针对地下每个断面分别与路堑侧沟外平台、桩（墙）顶平台、边坡平台以及堑顶外 2m、10m 设置监测桩，各工点分别于边坡可能破坏的范围外 30m 设照准点和置镜点。采用全站仪测量，监测施工边坡状态。

位移监测桩：采用 $\phi 28$、长 60cm 的带肋钢筋，待路堑开挖至设计埋桩位置后，将位移监测桩打入至设计位置，埋设深度 0.5m，桩周围上部 0.3m 用混凝土浇筑固定，完成埋设后采用全站仪测量初读数，见图 8.2-2。

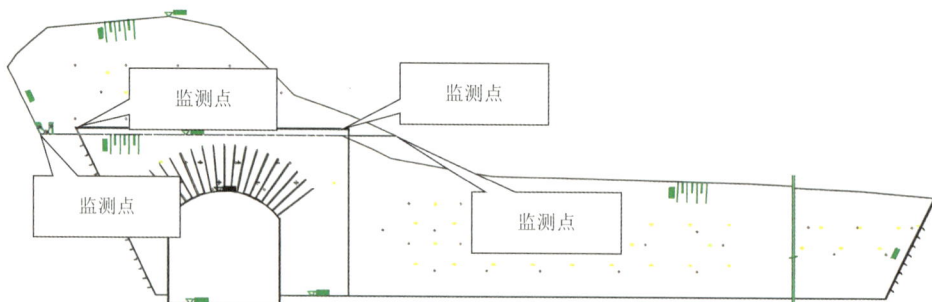

图 8.2-2　边仰坡测点示意图

2）地表监测

（1）浅埋隧道地表沉降测点应在隧道开挖前布设，并于正洞开挖前及时采集初始读数。

地表沉降测点和隧道内测点应布置在同一断面里程。一般条件下，地表沉降测点纵向间距应按要求布设。正常地质埋深 ≥ 30m 时，地表沉降测点横向间距为 2～5m。在隧道中线附近测点应适当加密，隧道中线两侧量测范围不应小于隧道宽度 + 埋深，地表有建（构）筑物时，量测范围应适当加宽。现场按照相关规范、准则的要求布设。

地表沉降断面应超前隧道开挖面至少 30m，地表沉降测点和隧道内测点应布置在同一里程。一般情况下，地表沉降测点间距按表 8.2-1 要求布置，地表下沉量测频率与洞内量测频率相同。

在一个测量断面内设 11 个测点，在隧道中线附近测点应适当加密，隧道中线两侧量测范围不应小于 $H_0 + B$，地表有控制性建（构）筑物时，量测范围应适当加宽。

测点间距　　　　　　　　　　　　　　　　　　　　表 8.2-1

隧道埋深与开挖宽度	纵向测点间距（m）
$2B < H_0 < 2.5B$	20～50
$B < H_0 \leqslant 2B$	10～20
$H_0 \leqslant B$	5～10

注：H_0 为隧道埋深，B 为隧道开挖宽度。地表沉降测点横向间距为 2～5m。

（2）地表下沉测量在开挖工作面前方 $H + h$（隧道埋置深度 + 隧道高度）处开始，直到二次衬砌结构封闭，下沉基本停止位置。

（3）量测频率

按距离开挖面确定的监控测量频率见表 8.2-2。

监控测量频率 表 8.2-2

监控量测断面距开挖面距离（m）	监控测量频率
（0～1）B	2 次/d
（1～2）B	1 次/d
（2～5）B	1 次/（2～3d）
> 5B	1 次/7d

注：B 为隧道开挖宽度。

按位移速度确定的监控量测频率见表 8.2-3。

监控量测频率 表 8.2-3

位移速度（mm/d）	监控量测频率
≥ 5	2 次/d
1～5	1 次/d
0.5～1	1 次/（2～3d）
0.2～0.5	1 次/3d
< 0.2	1 次/7d

3）监测数据分析

测点位移速率 ≥ 5mm/d 时，由监理工程师组织施工单位现场分析原因并采取处理措施；当速率连续两天大于 10mm/d 时，由监理单位组织施工单位进行原因分析、制定措施并上报建设单位；当速率大于 15mm/d 时，由建设单位组织设计、监理和施工进行原因分析并制定措施。根据工程安全性评价的结果，需要变更设计时，可根据工程变更管理办法及时进行设计变更。

4）监测数据异常应对措施

一般措施：稳定开挖面；调整开挖方法；调整初期支护强度和刚度并及时支护；降低爆破振动影响；围岩与支护间的回填注浆。

辅助措施：地层预处理，如注浆加固；超前支护，如超前锚杆（管）、管棚。

8.2.6 边仰坡开挖防护

洞口边仰坡按设计坡度由上而下分层开挖，开挖尽可能采用机械施工，必要时采用松动爆破，边坡坡度为 1：0.75。

边仰坡开挖后，临时边仰坡立即初喷 4cm 厚 C25 混凝土封闭，布设 $\phi 8$ 钢筋网，施作 R25 自进式锚杆进行锚固，锚杆上倾角 10°。临时边仰坡钢筋网网格间距 20cm × 20cm，锚杆长度 6m，外露 10cm，间距 2m × 2m，呈梅花形布置，复喷混凝土至 15cm 厚。同时锚喷网防护内间距设置长约 5m 的 $\phi 76$ 倾斜排水孔，间距 2m × 2m，呈梅花形，排水管外用无纺布包裹。

隧道进洞掌子面采用喷锚支护，锚杆采用ϕ25砂浆锚杆，锚杆长度4.5m，间距1.5m×1.5m，梅花形布置，喷射混凝土采用20cm厚C25网喷混凝土，钢筋网直径为8mm，网格间距20cm×20cm。

边仰坡防护区域示意图见图8.2-3。

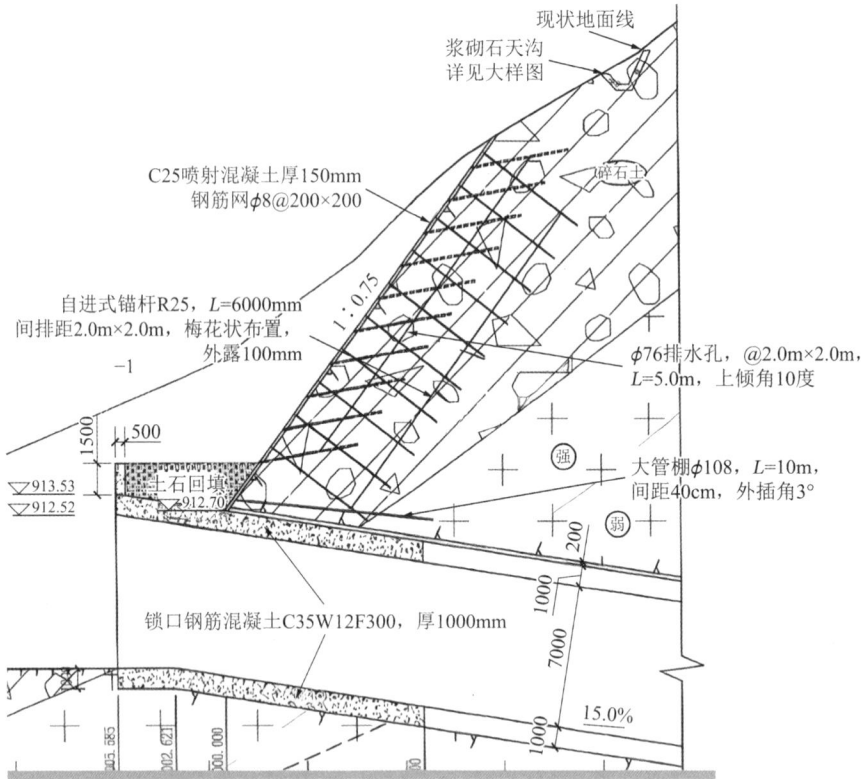

图8.2-3　边仰坡防护区域示意图

8.2.7　超前支护

隧道超前支护有ϕ42小导管、ϕ108管棚等形式。

3支洞设置一环30m长ϕ108超前大管棚。在浅埋地层和跨路隧洞中施工，采用小导管、管棚超前支护技术，通过注浆，使小导管、管棚周围土体或岩体固结成承载拱，在小导管、管棚及承载拱的棚架作用下开挖下部岩体既安全又稳妥，可有效控制拱顶坍塌。

大管棚施工方案如下：

1）洞口套拱施工

采用ϕ108超前大管棚进洞，具体做法如下：按设计在拱部施作混凝土导向墙；在导向墙内按设计间距预埋导向管；钻孔采用DK-300型钻机；采用钻机连接套管自动跟进装置连接钢管，将第一节管子推入孔内。钢管孔外剩余30～40cm时，用管钳卡住管棚，使顶进连接套与钢管脱离，人工丝扣连接安装下一节钢管。钢管结束后进行注浆。进洞开挖采用台阶法施工,坚持自上而下、宁强勿弱的原则。

洞口应加强防排水,防止积水长时间浸泡墙脚和隧底,造成边墙围岩失稳。

洞口套拱施工应在洞身开挖前完成,套拱施工采用 C20 混凝土浇筑,尺寸为 $1m \times 1m$,导向墙内预埋 36 根 $\phi133$ 热轧无缝钢管,环向间距 40cm,2 榀 工18 工字钢,纵向间距为 50cm,纵向采用 $\phi22$ 钢筋连接,环向间距 1.0m。管棚导向墙示意图、纵向示意图和局部示意图见图 8.2-4~图 8.2-6。

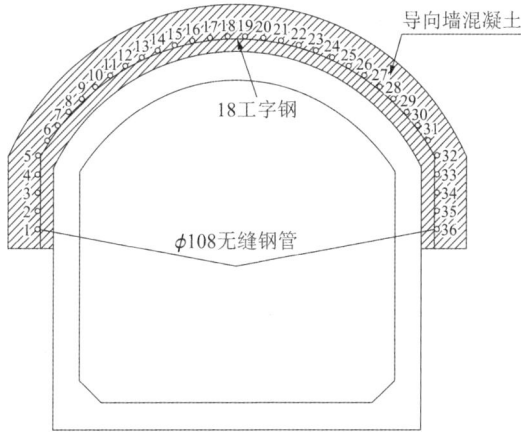

图 8.2-4 管棚导向墙示意图

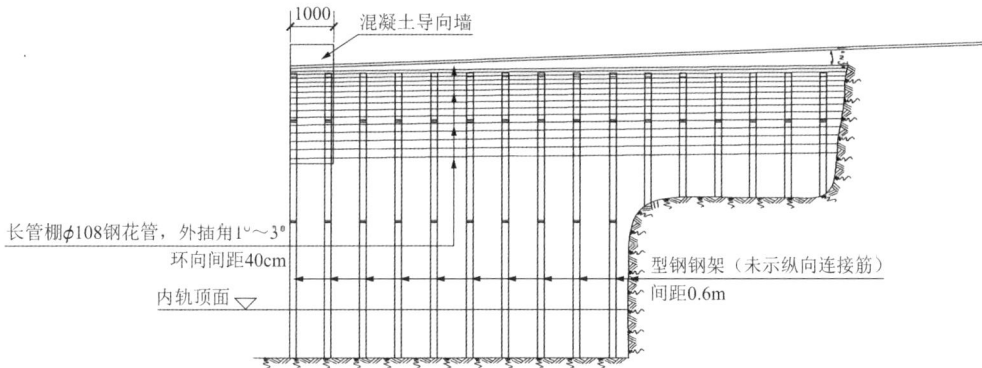

图 8.2-5 管棚导向墙纵向示意图

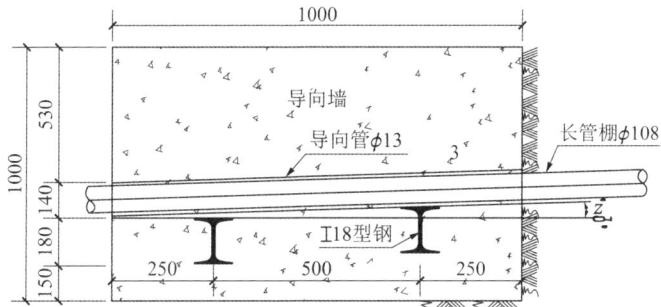

图 8.2-6 管棚导向墙局部示意图

2）钻孔

采用φ127钻头钻孔，外插角为1°～3°，单根钻孔长度为35m。进口管棚长度均为35m，钻机应准确定位、深孔钻进精确度高。

（1）当钻进地层易于成孔时，一般采用先钻孔、后插管（引孔顶入法）的方法。即钻孔完成经检查合格后，将管棚连续接长，由钻机旋转顶进将其装入孔内。

（2）当地质状况复杂，遇有砂卵石、岩堆、漂石或破碎带不易成孔时，可采用跟管钻进工艺，即将套管及钻杆同时钻入，成孔后取出内钻杆，顶进棚管，拔出外套管。

3）管棚安装

采用顶管法顶进安装：

（1）管棚节间用丝扣连接。管棚单序孔第一节长6（9）m，双序孔第一节长3（4.5）m，其余管节长度均为6（9）m。

（2）管棚安装后，管口用麻丝和锚固剂封堵钢管与孔壁间空隙，连接压浆管及三通接头。

（3）管棚注浆前，应向开挖工作面、拱圈及孔口管周围岩面喷射厚10cm的C25混凝土，以防钢管注浆时岩面缝隙跑浆。

（4）注浆后及时扫排管内胶凝浆液，用水泥砂浆充填密实；对于非压浆孔，直接充填即可。

4）注浆

（1）注浆采用1:1的水泥浆，注浆压力为0.5～1.0MPa，注浆压力逐步升高，当达到设计终压时要稳压10min，注浆量不少于设计注浆量的80%；注浆速度为开始进浆速度的1/4。

（2）注浆应采取间隔跳孔的方式进行，以避免相邻孔发生串浆。

（3）钻孔

采用φ50mm钻头钻孔，外插角为10°～12°，可根据实际情况调整，钻孔长度为3.5m。

（4）安装

小导管安装采用锤击或钻机顶入法，外露长度为30cm，利用高压风将管内砂石吹出。小导管安设后，用塑胶泥封堵孔口及周边裂隙，必要时在小导管附近及工作面喷射混凝土，以防止工作面坍塌。

超前小导管施工：

超前小导管采用φ42mm×3.5mm热轧钢花管，长度为3.5m，环向间距0.4m，每2.4m或2.0m一环，搭接长度不小于1.0m。配合型钢或格栅钢架使用。

8.2.8 洞身开挖

超前支护措施完成后，进行支洞洞身的施工。

支洞采用台阶分步开挖法施工，洞口段采用长管棚，洞身段采用超前小导管支护，人工风镐配合机械开挖，及时喷射混凝土封闭围岩，并进行喷锚钢筋网及钢架系统支护作业。洞口段每循环进尺0.6～1m，台阶长度12～15m。施工中首先环形开挖上断面，并施作初期支护，然后开挖上断面核心土，接着跳槽开挖下断面左右部分，并施作边墙初期支护，待全断面开挖及初期支护完成后及时施工仰拱和二次衬砌。

及时进行仰拱及仰拱回填的施工，最后根据监控量测信息及时施作全断面二次衬砌。台阶分步开挖法施工步骤见图 8.2-7、图 8.2-8。

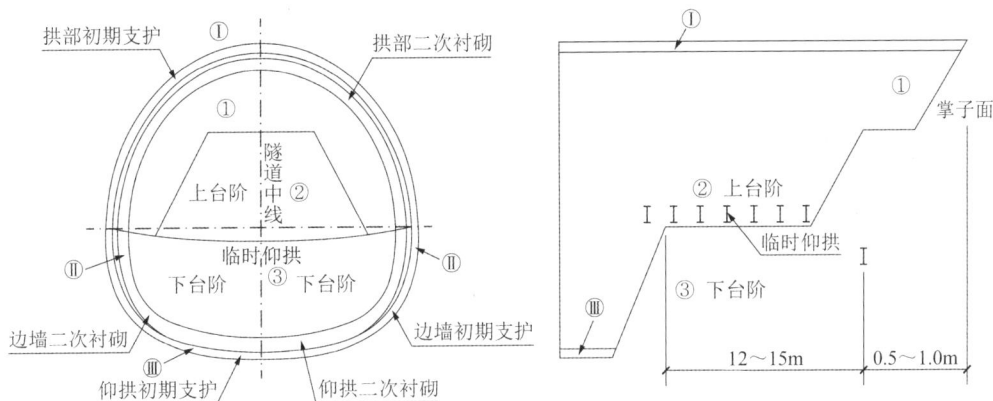

图 8.2-7 台阶分步开挖法施工示意图

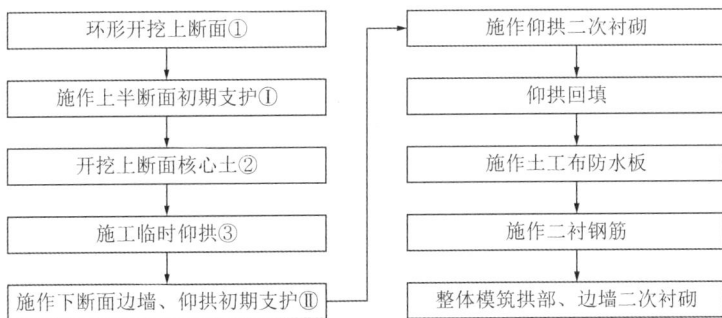

图 8.2-8 台阶分步开挖法施工步骤图

施工注意事项：钢支撑拱脚高度要比上半断面开挖底线低 15～20cm，如果拱脚处岩石破碎、软弱或标高不够，要加临时钢垫板或者枕木进行支垫调整，下断面开挖必须单侧落底或双侧交错落底，避免上断面两侧拱脚同时悬空，要求每次单侧落底纵向长度不超过 2m，双侧交错落底时错开距离不小于 5m；仰拱开挖前，宜架设临时横撑顶紧两侧墙脚，防止边墙内挤，待仰拱混凝土强度达到 70%时才能拆除。

8.2.9　出渣运输

拟在 3 号支洞口设置一处临时弃渣场，弃渣场占地 1000m²，约容纳弃渣 3000m³。根据张山营镇镇政府要求，所有产生的洞渣须全部运输至指定地点存放，其中距离施工地点最近的弃渣场在张山营镇姚家营村西侧中坤置业处，存渣容积约 100 万 m³，弃渣经临时存放后，二次倒运至张山营镇指定弃渣场。自临时弃渣场至中坤置业处弃渣场的运输距离约 13.1km，总体路线见图 8.2-9。

图 8.2-9　总体路线图

8.2.10　洞身支护

1）φ25 中空注浆锚杆

锚杆采用φ25 中空注浆锚杆，$L = 4.5$m，采用手持凿岩机沿开挖轮廓线钻孔，钻孔前先标定孔位，钻孔直径大于锚杆直径 15mm，孔深误差不大于 5cm。钻孔完毕用高压风将孔内杂物吹净，将φ25 中空锚杆推入孔内，安好止浆塞、垫板、螺母后，用注浆机压浆，待水泥浆从垫板处溢出后用 M20 砂浆堵住水泥浆。

2）挂钢筋网施工

钢筋网在洞外加工成方格网片，纵横钢筋相交处用电焊或钢丝绑扎成一体。挂设时与钢支撑或锚杆焊接固定在一起，且随岩面起伏铺设。

3）工字钢架施工

洞口段每榀钢拱架间距为 0.6～1m，工字钢架在洞外钢筋加工厂加工成形，挂设钢筋网后进行洞内安装。为保证钢架置于稳固地基上，施工中在钢架基脚部位预留 15～20cm 的原地基，架立钢架时挖槽就位，需要时可在钢架基脚处设刚性垫板或枕木，以增加其承载力。钢架按设计位置垂直隧道中线安设，钢架与喷射混凝土之间出现较大间隙时应设置混凝土垫块。钢架安设好后应尽快施作喷射混凝土作业，并将其全部覆盖，使钢架与混凝土共同受力。

4）喷射混凝土施工

逐层进行喷射，首次喷射混凝土厚度不小于 4cm，初喷后及早封闭围岩，挂设钢筋网，以后逐层喷射至设计厚度。喷射混凝土分段、分片、分层进行，由下向上，从无水、少水向有水、多水地段集中，多水处安放导管将水排出。湿喷时喷头与受喷面基本垂直，距离保持 0.6～1.2m。设钢支撑时，钢支撑与岩面之间的间隙用喷射混凝土充填密实，先喷钢架与围岩之间空隙，后喷钢架之间空隙，钢架应被喷射混凝土所覆盖，保护层不小于 4cm。如有大凹坑，先找平，喷射时注意控制回弹率，喷射回弹物不得重新用作喷射混凝土材料。

5）二次衬砌施工

洞口段、软弱破碎地段尽快施作二次衬砌，其与开挖掌子面的距离不大于 15m，先施工洞口段二衬以充分发挥二次衬砌的承载力，保证施工安全。其他地段在初期支护变形达到规范要求时再进行二次衬砌，先施工仰拱，再施工边墙及拱圈二次衬砌。

6）仰拱施工

仰拱在二次衬砌浇筑之前进行，先清理仰拱部位积渣，检查隧道仰拱底标高，合格后方可灌注仰拱混凝土。仰拱施工时，搭设栈桥，减少出渣与仰拱的干扰。

7）边墙基底处理

将边墙底部基坑内杂物和积水清除干净，岩面清理平整，测定基底标高。

8）模板定位

测量放线定出设计中心线和设计标高，通过轨道将衬砌台架移至衬砌部位，调整好中心线和标高，按隧道衬砌轮廓线将其底部模板支撑杆臂调整好，然后对台架中线，高程测量复核，无误后安装挡头板。

9）灌注混凝土

报监理工程师进行隐蔽检查，同意后进行混凝土灌注施工。混凝土采用商用混凝土站集中拌合，混凝土罐车输送，泵送混凝土入模，灌注采取对称、分层、连续施工，每层厚度控制在 50cm 以下，用插入式和附着式振捣器振捣密实。

10）施工缝及沉降缝处理

混凝土衬砌施工接缝处必须凿毛清洗。衬砌段一般连续灌注完成，不留水平施工接缝。当遇到特殊情况中途必须停工时，混凝土面要找平，且要插接茬钢筋，再施工时，接茬面用水清洗干净，先灌一层高强度等级砂浆，再灌注混凝土。混凝土沉降缝及施工缝在二衬中间设置中埋式止水带与遇水膨胀止水条，止水条应准确、牢固地安装在预留槽内。

11）隧道的防水与排水

隧道防排水遵循"预防为主，防排结合，因地制宜，综合治理"的原则，确保隧道洞内基本干燥，保证结构和设备的正常使用与行车安全。

结构外防水采用环向单壁打孔波纹管、纵向双壁打孔波纹管及横向双壁波纹管引水至排水沟排出洞外，沿隧道全长在初期支护与二次衬砌之间设置 1.5mm 厚单面自粘防水卷材 + 土工布堵截水。

12）防水层

铺设防水板前应对喷射混凝土面进行处理。钢筋网等凸出部分，先切断后用锤铆抹砂素灰，锚杆凸出部位，螺头顶预留 5mm 切断后，用塑料帽处理。补喷混凝土使其表面平整圆顺，凹凸不平面的跨深比不小于边墙 1/6、拱部 1/8。

防水卷材铺设时，先清理基面，多功能台架辅助，人工进行防水卷材铺设。

13）排水管

横向排水管采用 ϕ110HDPE 双壁波纹管，以连接纵向排水管与侧向盲沟，施工时应采取措施对其进行防护；纵向排水管采用 ϕ110HDPE 双壁波纹管，纵向排水管全隧道埋设，纵向坡度与隧道相同。

环向排水管采用ϕ50HDPE 单壁打孔波纹管,除明洞外其余地段均设置,安装在防水层与初支之间,排水管与预埋在边墙脚内的纵向排水管用三通连接。纵向排水管沿隧道两侧壁底部全线贯通。环向排水管与纵向排水管连通,经横向排水管接入排水沟排出洞外。

在岩壁和喷射混凝土表面渗漏水较集中处铺设 Ω 形弹簧排水管,其中 V 级围岩地段设置间距为 5m、IV级围岩地段设置间距为 10m、III级围岩地段设置间距为 20m,可根据现场实际情况进行调整。裂隙股水通过ϕ50HDPE 单壁打孔波纹管直接引入边墙脚处纵向排水管。

第 9 章

渗漏水难题

由于冬奥会延庆赛区周边现有市政基础设施没有考虑冬奥会举办的需求，为增强赛区及关联区域市政基础设施保障能力，提升服务水平，保障 2022 年冬奥会延庆赛区雪上项目顺利举行，以及为保证赛后国家高山滑雪中心、雪车雪橇中心等场馆的可持续利用，北京市水务局、北京市延庆区人民政府、北京市水利规划设计研究院编制了《北京 2022 年冬奥会和冬残奥会延庆赛区水资源与水环境保障规划》，从外部至延庆赛区，需建设冬奥会延庆赛区造雪引水及集中供水工程等，保障延庆赛区造雪、生活用水需求及中水排放需求。北京 2022 冬奥综合管廊隧道自 2019 年投产运营以来，2019—2020 年造雪季共向塘坝供水 76.8 万 m^3，2020—2021 年造雪季共向 1050 塘坝供水 125.25 万 m^3，为北京 2022 冬奥会测试赛、冬奥会和冬残奥会的成功举办发挥了重要作用。

综合管廊主线长度 6.5km，支管廊 1.4km，共 7.9km，综合管廊主管廊起点至 K3＋685 左右均位于松闫路西侧，之后位于松闫路东侧，距离松闫路距离 0～800m。主管廊在桩号 K3＋685 附近穿越松闫路，路面至管廊二次衬砌外顶距离约 14.5m，同时还需下穿在建延崇高速，至山顶冬奥会赛区蓄水塘坝。除综合管廊起点大约 800m，以及穿越松闫路约 200m 外，综合管廊主管廊多位于自然保护区试验区，但未穿越核心区和缓冲区；综合管廊在穿越京礼高速附近，距离自然保护的缓冲区最近距离仍达约 220m。北京 2022 冬奥会管廊隧道建设采用钻爆法、TBM（Tunnel Boring Machine）法以及明挖现浇方涵三种工艺施工，其各工法施工区段具体分布见图 9-1。

北京 2022 冬奥会配套综合管廊隧道工程穿越延庆海坨山等中高山系，是国内首次在山岭地区建设的综合管廊，面临高落差、大坡度、埋深大（海拔高差达 427m，全线平均坡度 8%，最大坡度 15%，最大埋深达 300m）等传统城市地下综合管廊不具备的挑战。延庆海坨山为北京松山国家级自然保护区，该保护区内保存有华北地区唯一的大片天然油松林，同时也是北京市西北方向保存最完好的生态系统，地下水资源极为丰富。地下水的存在会导致岩体力学性能的劣化，隧道开挖过程也会导致岩体渗透性能的演化，对工程建设和运营均会造成不利影响，因此其力学特性特别是渗透特性变化对工程建设和运营安全尤为重要。

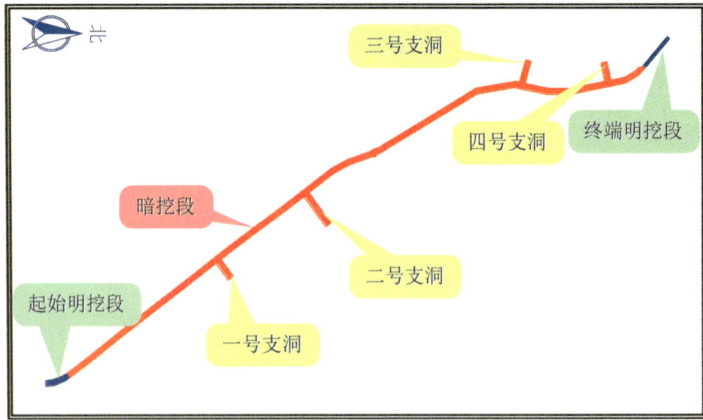

图 9-1　北京 2022 冬奥管廊各区段开挖方式示意图

　　管廊各区段坡度各异，与常规单一埋深隧道存在很大的差别（图 9-2）。因此，针对冬奥管廊以上特点，研究人员考虑不同等级围岩、不同隧道埋深及地下水位深度等因素，研究管廊隧道开挖对山体隧道渗透性变化，进而对山岭地下水环境的影响进行研究。

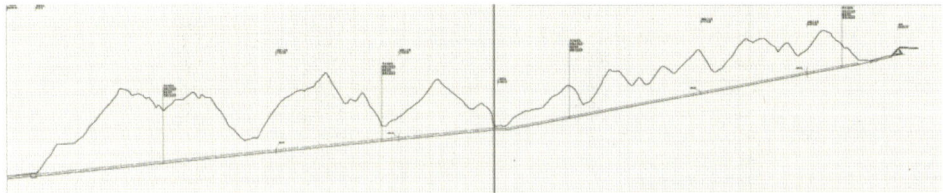

图 9-2　北京 2022 冬奥管廊隧道纵剖面图

　　岩体的渗透性除了取决于岩体的裂隙发育程度及贯通情况，还受开挖方式的影响。目前，隧道施工过程中广泛采用钻爆法和 TBM 施工，不同工法对围岩的扰动程度不同。TBM 以其施工快速、优质、安全、环保的优点，在岩体隧道工程中应用越来越广泛。然而，TBM 对地层围岩的特性非常敏感，地质多变性带来的风险是 TBM 施工过程中面临的重要挑战之一。当遇到复杂地质条件时，TBM 施工会遭遇塌方、岩溶、断层、岩爆、软弱地层、涌水、围岩大变形等不良地质情况适应性较差的风险。钻爆法相比 TBM 施工对隧道围岩造成更严重的扰动和损伤，钻爆法使得隧道围岩的微裂隙增多，对地下水环境的影响更大。在钻爆法施工过程中，对隧道围岩造成损伤，形成开挖损伤区，从而导致该区域原有地下水流量与供给量的动态平衡被打破，围岩渗透性增强，导致隧道渗流量增大，加剧了地下水的流失。

　　为降低管廊隧道内部渗水量，减少运营期间的维护，保护生态环境，推进绿色减排，进行了绿色减排注浆封堵设计与施工，并进行了现场压水试验。研究人员主要从矿山法施工后隧道岩体渗透性研究出发，通过现场压水试验测定矿山法隧道施工后岩体的渗透性，为评价岩体的渗透特性和渗流场的数值模拟计算提供相关参数。北京 2022 冬奥会管廊隧道全线共布设测水点 26 处，采用在廊内两侧水沟内设置围堰的方式进行管廊深埋漏水量测定。其中主洞内布设测水点 24 处，支洞及洞外布设测水点 2 处，测得隧道全长范围内的实际涌水量。通过隧道渗流的解析计算得到理论涌水量并与现场的涌水量进行对比，并分析北京 2022 冬奥管廊隧道运营期渗水量影响因素。

9.1　探析围岩渗透特征

9.1.1　压水试验方法

　　为了获取钻爆法隧道施工影响后的围岩渗透系数，根据研究区地层的实际情况，通过钻孔压水试验获取隧道围岩的渗透系数。现场压水试验采用常规单栓塞压水试验，见图 9.1-1。

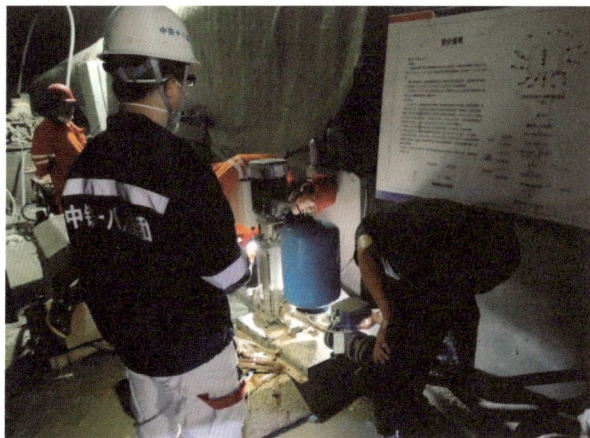

图 9.1-1　现场压水试验

9.1.2　压水试验方案

　　北京 2022 冬奥管廊隧道在开挖过程中，竖井和 5 号支洞之间 K3＋540 里程出水量较大，故在此段区域选取了三段作为试验段，分别是里程 DK3＋305～DK3＋504、DK3＋504～DK3＋576 和 5 号支洞 DK3＋576～DK3＋648，其围岩分级见表 9.1-1。其中，DK3＋504～DK3＋576 仅进行了注浆堵漏之后的压水试验，5 号支洞 DK3＋305～DK3＋504 和 5 号支洞 DK3＋576～DK3＋648 现场压水试验在注浆前后分别进行一次，可进行对比，注浆后的钻孔压水试验在注浆完成 7t 以后进行。

　　钻孔布置如下：试验段两端头各 5m（K3＋504～K3＋509 和 K3＋571～K3＋576）注浆孔间距 1.0m×1.0m，对试验段两端进行封闭；K3＋509～K3＋571 段，注浆孔间距 1.5m×1.5m；每环 12 根。拱部电缆舱堵水深度为入岩深度 2m，斜角 45°布孔；边墙和底板堵水深度入岩 3m。5 号支洞 DK3＋305～DK3＋504，拱部电缆舱堵水深度为入岩深度 7.5m，斜角 45°布孔；边墙和底板堵水深度入岩 3m。

　　注浆孔的孔径 40mm，钻孔孔径为 63mm。采用孔口封闭法，见图 9.1-2。

北京 2022 管廊隧道主洞压水试验段的围岩分级　　　　表 9.1-1

桩号范围		围岩分类	长度（m）
起点桩号	终点桩号		
K3 + 285	K3 + 340	Ⅲb	55
K3 + 340	K3 + 500	Ⅲa	160
K3 + 500	K3 + 530	Ⅲb	30
K3 + 530	K3 + 570	Ⅲb	40
K3 + 570	K3 + 635	Ⅳ	65
K3 + 635	K3 + 760	Ⅴ	125
K3 + 760	K3 + 830	Ⅳ	70
K3 + 635	K3 + 760	Ⅴ	125

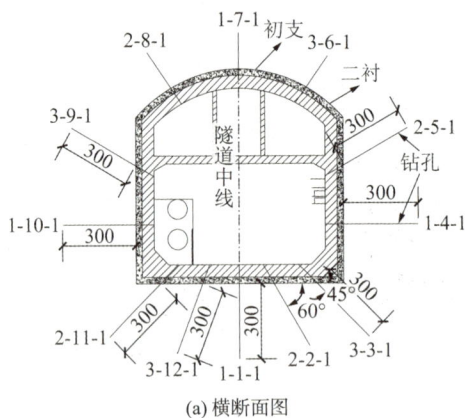

(a) 横断面图

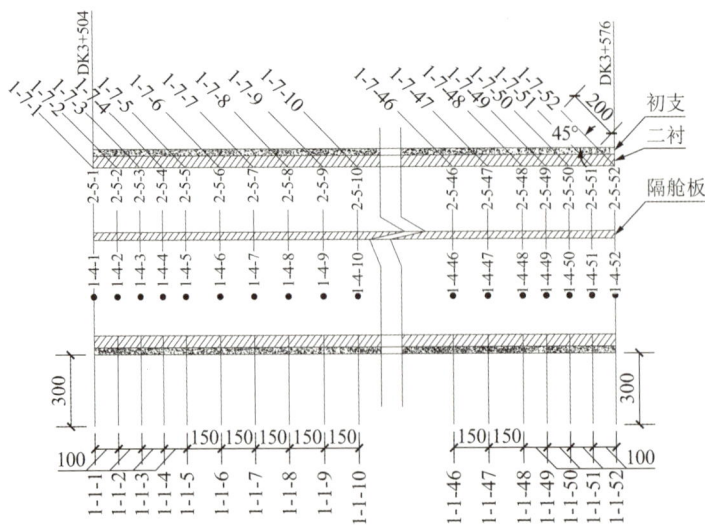

(b) 纵断面图

图 9.1-2　钻孔布置详图

9.1.3　压水试验结果

DK3 + 576～DK3 + 648 之间 5 个断面拱顶、仰拱和拱腰处进行压水试验，其中纵断面里程为距离断面 DK3 + 576 的距离（大里程方向）。DK3 + 576～DK3 + 635 为Ⅳ级围岩，DK3 + 635～DK3 + 648 为Ⅴ级围岩。从图 9.1-3 中可以看出拱顶之间的渗透率较为一致，一直稳定在 60Lu 左右，拱腰位置渗透率在 60～130Lu，且仰拱处围岩的测试渗透率也在 60～130Lu 之间，但多数结果在 60～80Lu 之间。

图 9.1-4 为 DK3 + 305～DK3 + 504 之间 15 个断面拱顶、仰拱和拱腰处的压水试验结果。拱顶围岩渗透率为 23～48Lu，拱腰围岩渗透率为 23～48Lu，仰拱围岩渗透率为 23～48Lu。在不同区间段，局部渗透率差别也比较大，其中大约有 1/3 断面仰拱和拱腰处围岩的渗透率在 48Lu 左右，其余断面仰拱和拱腰的渗透率在 28Lu 左右。但是不同断面拱顶渗透率的均值为 27.4Lu，DK3 + 576～DK3 + 648 之间的 5 个断面拱顶渗透率的均值为 67.9Lu。

DK3 + 305～DK3 + 504 段围岩的渗透率显著低于 DK3 + 576～DK3 + 648 段围岩的渗透率，极可能与断层有关。根据图 9.1-5 地勘报告可知，DK3 + 305～DK3 + 648 围岩主要为燕山晚期花岗岩，围岩等级为Ⅳ级，在 DK3 + 620～DK3 + 640 之间有一正断层 F147 327∠78°，断层宽度为 1.5～3.0m，长度为 267.04m，断层带内填充断层角砾岩，两侧岩石破碎，发育密集节理带，宽度为 3～5m，局部可见擦痕。

两个测试区间均为Ⅳ级围岩，但是 DK3 + 576～DK3 + 648 的压水试验测得的渗透率约为 DK3 + 305～DK3 + 504 的两倍，因此影响岩体渗透系数的主要是岩体的节理裂隙，而非岩石的围岩等级。

当压水试验得到渗透率时，岩体渗透系数可按照 Hvorslev 公式去计算。压水试验段 5 号支洞 DK3 + 305～DK3 + 504 的岩体渗透系数的取值范围为 0.74×10^{-2}～1.43×10^{-2} m/d，室内试验得到的Ⅲ级围岩花岗岩试件的渗透率约 0.5×10^{-18} m^2，即渗透系数 7.0×10^{-10} m/s，可以看出由于裂隙节理的存在现场岩体的渗透系数比岩石试件高两个数量级。

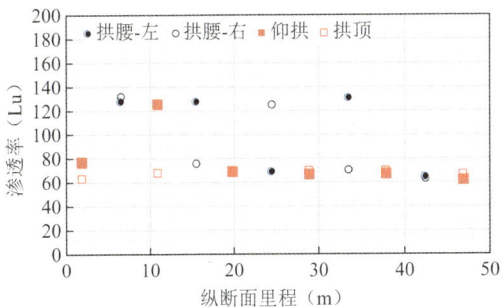

图 9.1-3　5 号支洞 DK3 + 576～DK3 + 648 的压水试验结果

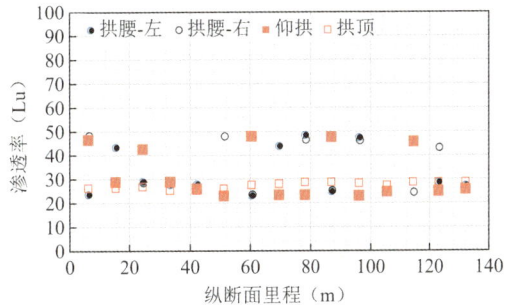

图 9.1-4　5 号支洞 DK3 + 305～DK3 + 504 的压水试验结果

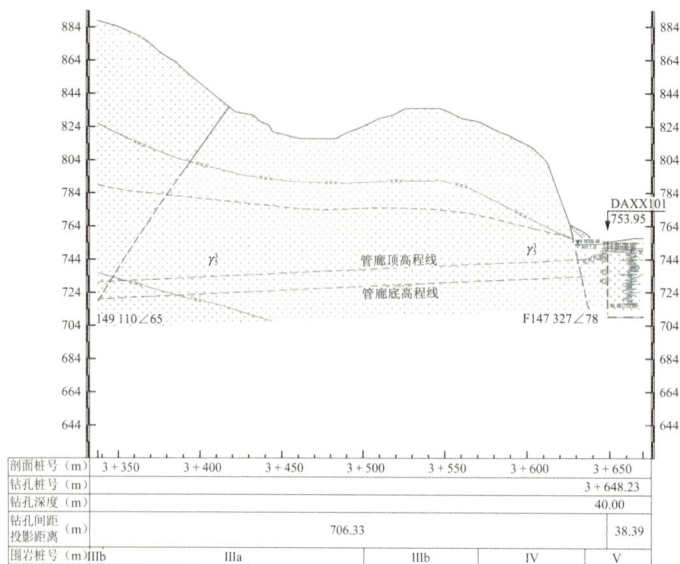

图 9.1-5　里程 DK3＋350～DK3＋648.23 之间的工程地质剖面图

DK3＋576～DK3＋648 岩体渗透系数的取值范围 $1.44 \times 10^{-2}～3.03 \times 10^{-2}$m/d，即 $4.58 \times 10^{-8}～9.6 \times 10^{-8}$m/s，该里程范围主要为Ⅳ级和Ⅴ级围岩，室内试验得到的Ⅳ级和Ⅴ级围岩花岗岩试件的渗透率范围为 $0.2 \times 10^{-18}～30 \times 10^{-18}$m²，即渗透系数为 $2.8 \times 10^{-10}～4.2 \times 10^{-8}$m/s。该段无论是现场的岩体还是室内试验得到的花岗岩岩样的渗透系数均较大，导致该段范围在运营期间渗漏水量较大。

9.2　涌水量实时监测

9.2.1　现场涌水量测试方案

为确保涌水量测量的准确性，经多次优化围堰测水量方案见表 9.2-1，分区段设置测水围堰，保证各区段水量明确，每周测水一次，及时掌握水量情况。2019 年 5 月 17 日在现场进行了水量测量，北京 2022 冬奥管廊隧道现场初期在竖井大里程方向和小里程方向分别设置了 10 个围堰测试隧道管廊涌水量，后因为工程需要陆续又补充了 8 个围堰，见表 9.2-1。结合水表实测读数和现场观测，基本确定各里程段出水量如下：竖井 750～1000m³/d，5 号支洞 3000～3500m³/d（包含竖井水量），1 号支洞 500～750m³/d，TBM 出口 750～1000m³/d，综合计算管廊全线出水量为 4250～5250m³/d。集中出水段主要在竖井大小里程，并以竖井小里程段为主。

涌水量监测点布置方案　　　　　　　　　　　　　表 9.2-1

序号	断面号	断面位置	围岩级别	序号	断面号	断面位置	围岩级别
1	SD2-1	主洞 6＋000	Ⅳ、Ⅲb	3	SD2-3	主洞 5＋500	Ⅳ、Ⅲb、Ⅲa
2	SD2-2	主洞 5＋800	Ⅱ、Ⅲa、Ⅲb	4	SD2-4	主洞 5＋350	Ⅲb、Ⅳ、Ⅴ

序号	断面号	断面位置	围岩级别	序号	断面号	断面位置	围岩级别
5	SD2-5	主洞 5 + 150	Ⅳ、Ⅲb、Ⅲa、Ⅱ	16	SD1-11	5 号支洞 0 + 345（支洞内）	
6	SD2-6	主洞 4 + 700	Ⅲa、Ⅲb、Ⅳ	17	SD1-04	主洞 2 + 700	Ⅲa、Ⅲb
7	SD2-7	主洞 4 + 500	Ⅲb	18	SD1-05	主洞 2 + 400	Ⅲa、Ⅱ
8	SD2-8	主洞 4 + 400	Ⅲb、Ⅳ	19	SD1-06	主洞 2 + 000	Ⅳ、Ⅳ、Ⅲa
9	SD2-9	主洞 4 + 200	Ⅳ、Ⅲb、Ⅲa、Ⅱ	20	新增 3	主洞 1 + 745	Ⅴ
10	SD2-10	主洞 3 + 760	Ⅳ、Ⅴ	21	新增 4	主洞 1 + 735	Ⅲb、Ⅳ、Ⅳ
11	SD1-01	主洞 3 + 600	Ⅲb、Ⅳ、Ⅲa	22	SD1-07	主洞 1 + 600	Ⅱ、Ⅲa、Ⅲb
12	SD1-02	主洞 3 + 200	Ⅳ、Ⅲb	23	SD1-08	主洞 0 + 800	Ⅲb、Ⅲa、Ⅱ
13	新增 1	主洞 3 + 100	Ⅲb	24	SD1-09	主洞 0 + 580	Ⅴ、Ⅳ、Ⅲb
14	新增 2	主洞 3 + 090	Ⅲb	25	SD1-10	主洞 0 + 210	
15	SD1-03	主洞 2 + 950	Ⅳ	26	SD1-12	5 号支洞排水出口	

9.2.2 现场涌水量测试结果

通过围堰长期稳定的涌水监测，得到北京 2022 冬奥管廊隧道全线涌水量的变化曲线见图 9.2-1。由图可以看出，涌水量在 5 月份较低，然后逐渐增加，在 8 月底至 9 月初时段由于受到汛期影响，水量达到最大值 4411 m³/d。随着进入冬季，水量逐步减少趋于平稳。尽管绿色减排的涌水量相对比较稳定在 750~800 m³/d，但是由于汛期和非汛期，其减排效果差异是比较大的。在非汛期的时候，其减排效果相对较好；而汛期的时候，由于非止水的涌水量增加，导致其减排率相对较低。

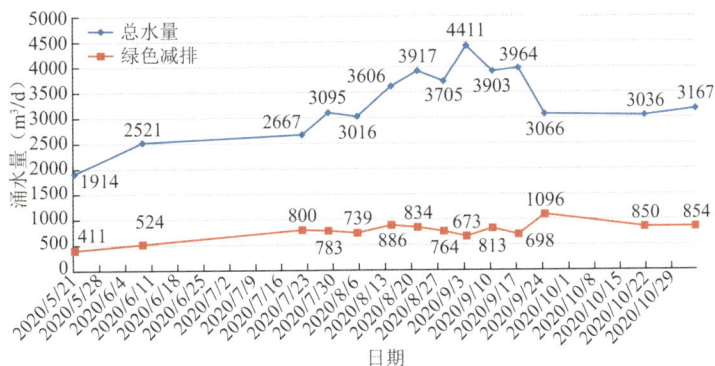

图 9.2-1 北京 2022 冬奥管廊隧道的涌水量

为了更好地分析北京 2022 冬奥管廊隧道不同位置的涌水量，从而为以后采取有针对性的减排措施提供更好的建议，图 9.2-2 给出了围堰各个监测断面的布置方案，表 9.2-2 为2020 年 9 月 3 日 26 个围水堰测试点测得的实际涌水量及其基本参数。从表 9.2-1、表 9.2-2

中可以看出，SD2-2 与 SD2-3 断面的涌水量分别为 222.5m³/d 和 108.1m³/d，该断面 SD2-2 测试区间测试距离为 300m，其围岩级别分别为Ⅲa 和Ⅲb 级，断面 SD2-3 测试区间的测试距离为 200m，其围岩级别为Ⅳ和Ⅲb 级。断面 SD2-4 测试区间的测试距离为 150m，其围岩级别为Ⅳ和Ⅲb 级，断面 SD2-5 测试区间的测试距离为 200m，其围岩级别为Ⅲb、Ⅳ和Ⅴ级。断面 SD2-4 与 SD2-5 的涌水量减少了 104m³/d，使得 4 号支洞至 3 号支洞区间的总涌水量为 226.6m³/d，因此 4 号支洞至 3 号支洞区间的总涌水量为 330.6m³/d。在 3 号支洞至 2 号支洞区间增加涌水量只有 21.3m³/d，同时现场观测到 2 号支洞排水出口无水，因此增加了监测断面 SD2-13。

断面 SD2-10 至断面 SD1-1 的累计涌水量急剧增大到 1645.7m³/d，该段涌水量增加了 1185.4m³/d，该测试区域的围岩级别为Ⅳ和Ⅴ级。结合图 9.2-2 可知北京 2022 冬奥管廊隧道埋深剖面，该段的埋深极浅，同时上部有常年有水的佛峪口沟，导致该段即使在非汛期也水量丰富，同时结合勘测报告可知该段存在走向 50°，倾向 320°，倾角 78°的正断层，宽度为 1.5～3m，长度 267.04m。断层带内填充断层角砾岩，两侧岩石破碎，发育密集节理带，宽度为 3～5m。因此，该段涌水量大不仅因为水源丰富，更重要的是岩体的渗透性极好，若要采取止水减排措施，应在该断面处进行。

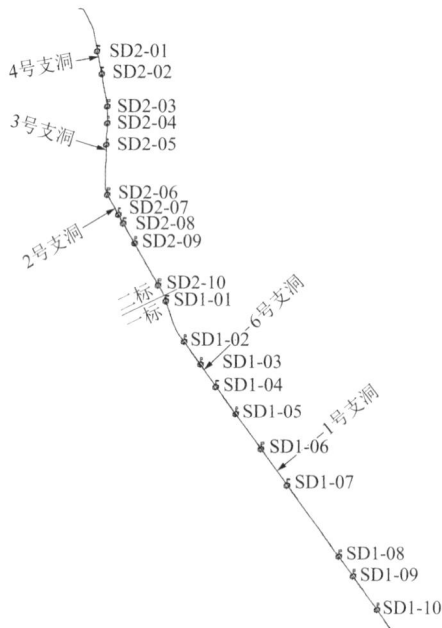

图 9.2-2　涌水量测试围堰布置图

断面 SD2-10 至断面 SD1-14 之间，涌水量持续增加至 2563.4m³/d，增量为 917.7m³/d。而断面 SD1-01 至断面 SD1-02 之间，尽管已经采取了止水减排措施，但其涌水量仍然达到了 673.3m³/d，最终竖井至 5 号支洞区间的总涌水量为 1965.9m³/d。通过 5 号支洞排水出口排出，5 号支洞排水出口测得的流出量为 2016.2m³/d，与廊内监测的数据较为一致，各区间涌水量数据见表 9.2-2。

冬奥管廊各区间的涌水量数据　　表 9.2-2

标段	断面位置	桩号	区间距离（m）	左侧流量（m³）	右侧流量（m³）	断面总流量（m³）	至断面累计流量（m³）	增加流量（m³）	每米隧洞出水量（m³）	区间出水量（m³）	
2 标段	SD2-1	6000	458			0.0	0.0	0.0	0.00	0.0	4 号支洞
	SD2-2	5800	200	112.2	110.3	222.5	222.5	222.5	1.11	226.6	4 号支洞至 3 号支洞区间
	SD2-3	5500	300	139.1	191.5	330.6	330.6	108.1	0.36		
	SD2-4	5350	150	150.6	110.3	260.9	260.9	−69.7			
	SD2-5	5150	200	99.9	126.7	226.6	226.6	−34.3			
	SD2-6	4700	450	190.2	57.6	247.9	247.9	21.3	0.05	21.3	3 号支洞至 2 号支洞区间
	SD2-13										
	SD2-7	4500	200	201.3	202.8	404.1	404.1	156.2	0.78	56.2	2 号支洞至 竖井区间
	SD2-8	4400	100	158.3	152.0	310.3	310.3	−93.8	−0.94		
	SD2-9	4200	200	177.7	131.3	309.0	309.0	−1.3			
	SD2-10	3760	440	212.6	247.7	460.3	460.3	151.3	0.34		
1 标段	SD1-01	3600	160	586.0	1059.6	1645.7	1645.7	1185.4	7.41	2103.0	竖井至 5 号支洞区间
	SD1-02	3200	400	950.4	1368.6	2319.0	2319.0	673.3	1.68		
	SD1-14	3100	100	778.9	1784.5	2563.4	2563.4	244.4			
	SD1-15	3090	10	75.7	521.7	597.4				691.2	5 号支洞至 1 号支洞区间
	SD1-12										
	SD1-03	2950	140	93.3	439.8	533.1	2549.3	−64.3			
	SD1-11	5 号支洞 345	345	292.2	88.0	380.2	2396.5	380.2			
	SD1-04	2700	250	170.2	1260.5	1430.7	3446.9	517.4	2.07		
	SD1-05	2400	300	463.0	704.3	1167.3	3183.5	−263.4			
	SD1-06	2000	400	454.7	833.9	1288.6	3304.8	121.3	0.30		
	SD1-13										
	SD1-16	1745	255	622.2	1047.3	1669.4	3685.7	380.8	1.49	1209.4	5 号支洞至 进口区间
	SD1-17	1735	10	15.6	476.8	492.3	3685.7				
	SD1-07	1600	135	85.4	593.3	678.7	3872.0	186.3	1.38		
	SD1-08	800	800	103.0	621.5	724.5	3917.8	45.8			
	SD1-09	580	220	33.2	693.5	726.7	3920.0	2.2	0.01		
	SD1-10	210	370	141.6	686.9	828.5	4021.9	101.8	0.28		

　　为了监测北京 2022 管廊隧道止水减排段运营期的地下水位，共布设渗压计 3 处（DK3 + 220、DK3 + 320、DK3 + 610），每处布设渗压计 4 支，见图 9.2-3。图 9.2-4 为 3 个断面 2020 年 6 月 21 日至 2020 年 11 月 18 日期间的渗透压力测试结果。截面 DK3 + 220 处的管廊隧

道拱顶埋深约 200m，地下水位位于拱顶以上 70m；截面 DK3 + 220 的渗透压从 6 月开始逐渐增加，到 9 月以后急剧降低，由于 6～9 月为雨季，地下水位可能会上升，从而导致渗透压上升。隧道拱顶以下 9m 处左右两边的渗压计测得的压力总是比拱顶以下 2.5m 处的压力高 10～20kPa，同时截面 DK3 + 220 的围岩为Ⅲb 级相对比较完整，渗透率低，不易形成稳定渗流。隧道左侧的压力总是比右侧的压力高 10～30kPa，可能与山岭隧道的坡面有关。

截面 DK3 + 320 处的管廊隧道拱顶埋深约 160m，地下水位位于拱顶以上 50m。从 6 月的汛期至 11 月的非汛期，截面 DK3 + 320 的渗透压在 9 月后是缓慢降低的。虽然该截面的拱顶埋深比截面 DK3 + 220 浅，地下水位也浅，而且截面 DK3 + 220 和 DK3 + 320 的围岩均为Ⅲb 级，但截面 DK3 + 320 左侧埋深 9m 处的渗透压高达 100kPa 远高于截面 DK3 + 220 相同位置的渗压计读数。

截面 DK3 + 610 处的管廊隧道拱顶埋深约 60m，地下水位位于拱顶以上 20m，随着时间从 6 月的汛期至 11 月的非汛期，其渗透压逐渐增加，最大渗透压力为 200kPa。截面 DK3 + 610 与 DK3 + 320 和截面 DK3 + 220 的左右两侧渗透压差有相似的规律，左侧的渗透压力比右侧的渗透压力高约 10kPa，同时管廊隧道截面 DK3 + 320 和 DK3 + 220 的埋深虽然比截面 DK3 + 610 的埋深更深，但是其地下水位更低，此处可能存在水头差，导致其渗透压反倒比 DK3 + 610 低很多。截面 DK3 + 610 的围岩分级为Ⅳ级，相对于前面两个截面而言，Ⅳ级围岩的花岗岩试件渗透率略高一些，而且该截面存在断层 F149，走向 25°，倾向 115°，倾角 70°，长度 130m，宽度 1m。因此，地下水极易通过该截面附近渗透进入管廊隧道，根据围水堰的测量结果也发现该段的涌水量一直比较高。

通过现场压力试验和涌水量测试，给出不同围岩级别与围岩岩体渗透系数条件下的围岩渗透基本参数的结果，为渗流模拟计算做好准备。

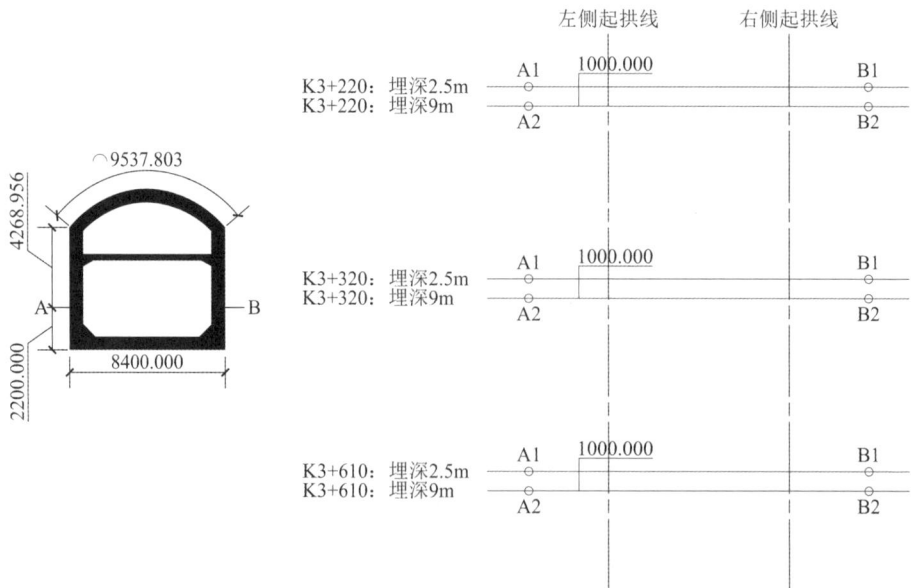

图 9.2-3　渗压计位置平面图

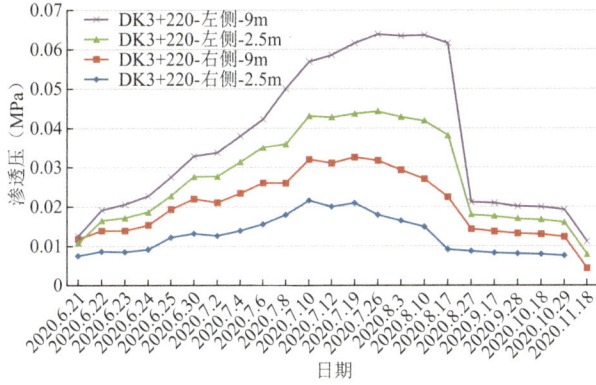

(a) DK3 + 220 处渗压测量成果

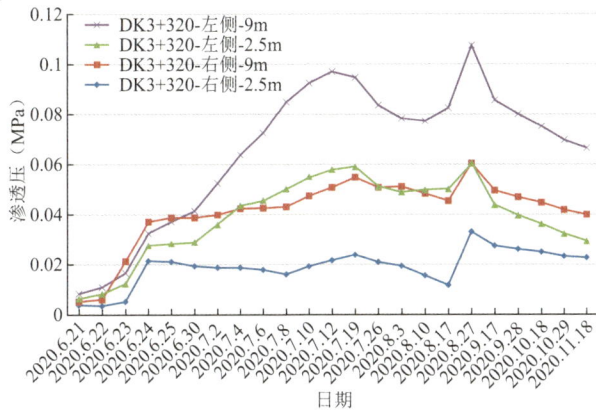

(b) DK3 + 320 处渗压计测量成果

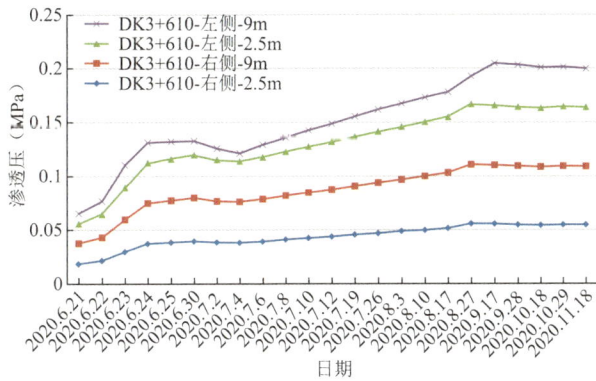

(c) DK3 + 610 处渗压计测量成果

图 9.2-4 3 个断面渗压计的测量结果

9.3 涌水量计算预测

9.3.1 涌水隧道建模

隧道毛洞宽 8.8m、高 7.8m，采用分步开挖方式，每步开挖进尺取 1m。采用混凝土衬砌对开挖后的隧道进行支护，衬砌单元是岩土力学分析和设计中常采用的支护形式，常放置于开挖体的内部来支撑脱离块体或者松散岩体的自重，通过约束开口附近的位移来保持岩土稳定性。本节的模拟采用与实际工程一致的衬砌尺寸，初衬厚度为 0.2m，二衬厚度为 0.6m。建立管廊三维离散元模型见图 9.3-1。

　　隧洞采用结构单元模拟衬砌装配，每步开挖 1m 后，循环布置衬砌。装配完成后的地层剖面图见图 9.3-2。

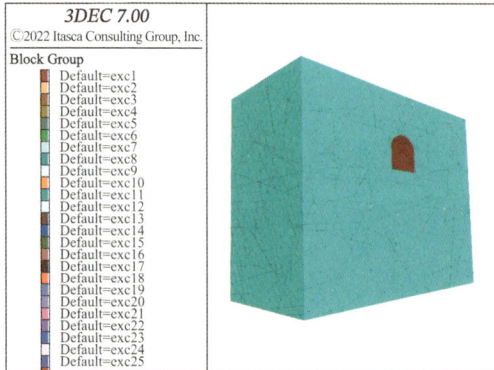

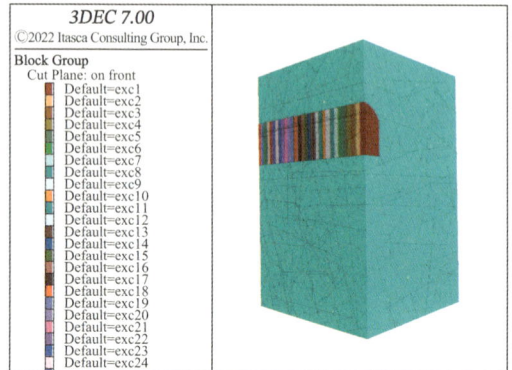

图 9.3-1　管廊模型　　　　　　　　　　图 9.3-2　分步开挖后的剖面图

9.3.2　数值模拟结果分析

　　见图 9.3-3、图 9.3-4 分别为在常规静压力荷载下隧道开挖及支护结束时，沿z轴方向 15m 处截面围岩和衬砌的最大主应力、最小主应力计算结果。在 3DEC 软件中规定，拉为正，压为负。

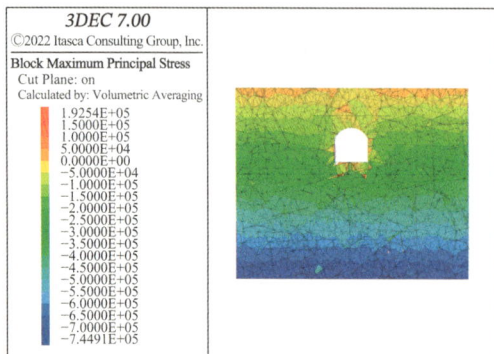

(a) 围岩最大主应力　　　　　　　　　　(b) 围岩最小主应力

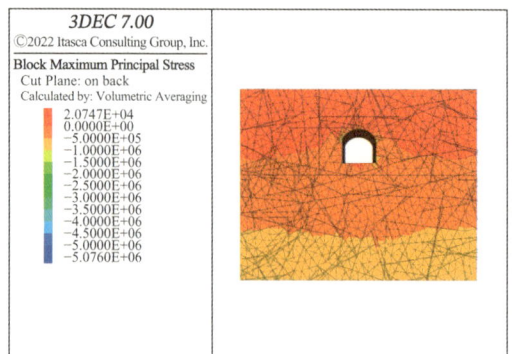

图 9.3-3　围岩的最大和最小主应力分布图

　　围岩的竖向位移、水平位移分布情况见图 9.3-5，衬砌的竖向位移、水平位移分布情况见图 9.3-6。围岩和衬砌的变形是对称分布的，但是围岩和衬砌的拱顶下沉量较仰拱隆起量大很多。管廊隧道开挖后，围岩发生向管廊方向的径向位移，围岩最大沉降为 1.33mm，位于拱顶中部。管廊仰拱中部发生隆起，最大隆起高度为 3.27mm。管廊隧道两侧岩壁位移呈对称状分布，最大水平位移为 1.58mm，位于管廊隧道侧壁高 3～4m 处。围岩和衬砌的水平位移均向管廊隧道内收敛。

管廊隧道开挖、衬砌后发生径向位移，衬砌最大隆起为 4.40mm，位于衬砌中部。管廊拱顶发生沉降，最大沉降高度为 0.9mm。管廊两侧衬砌呈对称状分布，最大水平位移为 1.23mm，位置在管廊侧壁高 3～4m 处。

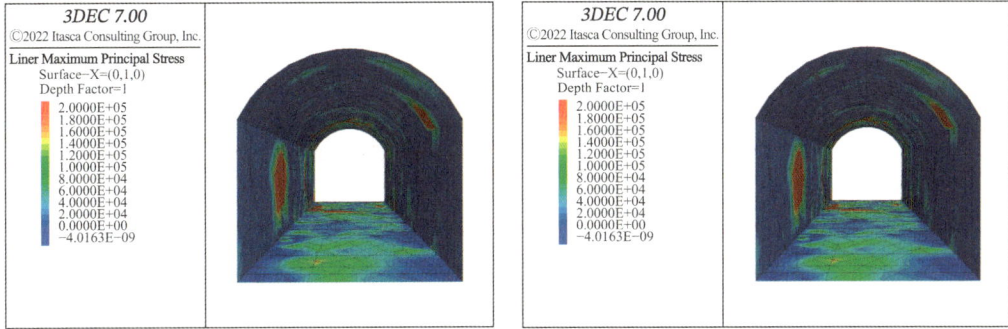

(a) 衬砌最大主应力   (b) 衬砌最小主应力

图 9.3-4　衬砌的最大和最小主应力分布图

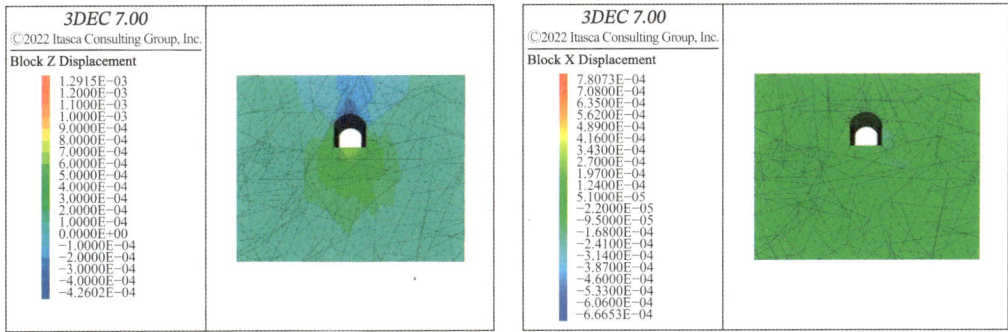

(a) 围岩竖向位移   (b) 围岩水平位移

图 9.3-5　围岩的竖向和水平位移分布图

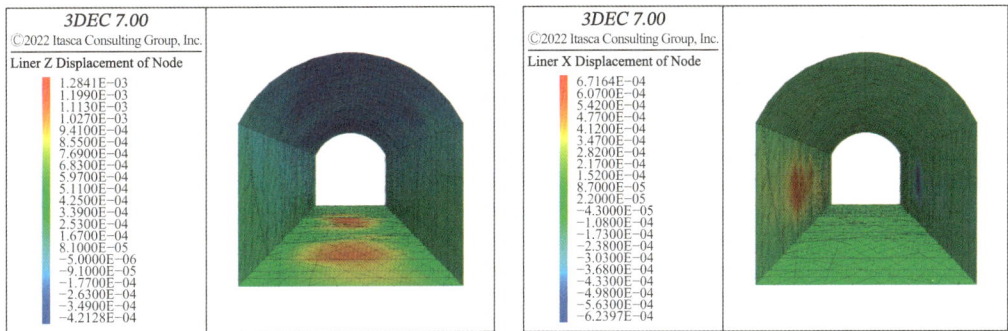

(a) 衬砌竖向位移   (b) 衬砌水平位移

图 9.3-6　衬砌的竖向和水平位移分布情况

管廊隧道地层中孔隙水压力分布云图见图 9.3-7。管廊隧道开挖后，地下水在管廊开挖区域的边界上为自由透水边界，围岩内的渗流场发生变化，在管廊隧道开挖后渗流场在管廊周围区域形成明显的降水漏斗区，管廊周围孔隙水压会显著降低，这种情况与前面钻孔成像获得的初支与二衬之间有明显的损伤渗透区域相一致。

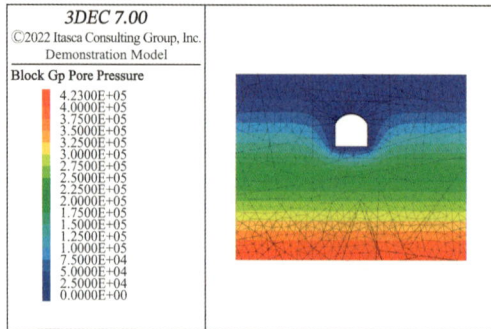

图 9.3-7　开挖后地层中的孔隙水压力分布情况

通过 3DEC 软件建立了管廊隧道的三维模型，并且通过均匀分布的方法在模型中加入了 DFN 模拟岩体中的裂隙。通过分布开挖的方式模拟了管廊隧道开挖支护的过程，并得到了其应力云图、位移云图和孔隙水压力分布图等。围岩和衬砌的最大最小主应力及位移、孔隙水压力均大致呈对称分布。

9.3.3　深埋隧道在不同地下水位下的涌水量

图 9.3-8 为管廊隧道顶部埋深 100m 时，不同地下水位条件下的平均渗透速度和涌水量计算值。当地下水位由拱顶以上 5m 上升至拱顶以上 90m 时，平均渗透速度从 3.062×10^{-7}m/s 大幅降低至 0.257×10^{-7}m/s，仅为拱顶地下水位高 5m 时的 8.39%，每米隧道涌水量从 0.812m³/d 大幅降低至 0.068m³/d，仅为拱顶地下水位高 5m 时的 8.37%。尽管地表水位上升，隧道以上的孔隙水压力增加，但是平均渗透速度和涌水量反而减小，与现场涌水量测试结果较为一致，在地下水位低处的涌水量反而更大。

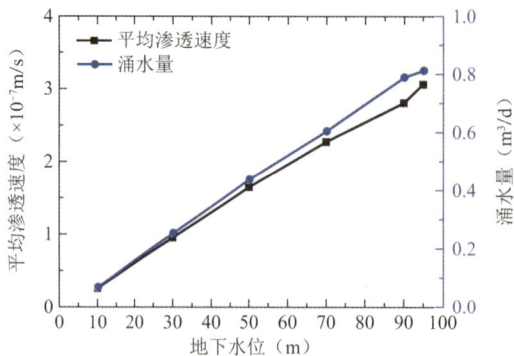

图 9.3-8　深埋隧道不同地下水位时的平均渗透速度和涌水量

9.3.4　浅埋隧道在不同地下水位下的涌水量

由于北京 2022 冬奥管廊隧道的埋深变化巨大，因此需要研究管廊隧道埋深 10m 时，不同地下水位高度下对平均渗透速度、涌水量计算值的影响，见图 9.3-9。随着地下水位上升，平均渗透流速、涌水量也线性增加，但是数值模拟获得的平均渗透速度、涌水量比现场涌水量监测获得隧道浅埋截面的涌水量 0.654m³/d 小很多，可能因为工程现场的岩体节理裂隙数量比数值模拟中的裂隙数量多很多。对比图 9.3-8 和图 9.3-9，当地下水位均为 10m 时，隧道拱顶埋深 100m 的涌水量为 0.068m³/d，而隧道拱顶埋深 10m 时的涌水量为 0.12m³/d，说明在相同地下水位条件下，埋深越浅，涌水量越大，与现场实测的规律比较一致。

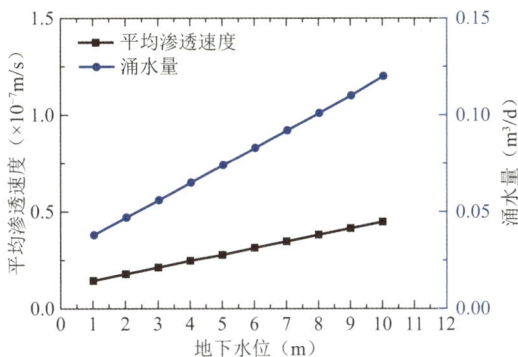

图 9.3-9　浅埋隧道不同地下水位时的平均渗透速度和涌水量

9.4　隧道涌水攻坚克难引起的思考

（1）在解决管廊隧道涌水的过程中，分别研究了围岩裂隙数量、管廊隧道埋深、地下水位变化、围岩渗透能力对管廊隧道周边地层渗流场和管廊隧道内涌水量的影响，对山岭管廊隧道涌水问题的治理方法创新性也加深了认识：围岩裂隙数量对围岩、衬砌最大最小主应力有显著影响。围岩裂隙数量、裂隙发育程度对围岩与衬砌内最大主应力及衬砌最小主应力影响较大，对围岩最小主应力影响较小。就最大与最小主应力差而言，围岩中该值增大幅度比二次衬砌中该值增大幅度小，这非常不利于减小二次衬砌剪切破坏的可能性，即当围岩比较破碎时，二次衬砌受到的最大最小主应力差显著增加，二次衬砌损伤破坏的可能性显著增加。

（2）围岩裂隙数量、裂隙发育程度对围岩、衬砌水平位移影响较大，对围岩径向位移影响较小。围岩裂隙数量、裂隙发育程度虽然造成衬砌位移变形量较小，但是随着裂隙数量增多对衬砌竖向和水平位移都影响较大，特别是水平位移，这也就是北京 2022 冬奥管廊隧道两侧发生渗漏水较多，而顶板基本不渗漏水的原因。裂隙对于衬砌变形的影响明显低于围岩，在衬砌与围岩之间设置防水层十分重要。

（3）围岩裂隙数量、管廊隧道埋深、管廊隧道孔隙水压力、围岩渗透能力的增加均会引起管廊周围平均渗流速度、管廊隧道涌水量的变化。其中，围岩裂隙数量的影响力比其余三项大，呈现涌水量和平均渗流速度增幅比裂隙数量增幅更大的规律，这说明渗流对裂隙的产生、发育有促进效果。

（4）当管廊所受孔隙水压力保持不变时，埋深增大，则管廊隧道的平均渗流速度和涌水量均先增大后减小，随着埋深增大，围岩的地应力增加，使得渗透率降低。对于管廊隧道埋深 100m 的条件下，地下水位上升，增大管廊所受孔压，则管廊隧道的平均渗流速度和涌水量以较大幅度增大。在管廊隧道埋深 10m 的条件下，地下水位上升，涌水量显著增加，而且增幅远远大于平均渗流速度，因此在管廊规划过程中，应综合考虑孔隙水压力及埋深对管廊涌水量的影响，调研汛期与非汛期的地下水位。

第 10 章

绿色施工及环保

随着全球气候变化的日益严峻，环境保护和可持续发展的理念已经深入人心。当体育的激情与自然的和谐相交汇，冬奥会便成了一个展示绿色施工与环保理念的最佳舞台。冬奥会作为全球顶级的体育赛事，不仅吸引了世界各国的顶尖运动员和数以亿计的观众，更成为一个展示主办国经济实力、科技水平和环保意识的重要窗口。在冬奥会的筹备与举办过程中，绿色施工与环保不仅关乎赛事的顺利进行，更代表着对未来可持续发展的一种承诺和担当。本章依托于冬奥管廊工程详细阐述了绿色施工在冬奥会中的具体实践，包括建筑材料的选择、能源利用的优化、废物处理与回收等多个方面，通过管廊工程施工绿色行动展示了绿色施工在冬奥会中的广泛应用与显著成效。

10.1　绿色施工措施

10.1.1　节材措施

（1）根据施工进度提前做好材料计划，合理安排材料的采购、进场时间和批次，减少库存，材料堆放整齐，一次到位，减少二次搬运。

（2）加强管理，水电、消防管道等预留、预埋与结构施工同步。

（3）施工前对管线进行综合平衡设计，优化管线路径。

（4）材料采购就地取材。

（5）现场办公区用房采用活动彩板房，提高周转利用率，现场四周围挡利用原有围墙继续使用。

10.1.2　节水与水资源利用

（1）采用施工节水工艺、节水设备和设施；施工现场用水器具必须符合《节水型生活用水器具》CJ/T 164—2014 中的规定及《节水型产品通用技术条件》GB/T 18870—2011 的要求，如：卫生间、洗脸池等采用节水型龙头，低水量冲洗便器或缓闭冲洗阀。

（2）加强节水管理，施工用水进行定额计量。施工现场装设水表，施工区和生活区分别计量；建立用水节水施工台账，并进行分析对比，提高节水率，现场设置节水警示标牌。

（3）施工现场充分利用雨水资源，保持水体循环。

10.1.3　节能与能源利用

（1）合理选择施工机械设备，优先使用节能、高效、环保的施工设备和机具，杜绝使用不符合节能、环保要求的设备、机具和产品等，选择的设备功率与负载相匹配；采用低能耗施工工艺，充分利用可再生清洁能源。

（2）加强施工机械管理，做好设备维修保养及计量工作；现场施工设电表，施工现场和生活区分别计量；用电电源处设置明显的节约用电标示。

（3）公共区域照明采用节能照明灯具。室外照明采用高强度气体放电灯，办公室等场所均采用节能灯，生活区采用紧凑型荧光灯，在满足照度的前提下，办公室节能型照明器具功率密度值不得大于 $8W/m^2$，宿舍不得大于 $6W/m^2$，仓库照明不得大于 $5W/m^2$。

（4）夏季室内空调温度设置不得低于 26℃，冬季室内空调温度设置不得高于 20℃，空调运转期间应关闭门窗。

（5）220V/380V 单相用电设备接入 220V/380V 三相系统时，宜使用三相平衡。

10.1.4　节地与施工用地保护

（1）绘制现场施工平面图，合理布局见图 10.1-1，临时用地完全控制在红线之内。现场物料堆放紧凑，施工道路按照永久道路和临时道路相结合的原则布置。

（2）因施工造成的裸土，及时覆盖砂石或种植速生草种，施工结束后，恢复其原有地貌和植被。

图 10.1-1　布局分区图

10.1.5　环境保护措施

1）大气污染防治

本项目在开工初期确保临时环状道路全部硬化，采用混凝土铺设；对于现场其他土壤裸露场地，进行绿化或覆盖石子。对临时道路设专人负责每日洒水和清扫，保持道路清洁湿润，见图 10.1-2。

图 10.1-2　道路清洁图

（1）扬尘控制措施

①土方开挖、回填土产生扬尘控制措施

土方铲运卸等环节设置高效雾炮淋水降尘，挖运土方车辆经过的场内路线和回填土作业时有专人清扫、喷洒防扬尘，在 4 级以上大风天气严禁开挖。

②渣土及土方堆放产生扬尘控制措施

现场一般不堆放土方及渣土，如需要堆放时，应采取覆盖、表面临时固化、及时淋水降尘等控制措施。

③车辆运输产生扬尘控制措施

散料运输：施工现场的垃圾、渣土严禁凌空抛洒并及时清运。运输车辆驶出现场前要将车轮和槽帮冲洗干净。松散型物料运输与贮存，采用封闭措施；装运松散物料的车辆，应加以覆盖（盖上苫布），并确保装车高度符合运输不遗撒；在施工现场的出口处，设车轮冲洗池，确保车辆出场前清洗掉车轮上的泥土；设专人及时清扫车辆运输过程中遗撒至现场的物料；松散易飞扬的物料（外加剂、白灰）均采取封闭式贮存措施（袋装、进库）。

④特殊工艺扬尘控制措施

场地堆放地应封闭或有良好覆盖，禁止露天搅拌作业，必须进行作业时采取有效的围挡和降尘措施。

⑤现场垃圾扬尘的控制措施

应将清洁生产贯穿于建筑施工的全过程，尽量减少垃圾的产生量。对建筑垃圾应根据工程项目的类型，制定相应控制指标。施工现场的垃圾站应定时清理，并有封闭措施，清理建筑物内垃圾时在装卸等环节中，应尽量减少扬尘和遗撒。

⑥作业面及外脚手架扬尘的控制措施

施工中应采取周边封闭措施，做到"工完料净场地清"，并及时对外脚手架进行清理，详见图10.1-3。

图10.1-3　作业面及外脚手架扬尘控制措施图

（2）废气排放控制措施

①各种施工机具和车辆废气的控制措施

施工机械应加装烟气处理装置，并对机械设备定期维护保养，保持在良好的运行状态，降低废气的排放量。

②食堂废气排放的控制

食堂安装除油烟装置，做到定期清理排烟系统，确保除油烟设备正常使用。

2）水污染防治

施工污水治理措施：

①混凝土泵等施工场所产生的污水，在污水出口处设立沉淀池，经沉淀后方可排入污水管网，沉淀池内的沉淀物应及时清理并妥善处理。沉淀处理后的污水应尽量循环使用。

②对产生含油、含化学品的污水和废液，采取单独的污水罐或污水桶收集起来，定期委托有污水消纳资质的单位进行处理。

3）生活污水治理措施

（1）提倡节约用水，杜绝跑冒滴漏，减少生活废水的产生。

（2）食堂设隔油池，严禁将食品加工废料、食物残渣及剩饭等倒入下水道，影响隔油效果。隔油池清理周期是半个月，并做好清理记录。食堂积极使用绿色洗涤用品。

（3）设有浴池的施工工地，在浴池污水排出口处设置沉淀池，做到定期清理，并做好清理记录。

4）噪声污染防治

施工准备控制：

①工程部根据工程特点负责制定噪声污染的控制和治理方案。

②机械班要选用机器噪声小的生产设备及部件。在设备安装、调试、验收和投入运行前要认真执行设备的技术标准，严格控制机械噪声。

5）施工过程噪声控制

施工现场设围墙，实行封闭式管理，避免施工人员对周边的干扰。施工现场的木工棚、钢筋棚等应封闭，加工材料时应轻拿轻放，以有效地降低噪声，见表 10.1-1。

施工阶段噪声限制表   表 10.1-1

施工阶段	主要噪声源	噪声限制（dB）	
		昼间	夜间
土石方	挖土机、挖掘机、装载机等	75	55
结构	混凝土搅拌机、振捣棒、电锯等	70	55

6）废弃物处置

对所有废弃物实行分类管理，按照公司统一规定将废弃物分为三类：可回收利用的无毒无害废弃物、不可回收的无毒无害废弃物、有毒有害废弃物。

对废弃物进行标识：对分类存放的各类废弃物进行明显标识，即标明废弃物的种类。

对废弃物的收集：项目设置统一的废弃物临时存放点，存放点配备收集桶（箱），以防止流失、渗漏、扬散；明确各单位（包括分包）负责废弃物收集工作的责任人及具体职责和范围；包括分别明确以下范围内的责任人员，并明确职责：办公区、生活区、食堂、施工区、垃圾贮存区。

废弃物跟踪管理：项目部在消纳方来现场回收废弃物时，应将废弃物的种类、数量和处置方向记录在废弃物处理统计表上，并应由消纳方代表签字认定。对废弃物的外运，必须在具备相应资格的单位进行外运前，由项目兼职环保管理员监督，对废弃物进行严密覆盖，防止遗撒。加强对场地的绿化保护，见图 10.1-4。

图 10.1-4   绿化保护

7）其他污染源的防治

电焊、金属切割产生的弧光采用围板与周围环境进行隔离，防止弧光漫天散射。对于产生电磁波的各种设备和设施，做好防护和屏蔽工作，最大限度地减少或降低辐射强度。

10.2　环保体系

10.2.1　环境保护和水土保持目标

（1）施工现场扬尘、噪声、振动、废水、废气、固体废弃物等污染物控制在工程所在地地方政府规定要求以内，有效管控排放；施工现场自然环境满足国家和地方政府有关环保法律、法规要求。

（2）确保工程沿线所处的环境及水域不受破坏和污染，水土得以妥善保护。

（3）废水、弃渣、泥浆以及工程垃圾按规定排放、处理，完工后植被能及时恢复。工程固体废弃物处置率100%。

（4）无重大环境污染；无环境问题造成一次经济损失5万元及以上的事故；无因环境问题受到地方、业主书面批评或被投诉、被媒体曝光。

（5）创建环保水保标准化工地。

（6）施工现场相关方的环境行为符合公司管理体系、地方政府和环境管理部门要求。

10.2.2　环保水保工作原则

（1）协调管理、和谐发展。准确处置环境掩护与施工进度、质量、效益治理的关系，在施工中落实环境保护，在环境保护中增进施工，保持节俭、安全、干净、应用的施工方式。

（2）强化措施、综合治理。不断完善环境保护体制机制，健全环保制度，保持环境保护与施工计划综合决策、一同打算和实行，突出以防为主。摸索引进地方环境主管部门参与机制，综合应用法律、经济、技巧、合同和必要的组织措施解决施工中的环境问题。

（3）节制破坏、改良环境。严厉把持新的环境破坏行动，积极主动缓解已经破坏的环境问题，扭转目前恶化的环境损坏现状。

（4）分类领导、突出重点。因地制宜，分阶段处置环境问题。改良受施工影响的重点水域，如主要河流、生产浇灌、生活饮水，及其他环境保护敏感目标的环境质量。

（5）依托科技、创新方式。依托科技创新，推广利用新技术、新材料、新工艺，强化环境质量监测，重视环境制度建设，优化环境保护工作机制，简化环境保护工作程序，做到低能耗、低污染、低排放，以最小的环境代价和资源代价，建设"环保生态路"。

10.2.3　建立健全环保、水保管理体系，强化环保管理

建立健全环保、水保体系，制定全面而系统的环境与生态保护、水土保持的管理办法和措施，符合国家及地方政府有关环保、水保的标准，坚持施工过程中对环保工作的持续监督检查。项目经理部环保、水保领导小组的职责是结合施工组织设计，制定实施性的环境保护措施，形成严密的控制格局，切实保证环境保护工作落到实处，使施工现场环境与生态保护、水土保持工作满足国家和各级环保部门的标准。在施工过程中，有计划地保护和改善环境，预防环境质量的恶化，控制环境污染，减少和消除有害物质进入环境，创造

适宜的劳动和生活环境，保护自然生态和人身健康。

10.2.4　大力加强宣传教育，强化全员环保意识

（1）严格履行国家《环保法》和交通部及项目部所在地方政府对环保的有关规定，开工前对全部职工进行培训教导，认真学习法律法规，加强全部施工人员的环保意识、进步认识，形成过程环保。

（2）通过宣传，使广大职工认识到搞好环保的重要性，尽力做到标书中的环保许诺，使每个职工做到人人清楚，心中有数。

（3）在职工生活区域，做好板报宣传；在工程生产区域，做好标语、横幅宣传工作，时时提示和督促职工爱惜环境，保护环境。

10.2.5　环境保护管理制度

（1）加强领导，明白职责。加强组织领导，成立领导小组，认真组织调和，主要领导亲自抓。分管领导具体抓的工作机制，各部门要认真组织协调，明白分工，各司其职，将职责落实到具体人和单位上。

（2）增强宣传，营造气氛。环保小组要通过召开群众大会、张贴标语等形式，宣传整治环境污染、防止水土流失的重要意义，使其深入人心，进一步增强项目部员工和广大群众的环保意识，营造人人讲环保的氛围。各有关部门也要采用各种有效方法进行广泛宣传，把宣传教导工作贯穿于建设工作的始终，使建设工作实现应有的教导作用。

（3）亲密配合，齐抓共管。环保工作是一项综合性工作，涉及多个部门、当地群众等多个方面，工作内容庞杂，需要各部门密切配合，通力协作。各部门之间要进一步加强沟通，强化信息交换，坚持资源共享，紧密配合；要依照分工要求，认真履行各自的职责，切实做好工作。

（4）强化监督，抓好落实。项目部将组织环保小组采取不定期的方法，对建设工作进行督查，研讨解决工作中存在的实际问题。对工作不到位、举动不积极、造成不良后果的，要及时曝光和通报批评，并追究有关部门相关责任人的责任。

（5）完善环保管理工作制度，明确各参建方责任，分级管理，层层落实。建立"三级"检查落实制度，即领导层抓全面、管理层抓重点、实施层抓具体落实。

环保检查制度。积极配合环保监理对本标段施工期间的环保工作进行全面监控，定期检查本标段重点环境敏感点，根据检查结果针对性进行整改落实。

措施上报审查制度。对本标段重点临时工程、环境敏感点的施工环保措施实施坚持上报审批制度。

监督检查制度。积极支持业主将环保检查结果纳入对施工单位的年度考评范围。针对性制定项目部内部的考核讲评制度。

（6）内部建立"包保责任制"。运用行政和经济手段，加强环保工作的落实。实行"环保否决制"，即施工作业活动不符合环保要求的项目不得开工，具有强制否决权。

（7）严格落实"无条件服从制"，即无条件地接受环境保护监测单位的指导和监督，无条件遵守业主与环保部门签订的环保协议条款。

（8）施工中细化建立生活区环保检查制度、水土保持制度、生态环境保护和检查制度。

（9）向业主有关部门和当地政府环保部门、环保专家征求意见及时制定整改措施，制定明确的奖惩制度和健全的机制，做到环境保护人人有责，把环境保护工作真正落到实处。

（10）定期进行环保检查，项目部负责人每月组织一次环保检查。环保水保检查由项目负责人组织开展，项目经理带队，总工、安全总监、安保部长、工区副经理组成检查组，检查形成记录，及时处理违章事宜，经常向业主有关部门和当地政府、环保部门、环保专家征求意见，及时制定整改措施。

10.2.6　强化施工计划中环境保护意识

（1）在施工前期做好施工现场的调查工作，充分了解施工区域的水文及地质情形，在施工区域中根据调查材料结合设计图纸、文件对施工场地进行合理布置。

（2）对于临时便道的修设，尽可能采用原有道路，对其进行加宽整平，使其路面宽阔、顺通，并结合具体情况修设路边排水设施，做到雨天路面不积水，同时布置排水通畅，不致冲入农田。

（3）对于钢筋加工场地、混凝土拌合站、水泥库房等生产场地的安排，地方居民区和职工生活营区避免或减少视觉和噪声及粉尘对人们的污染，同时对场地进行合理的计划，使得废物、污水的堆放、处理不致影响农田的耕作及污染河道。

（4）在职工生活区域，设立垃圾集中堆放点，并定期对垃圾进行清理。厕所的选址力求远离生活区，减少其对空气的污染。

（5）对易污染环境的施工项目如取土场、弃土场、施工垃圾、钻孔桩泥浆、扬尘、施工噪声等制定具体可行的措施。

（6）施工方案与环保问题同时考虑，对易污染环境的施工项目如：弃地场、施工垃圾、钻孔桩泥浆、扬尘、施工噪声等制定具体可行的措施，在施工部署上全力做到少占用土地，少破坏植被，不污染河流，不随便堆放垃圾，减少施工扬尘。临时用地尽量少用或不占用耕地，施工结束进行复耕或绿化处理，永久用地范围内的裸露地表用植被防护并保证其成活率。

10.2.7　施工环境保护措施

施工环境保护的重点有：2022 年冬奥会延庆赛区外围配套综合管廊工程及取弃土（渣）工程的水土流失控制、桥梁等结构物施工噪声与振动控制、节约用地及临时用地恢复、施工噪声、扬尘控制及施工扬尘对周边农作物生长的影响控制和施工固体废弃物管理等。

1）环境保护措施一般要求

（1）搞好环保调查，懂得当地环保内容与要求，建立环保检查制度，把环保措施层层落实，做到责任到人，奖罚分明。

（2）在安排施工现场时，对钢筋加工、混凝土拌合、构件预制等设施尽量远离居民区，以减少视觉和噪声污染。机械车辆途经居住场合时应减速慢行，不鸣喇叭。

（3）征求当地环保部门及地方群众对施工范围内环保工作的看法并及时整改，避免和减少由于施工方式不当引起的环境污染和损坏。

（4）工程完工后，及时进行现场收拾。在河道中施工的临时设施待工程完工后，进行彻底清理恢复原貌，防止侵犯河道，紧缩过水断面，防止水土流失段毁田或堵塞河道。

（5）在生产、生活区设置足够的消防器材，并放在显著易取的位置上，设立警示标志。对各种消防器材定期进行检查和调换，保证其性能完好。

2）文物保护

（1）施工中如发现文物古迹，要暂时结束作业，保护好现场，立即报告监理工程师，确保文物不流失。

（2）土方工程以及其他需要借土、弃土时，对现有的或计划的保护文物遗址，采取避让原则，另外进行地点的选择。

3）废水、废渣处理措施

（1）施工机械维修产生的含油废水、施工营地住宿产生的生活污水经生化处理达到排放标准后排入不外流的地表水体，不得在附近形成新的积水洼地，严禁将生活污水排入河流和渠道。施工废水按有关要求进行处理达标后排放，不污染周围水环境。

废水处理采用多级沉淀池过滤沉淀，废水处理的工艺流程为：废水→收集系统→多级沉淀池→沉淀净化处理→市政管道。在施工时，对天然排水系统加以保护，不得随意改变，必要时修建临时水渠、水沟、水管等。

（2）拌合站砂石料存放场设沉淀池，处理清洗骨料和冲洗机械车辆产生的废水，达标后排放。

（3）废渣主要包括土石方弃渣、隧道施工弃渣、冲洗拌合站、沉淀池中的废渣、建筑垃圾及施工人员产生的生活垃圾，处理方案为：集中弃往指定的弃渣场和垃圾处理点。

（4）由设备物资部长、设备员、材料员、拌合站和工区负责人及各工区环境监测员负责监督实施。

4）防止空气污染和扬尘措施

（1）拌合站、工程材料存放场地、施工便道和生产、生活区道路采取硬化处理，施工过程中经常洒水，防止扬尘对施工人员造成危害和对周边农作物的影响。

（2）在运输易飞扬的散料时，装料适中并用篷布覆盖。储料场松散易飞扬的材料用彩条布遮盖，避免运输、装卸过程中和刮风时扬尘。

（3）桥涵防水层采用新型环保材料，防止公路周围环境空气受到污染，保证空气质量。

（4）路基、隧道土石方爆破采用潜孔、小药量爆破，爆破点用炮被覆盖以免粉尘、落石扩散范围扩大。

（5）经常清洗工程车辆车轮和车厢。

（6）由各施工队负责人及各工区环境监测员负责监督实施。

5）施工噪声控制措施

（1）对施工机械和运输车辆安装消声器并加强维修保养，降低噪声。钢筋加工、混凝土拌合等场地选择尽量远离居住区。车辆途经施工生活营地或居住场所时应减速慢行，不鸣喇叭。适当控制机械布置密度，条件允许时拉开一定距离，避免机械过于集中形成噪声叠加。

（2）在靠近居住区较近的地方，合理安排作业时间，对噪声较大的机械设备修建隔声棚或隔声墙，减少对居民的干扰。

（3）在比较固定的机械设备附近（空压机房），修建临时隔声屏障，减少噪声传播。合理安排施工作业时间，尽量降低夜间车辆出入频率，夜间施工尽量不安排噪声很大的机械施工。

（4）由各工区副经理、专职环保员、施工队负责人及各工区环境监测员负责监督实施。

6）保护绿色植被

（1）尽量维护公路用地范畴以外的现有绿色植被，若因修建临时工程损坏了现有的绿色植被，应负责在拆除临时工程时予以恢复。

（2）保护好公路用地规模之外的古树名木和法定保护的树种，在公路用地范围之内的，要采取搬迁等措施加以保护。

（3）由各工区副经理、专职环保员、施工队负责人及各工区环境监测员负责监督实施。

7）现有公用设施的保护

（1）施工过程中，假如碰到农田水利设施、地下管线等一切公用设施与构造物，要采取一切恰当措施加以保护。

（2）在靠近公用设施的开挖作业前，要通知有关部门，并邀请有关部门代表在施工时到场，将上述通知与邀请的副本提交监理工程师备查。

（3）由各工区副经理、协调副经理、专职环保员、施工队负责人及各工区环境监测员负责监督实施。

10.2.8　施工水土保持措施

（1）合理安排施工用地，对施工场地范围内的树木进行移植，保护施工场地和临时设施附近的植被。临时用地范围内的裸露地表采用植草或种树进行绿化或者绿网覆盖。及早施作防护工程、排水工程和裸露地表的植被覆盖和绿网覆盖，防止水土流失。

（2）临时工程设施修建不切割、阻挡地表径流的排泄，不允许在临时工程附近形成新的积水洼地或负地形。对施工人员加强保护自然资源的教育，在合同施工期内严禁随意砍伐树木。

（3）临时用地不再使用时，要根据业主及监理工程师的指令及时进行复耕、绿化。

（4）借土要依据业主及监理工程师的指令到指定的场合取土，尽量不占耕地。当必须从耕地取土时，要将表层种植土集中成堆保留，并在工程交工前做好还地工作。

（5）对所有参加施工的人员进行加强保护自然资源教育。

（6）路基站场土石方工程尽量安排在非雨期施工；开挖或填筑的路基土质边坡应及时支护或采取植物防护措施，防止雨水冲刷造成水土流失。

（7）施工废水必须经沉淀处理，达标后排放。施工废渣和建筑垃圾按设计和建设单位要求堆放和运输至指定位置，并采取防护工程措施。杜绝随意排放和倾倒。

（8）加强施工机械管理，注重日常保养，按照要求进行操作。防止油品存放和机械在使用、维修、停放时油料泄漏、渗漏，污染水体。

（9）桥梁基础施工过程中的泥浆、余土及废弃物等，严禁直接排入河中或遗弃于河床，应在工程完工时进行清理，集中置于弃土场。

（10）施工完成后及时清除临时工程和设施及建筑垃圾，对取、弃土场进行植物防护，以免水土流失。

（11）施工场地和道路硬化处理，周边和两侧设排水沟，防止排水引起水土流失。

（12）由各工区副经理、协调副经理、专职环保员、施工队负责人及各工区环境监测员负责监督实施。

10.2.9　临时工程的应用及恢复

1）临时工程环保措施

（1）临时工程必须按照设计统一规划、业主要求和施工环保的要求实施。严格在设计核准的用地界限和工程监理批准的临时用地范围内开展施工作业活动，绝不随意开挖、碾压界外土地。

（2）临时工程设施（如混凝土拌合站、生活与生产房屋、钢筋加工场地等）选址在地表植被稀少、易于恢复的地方；确有困难时，需经有关部门批准后修建。施工现场生产区和生活区种植树木花草进行绿化，美化施工环境。临时用地使用完后，恢复至原有的地形地貌或比原有更改善的状况。

（3）合理布置施工便道，尽量减少施工便道数量，不在便道两侧就近取土。施工用地合理选择在一定的距离范围内。

（4）由各工区副经理、协调副经理、专职环保员、施工队负责人及各工区环境监测员负责监督实施。

2）取土场、弃土场的环境保护

对取、弃土场的施工，必须实施严格的环保措施，其措施可以通过以下几个方面实施。首先，在施工筹备阶段，必须对全线设计的取、弃土场进行实地踏勘，做到心中有数，才可能提出切实有效的掌握措施；其次，取、弃土场，除了实地调研外，提出环保措施，经环保、水保领导小组确认计划可行后，方可征地；再次是有针对性采取一些环保措施，并落实到位；最后由各工区副经理、协调经理、总工和安全总监监督实施。

（1）取土场的环保措施

所有取土场特别是经济林地，必须严格控制征地范围，要求还耕的，必须严格按设计掌握取土深度，地表作物扫除时不能烧荒，以防山火。耕植土的清表应堆在用地边界，以备还耕之用。山坡取土场，开挖边坡应考虑与自然边坡雷同，以保证开挖后的边坡稳固以及与自然环境的和谐一致。取土场用完后，应平整场地，修整边坡，植上草皮或花草、树木，以免水土流失，从而达到环境保护的目标。

（2）弃土场的环保措施

荒地上弃土，弃土不宜堆积过高，一般3m左右，并修成规矩的平面和立面。冲沟和洼地弃土，必须考虑转变地表径流，并尽量避免因弃土而形成上游大面积汇水，弃土坡脚或全部边坡必须用浆砌片石护脚。弃土堆积高度不大的，亦可用编织袋装土后堆砌护脚。无论在什么位置设置弃土场，弃土完工后，必须修整边坡和顶面，再在其上植草皮或栽种花木。

3）线外临时工程用地的环保

（1）拌合站、钢筋场的环保办法

合同段拌合站、钢筋场、磅房等基础选择在红线以内，对此项目部专门制订了相应的环保计划，并由工区环境监测员监督实施。

①各种材料堆放必须规范、有序，特别是砂、石及水泥，这些材料都是车辆运输及用人工或机械装卸的。禁止形成乱弃、乱堆的局势，从而给周边环境带来污染。

②施工完毕后的场地必须平整绿化，预制场一般为临时用地，所以工后必定要恢复至工前自然状态。

（2）临时便道的环保措施

为保证工程建设的需要，合同段修建了临时便道用于原材料及机械设备的进出场应用，为尽量避免施工对周边路面造成污染，项目部将采用以下办法，并由项目部专职环保员及各工区监测员监督实施，见图10.2-1。

①全线便道拉通后，施工车辆及施工机械设备尽量在施工路线内通行，减少直接污染。

②如土石方调配须跨其他途径，施工期间，拟组织水车1台及工人5名专门洒水、减少扬尘。

③土石方施工现场，便道上为防止尘土飞扬，配备洒水车洒水，减少对居民区、农田的污染。

④施工便道注意设置过水涵管，临时占地注意不堵塞原有河沟，以保证雨期施工时地面水的消除。

⑤工程完工后临时便道等可以作为永久工程持续供当地群众使用的，对其进行修整后持续使用；不能应用的部分进行拆除，恢复至工前自然状况。

图 10.2-1　措施控制图

4）其他临时工程的环保措施

在施工中的临时占地，应将原有的地表有肥力土壤推至一旁，待施工完毕后，再将这些熟土推至恢复原有表层，以利于今后耕种。依据当地的自然情况，对袒露地除笼罩外，还应采用种植合适地域的常绿植物等美化措施，使公路建设造成的地表袒露面尽可能恢复植被。由环保、水保领导小组副组长，项目部专职环保员负责，各工区监测员进行现场监督。现场情况见图 10.2-2。

图 10.2-2 现场情况图

第 11 章

攻坚克难利器——管廊创新技术总结

在城市化进程不断加速的今天，地下管廊作为城市"生命线"的重要组成部分，其建设与维护面临着前所未有的挑战。如何确保管廊的安全运行，提高施工效率，降低环境影响，成为摆在我们面前的一道难题。为了克服这些难题，不断研发、试验并优化了一系列创新技术，旨在实现管廊建设的绿色化、智能化和高效化。我们深入探索并总结了管廊创新技术，以期为行业的进步与发展提供一把攻坚克难的利器。我们相信，随着这些创新技术的不断推广和应用，管廊建设将迎来更加美好的未来。以下是关于该工程的风险控制与BIM技术在超前地质预报与预警管理方面的应用。

11.1 风险控制与 BIM 技术

（1）使用BIM技术可以将多个专业的设计信息整合到一个三维模型中，实现设计的协调和冲突检测。通过在早期阶段识别并解决潜在的设计问题，可以减少后期施工中的变更和风险。

（2）基于BIM模型，可以进行施工过程的模拟与优化，考虑不同的施工序列和方法，以减少施工风险。模拟可以帮助预测可能的问题，并制定相应的风险应对策略。

（3）结合传感器和监测系统，可以实现对施工现场的实时监控。监测数据可以与BIM模型集成，帮助及早发现施工过程中的问题，预防潜在风险。

（4）使用BIM平台，工程团队可以共享实时数据、设计文件和施工进度，促进各方之间的合作与沟通。这有助于快速响应变化，并共同应对风险。

11.2 超前地质预报与预警管理

（1）在张家口冬奥管廊工程开始前，进行详细的地质勘察，采集地质信息。这些数据可以用于建立地质模型，预测潜在的地质问题。

（2）将地质信息与 BIM 模型集成，实现地下与地上环境的统一建模。这有助于更准确地预测地质变化对工程的影响。

（3）在施工过程中，设置地质监测点和传感器，实时监测地质情况。一旦监测数据异常，预警系统可以及时通知工程团队，采取必要的措施。

（4）基于超前地质预报和实时监测数据，工程团队可以制定应急响应计划，并在需要时调整施工方法和时间表，以应对地质风险。

（5）通过对地质预报和预警管理过程的数据进行分析，可以不断改进预测模型和应对策略，提高项目风险管理的能力。

为保障冬奥会延庆赛区综合管廊顺利建设，针对项目特征和工程建设管理的实际需求，搭建了管廊土建、造雪用水、生活用水、再生水、电力、电信及有线电视等全专业 BIM 模型，并搭建了以 BIM 模型为核心的施工管理平台，定期组织召开施工进度例会，通过信息指挥中心实时数据统计和分析，统筹各施工标段，对土建、设备、水务和电信进度进行统一监管，进行实际与计划情况分析比较。根据实际施工进度，及时调整施工计划，随时掌握关键线路的变化情况，严格控制节点目标，实现入廊建设单位间信息共享、各专业建设工作的无缝对接，确保工程数据的有效整合，提高工程管理效率，为冬奥会综合管廊工程施工提供科学、有效的管理手段。

11.3 智慧管理可视化平台

在模型应用方面，我们在施工前期进行了碰撞检测和管线综合，提早发现设计问题，减少变更。施工阶段基于 BIM 模型在关键部位进行施工作业指导和交底，同时针对管线和设备模型进行编码和数据录入。

利用 BIM 和 GIS 技术进行宏观和微观的进度管控，每日在平台中对计划和实际工程量数据进行收集和分析，按照支洞进行分段划分，统筹土建、设备、水务、电力、电信各专业的交叉作业以及支洞占用安排。

在平台的首页上可以看到各个专业汇总的进度情况，此外针对每个专业按照主要工序进行了分解，可以直观地看到当前工序进度情况，是否延迟，与计划工程量的差距。同时将支洞的占用情况在页面中进行公示，确保各专业交叉作业的合理安排。在物联网方面，对接了实时的视频监控数据和环境监测数据，与现场施工管理进行配合。

在每个专业的分页面可以查看具体的详细数据。当发现某工序出现延迟时，可以通过计划进度和实际进度的对比曲线去分析产生延迟的时间点和差距大小，结合进度说明对下一步的工作任务进行调整。同时，也可以通过影响进度与进度曲线配合使用，快速定位进度延迟的部位。

施工阶段结束后，BIM 模型数据以及施工过程中产生的数据可以无缝对接到运维阶段，为管廊的智慧运维打下坚实的数据基础。

飞起玉龙三百万

搅得周天寒彻

运维管理体系

在古老的神话传说中，玉龙飞天携带着天地间的力量，搅动周天使得世间万物感受到一种深邃而冷冽的气息。而在现代社会的舞台上，也有一股无形的力量，它虽不如玉龙那般腾云驾雾，却以其坚实的根基和精细的脉络默默地支撑着庞大而复杂的系统，保障着每一次重大活动的顺利进行。这便是我们今天要探讨的主题——运维管理体系。当我们谈及奥运会这样的国际盛会，首先浮现在脑海中的往往是那些激动人心的比赛瞬间、璀璨的奖牌和为国争光的运动员。然而，在这背后却有一个鲜为人知的英雄群体——运维人员。他们如同那些默默奉献的玉龙，用自己的专业知识和精湛技能，构建起了一个坚不可摧的保障体系，确保奥运会的顺利进行。本篇将带您走进这个神秘而重要的世界，一窥运维管理体系如何为奥运会保驾护航。我们将从体系建设的背景、目标、结构、运行机制等方面入手，深入探讨其内在的逻辑和规律。同时，也将结合具体案例，分析运维管理体系在奥运会中的实际应用和效果，让读者更加直观地感受到其重要性和价值。

— 第 12 章 —

入廊管线安装

12.1 管廊安装原则

1）精品工程管理

在项目的实施过程中采用比施工规范要求更高的技术标准和质量标准，对质量、工期、安全生产、文明施工、交通组织及环境保护各个环节的管理更加规范和严格。我们强调过程控制和可追溯性、强调工艺和质量记录、通过贯彻执行 ISO9001 质量体系标准，积极推广使用四新技术，进一步强化质量管理，确保精品工程的实现。

2）安全第一

在进行施工组织设计编制时，始终按照技术可靠、措施得力、确保安全的原则确定施工方案。施工全过程中，充分考虑各种安全因素，保证安全措施落实到位，确保在万无一失的前提下组织本工程施工。

3）确保畅通

在充分考虑本工程的特点、重点及施工难点的基础上，采用成熟、可靠、先进、有效的施工方法，确保现况交通安全，尽量减少对交通的干扰。

4）方案优化

本工程管理的行动指南是通过采用新技术、新工艺来提高工程质量，同时降低施工成本。并且科学组织和合理安排施工，对施工方案进行优化。在施工组织设计编制中，针对关键工序进行多种施工方案的比选，确保在技术可行的前提下，择优选用最佳方案。

5）科学配置

充分发挥企业技术实力、施工机械设备、人员配套能力及项目管理的优势。根据本合同段的工程量大小及各项管理目标的要求，在施工组织中实行科学配置策略。选派对该类工程有丰富施工经验的管理人员和专业化施工队伍，投入高效先进的施工设备。在工程启动阶段，先期投入启动资金，并在施工运作中，计量支付款项，专款专项，确保整个施工阶段有充分的资金周转和使用。

6）布局合理

从节省临时占地、减少植被破坏、做好环境保护、认真实施文明施工等多角度出发，合理安排生产及生活场地，优化项目经理部平面布置。并在工程完工后，及时平整场地、恢复地貌和植被。

12.2　施工前期全方位准备工作

1）施工现场生产准备

在现场生产准备期内，重点完成进场项目部的搭建、临时水源、临时电源、交通便道、人员、机械设备、工程材料准备及进场计划。同时进行图纸会审、设计交底、测量交桩及基准点复核。完成上述工作后及时提交申请报告，等待监理工程师审批。

2）工程其他配合工作

根据现场情况调查，本工程为交叉施工作业，管廊土建施工单位等会影响管线的施工。由于本工程工期紧，故采取见缝插针的原则，设置专业的安全防护措施，并有专职安全员和技术员、工长负责安全、质量、进度，高效解决影响施工进度的障碍。以安全质量为重，重点突破，积极促进工程全面开工，以重点带全局，促进工作的顺利进行。

3）施工现场技术准备

施工前要了解和研究本标段设计文件并进行现场核实。项目部要组织有关人员学习设计文件、监理程序及其他有关资料，使施工人员理解设计意图，熟悉设计图纸的具体内容，以便对设计文件和图纸进行现场校对。及时编写技术、质量、安全等交底材料，在施工前进行书面交底把责任落实到个人。技术交底采取双层三级制，即技术负责人组织各分项技术员向班组长和质检员交底，班组长和质检员接受交底后要认真反复复核，并让班组长组织工人仔细学习，认真执行。

（1）内业工作主要内容包括：

①申报施工图纸，编写审核报告；

②临时工程设计与施工；

③编制实施性施工组织设计及专项施工方案；

④编制施工工艺标准和保证措施；

⑤制定技术管理办法和实施细则；

⑥进行岗前技术培训。

（2）外业工作主要内容包括：

①现场详细调查定位与放线；

②现场交接桩与复测；

③料源合格性测试分析；

④水泥混凝土配合比的设计与试验；

⑤测试仪器计量标定；

⑥布设导线点、水准点及测量放样。

技术准备按时间进程分前、中、后三个阶段，前期是基础，中期是强化，后期是完善。需要做到项目齐全、标准正确、内容完善、计划超前、交底及时、重在落实。

4）设备配备及调转

根据本工程的工程数量和特点，在准备期内，要完成主要施工机械进场计划，确定机械和作业时间、数量并完成对机械设备的预检维修，保证设备的正确使用和完好率。

针对工程特点，配备了充足的工程机械、测量和试验设备。设备动员周期一般为 5d，后续工程所需设备须在该工序开工前 1 周到场。

5）材料准备

针对本标段的施工内容及图纸和相关文件、补遗文件的内容，在开工前要对设备、钢管、套管、镇墩、支撑、支墩、钢筋、抱箍等材料进行详细计算，提出详细的计划，并严格执行验收与检验。

6）设备、人员和材料运至现场的方法

调转的人员，设备、钢管、套管、镇墩、支撑、支墩、钢筋、抱箍，钢筋、混凝土等均采用汽车运输到施工现场；管材采用专业管道运输车运至施工现场。

12.3 施工方案及技术措施

12.3.1 施工工艺流程

入廊管线施工工艺流程：钢管进厂验收—测量放线—支墩镇墩植筋—支墩镇墩钢筋绑扎—支墩镇墩混凝土浇筑—钢管拉运布管—管道焊接—焊口检验—防腐处理—压力试验—补口补伤—验收。

12.3.2 管道镇墩支墩施工方案

廊道内管道标准段镇墩布置间距为 100m 一处，两相邻镇墩间每隔 6m 设置一处支墩，顺水流方向镇墩下游第一跨布置双法兰限位伸缩接头，设有伸缩接头的一跨间距不大于 5m。廊内管道镇墩支墩布置应避开管廊主体结构缝及侧墙排水孔位置，如有冲突应适当调整支墩位置或适当加密布置，并通知设计单位，由设计单位确认后方可实施。

镇墩支墩工程施工技术要点：模板安装、混凝土工程的实施，施工的技术控制措施。镇支墩平面布置见图 12.3-1。

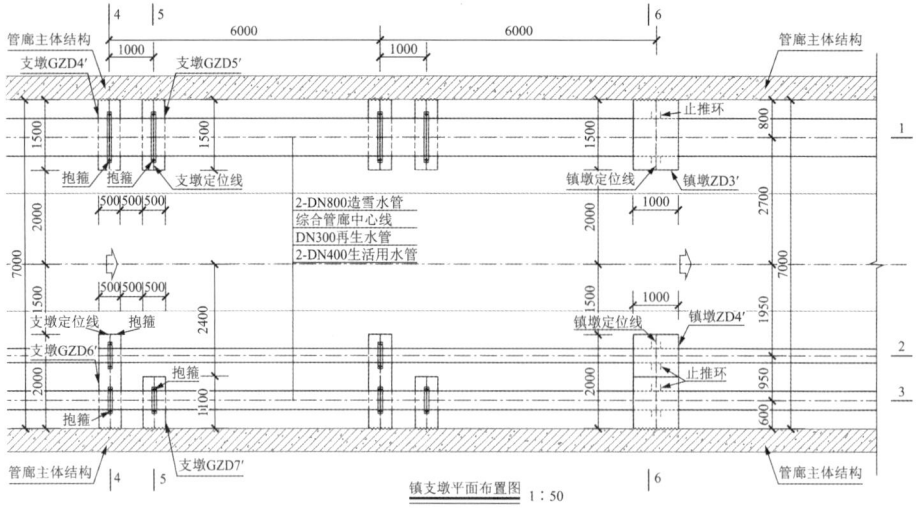

图 12.3-1　镇支墩平面布置图

镇支墩剖面图见图 12.3-2～图 12.3-4。

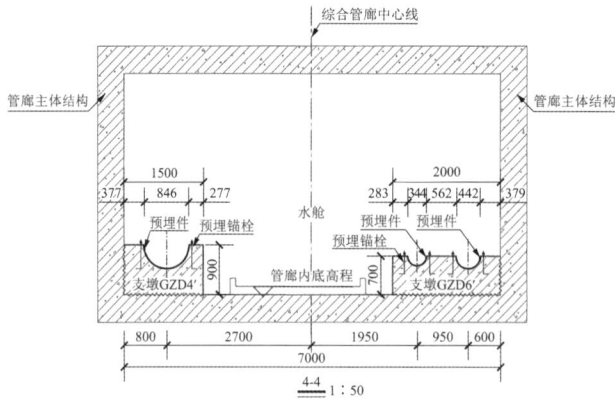

图 12.3-2　镇支墩剖面图（一）

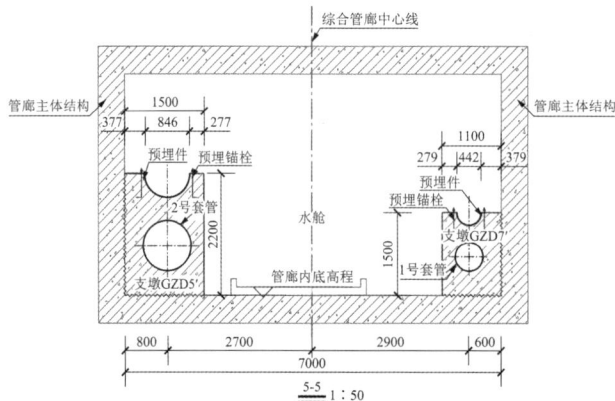

图 12.3-3　镇支墩剖面图（二）

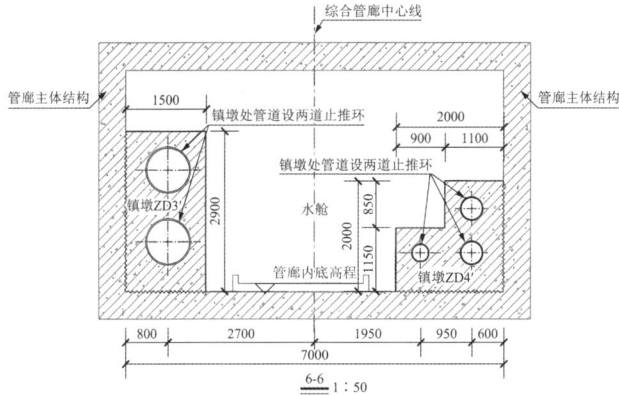

图 12.3-4 镇支墩剖面图（三）

1）施工准备

（1）作业条件

①管廊土建工程验收完毕，办理好作业面交接手续。

②有混凝土配合比通知单、准备好试验用工器具。

（2）材料要求

①镇墩及支墩结构混凝土为 C30W6F250，回填混凝土强度等级为 C20。

②水泥：水泥品种、强度等级应根据设计要求确定，质量符合现行标准要求。

③砂、石子：根据结构尺寸、钢筋密度、混凝土施工工艺、混凝土强度等级的要求确定石子粒径、砂子细度。砂、石质量符合现行标准要求。

④水：自来水或不含有害物质的洁净水。

⑤外加剂：根据施工组织设计要求，确定是否采用外加剂。外加剂必须经试验合格后，方可在工程上使用。

⑥掺和料：根据施工组织设计要求，确定是否采用掺和料，质量符合现行标准要求。

⑦钢筋：钢筋的级别、规格必须符合设计要求，质量符合现行标准要求。钢筋表面应保持清洁，无锈蚀和油污。

⑧脱模剂：水质隔离剂。

（3）施工机具

轮式挖掘机、料斗、三轮车、手推车、翻斗车、铁锹、振捣棒、刮杆、木抹子、溜槽、钢筋加工机械等。

2）工艺流程

基础面处理→植筋→钢筋绑扎→预埋件安装→支模板→清理→商品混凝土浇筑→混凝土振捣→混凝土找平→混凝土养护→模板拆除。

（1）操作工艺

①基础面处理

管廊验收完成后，清除表层浮土，不留积水，表面弹线，凿毛要轻微细致，深度控制在 10mm 即可以达到要求效果，同时把混凝土表面浮浆及松软层全部剔除掉，大部分露出粗骨料，直到骨料外露 75% 即可。

②植筋

施工现场植入钢筋直径为 18mm 的带肋钢，植筋的孔径为 22mm，植筋钻孔深度为 350mm。每个镇墩植筋 44 根，支墩植筋 16 根，植筋胶采用 A 级胶。

植筋施工过程：钻孔→清孔→填胶粘剂→植筋→凝胶。

a. 钻孔使用配套冲击电钻。钻孔时，孔洞间距与孔洞深度应满足技术指标要求。

b. 清孔时，先用吹气泵清除孔洞内粉尘等，再用清孔刷清孔，要经多次吹刷完成。同时，不能用水冲洗，以免残留在孔中的水分削弱黏合剂的作用。

c. 使用植筋注射器从孔底向外均匀地把适量胶粘剂填注孔内，注意勿将空气封入孔内。

d. 按顺时针方向把钢筋平行于孔洞走向轻轻植入孔中，直至插入孔底，胶粘剂溢出。

e. 将钢筋外露端固定在模架上，使其不受外力作用，直至凝结，并派专人现场保护。凝胶的化学反应时间一般为 15min，固化时间一般为 1h。

③钢筋绑扎

植筋拉拔试验合格后进行钢筋绑扎，钢筋绑扎不允许漏扣，柱插筋弯钩部分必须与底板筋呈 45° 绑扎，连接点处必须全部绑扎，距底板 5cm 处绑扎第一个箍筋，距基础顶 5cm 处绑扎最后一道箍筋，作为标高控制筋及定位筋，柱插筋最上部再绑扎一道定位筋，上下箍筋及定位箍筋绑扎完成后将柱插筋调整到位并用井字木架临时固定，然后绑扎剩余箍筋，保证柱插筋不变形走样，两道定位筋在基础混凝土浇筑完成后，必须进行更换。

钢筋绑扎好后底面及侧面搁置保护层垫块，厚度为设计保护层厚度，垫块间距不得大于 100mm（视设计钢筋直径确定），以防出现露筋的质量通病。

注意对钢筋的成品保护，不得任意碰撞钢筋，造成钢筋移位。

④预埋件安装

1 号套管采用 DN500 钢管，外径为 530m，壁厚 $t = 10m$，套管中心长度 $L = 500m$；2 号套管采用 DN900 钢管，外径为 920m，壁厚 $t = 10m$，套管中心长度 $L = 500m$ 套管两端管口垂直；3 号套管采用 DN500 钢管，外径为 530m，壁厚 $t = 10m$，套管中心长度 $L = 540mm$；4 号套管采用 DN900 钢管，外径为 920m，壁厚 $t = 10m$，套管中心长度 $L = 560mm$；套管一端管口垂直，另一端管口切斜面；套管内防腐采用环氧富锌底漆 40μm，环氧云铁中间漆 100μm，普通调合漆面层 100μm；套管外防腐采用环氧漆防腐涂层，其中环氧富锌底漆 2 道，干膜厚度均为 40μm ± 5μm；环氧云铁中间漆 2 道，干膜厚度均为 40μm ± 5μm。

⑤模板

钢筋绑扎及相关专业施工完成后立即进行模板安装，模板采用小钢模或木模，利用架子管或木方加固。利用螺栓与底板钢筋拉紧，防止上浮。模板上部设透气及振捣孔，坡度 ≤30° 时，利用钢丝网（间距 30cm）防止混凝土下坠，上口设井字木控制钢筋位置。不得用重物冲击模板，不准在吊帮的模板上搭设脚手架，保证模板的牢固和严密。

⑥清理

清除模板内的木屑、泥土等杂物，木模浇水湿润，堵严板缝及孔洞。

⑦混凝土浇筑

混凝土浇筑应分层连续进行，间歇时间不超过混凝土初凝时间（2h），为保证钢筋位置正确，先浇一层 5～10cm 厚混凝土固定钢筋。台阶形基础每一台阶高度整体浇捣，每浇完一台阶停顿 0.5h 待其下沉，再浇上一层。分层下料，每层厚度为插入式振捣棒的有效振动长度。防止由于下料过厚、振捣不实、漏振、吊帮的根部砂浆涌出等造成蜂窝、麻面或孔洞。浇筑混凝土时，经常观察模板、支架、钢筋、螺栓、预留孔洞和管线有无走动情况，一经发现有变形、走动或位移时，立即停止浇筑，并及时修整和加固模板，然后再继续浇筑。

⑧混凝土振捣

采用插入式振捣器，插入的间距不大于振捣器作用部分长度的 1.25 倍。上层振捣棒插入下层 3～5cm。尽量避免碰撞预埋件、预埋螺栓，防止预埋件移位。

⑨混凝土找平

混凝土浇筑后，表面比较大的混凝土使用平板振捣器振一遍，然后用刮杆刮平，再用木抹子搓平。收面前必须校核混凝土表面标高，不符合要求处立即整改。

⑩混凝土养护

已浇筑完的混凝土，应在 12h 左右覆盖和浇水。一般常温养护不得少于 7d，特种混凝土养护不得少于 14d。养护设专人检查落实，防止由于养护不及时，造成混凝土表面裂缝。

⑪模板拆除

侧面模板在混凝土强度达标后方可拆模，拆模前设专人检查混凝土强度，拆除时采用撬棍从一侧顺序拆除，以免造成混凝土棱角破坏。

12.3.3　管道施工方案

钢管制作材料为 Q345D 级钢，止推环材料采用 Q345D 级钢。DN800 造雪（水）管线内径为 800mn，壁厚 16m。DN400 生活用水管线内径为 400m，壁厚 16m。DN300 再生水排放管线内径为 300m，壁厚 12m。DN800 造雪（水）管线（一级泵站～二级泵站）工作压力 2.1MPa，设计压力 4.0MPa，试验压力 4.5MPa。DN800 造雪（水）管线（二级泵站～末端塘坝）工作压力 3.3MPa，设计压力 5.0MPa，试验压力 5.5MPa。DN400 集中供水管线工作压力 5.0MPa，设计压力 8.0MPa，试验压力 8.5MPa。钢管进场后报监理验收合格后方可施工。

1）管道装、卸车

（1）管道装车

现场存放防腐管底部用截面为 200mm×200mm 的枕木垫起，枕木间距为 4～5m，防腐管底部应垫上草袋，防止防腐层损坏，严禁用砖石等硬物。

料场至管廊的管道运输（管道两头管内用小木方十字撑撑在管内，预防管道运输过程中管道变形），起重机向运输车上装管道，采用 70 拖拉机作为管道运输的牵引车，运管车辆采用运管专用车。管道固定在运管专用车上面，使用吊链、吊装带（吊装带与管道之间使用胶皮保护管道，预防破坏防腐层）将管道和运管车辆绑紧牢固，70 拖拉机与运管专用车连接，使用牵引架连接，再用钢丝绳作保险绳把 70 拖拉机和运管专用车连接在一起，管道单根运输。为了保证运管人员和车辆安全，运管人员要跟在运管车辆两侧，不要坐在运管车上。管廊比较狭窄，管径较大需要单根运输，逐根摆放，预防对防腐层的破坏。见图 12.3-5。

一部分管道通过水舱运输，一部分管道从 1 号支洞、5 号支洞完成运输。

管道运送到料场，组织人员、起重机进行卸车，料场地面上摆放好方木，把管道逐根放到方木上，做好成品保护，防止卸车时把防腐层损坏。管道二次搬运时（管道两头使用小木方十字撑撑在管内，预防运输过程中管道变形），采用起重机将管道装在专业管道运输车上进行运输，使用吊链、吊装带（吊装带与管道之间使用胶皮保护管道，预防破坏防腐层）把管道固定在运输车上，管径较大需要单根运输，逐根摆放，预防对防腐层的破坏。

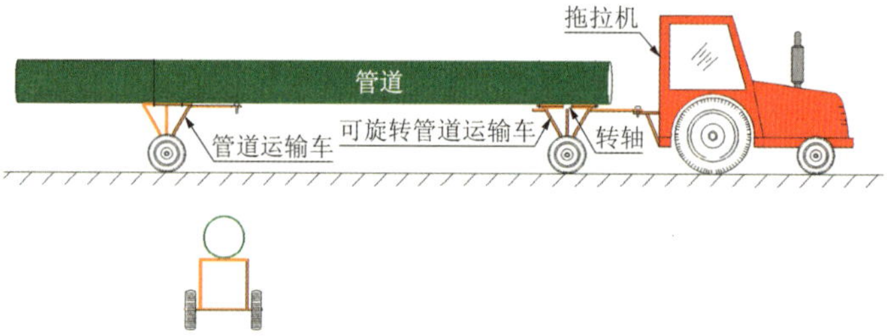

图 12.3-5　管道运输车示意图

（2）管道二次倒运卸车、管道挪移

管道运入管廊，要逐根排放在管廊边上，管道下面用方木垫好，防止管道滚动破坏防腐层。为了不影响交通，采取了边运输边把管道挪移到支墩上的方法，每根管道使用 3 台电动升降式地牛叉车（每台叉车的承载重量 3t），把管道挪移到临时支撑、支墩上或使用可移动式龙门架把管道挪移到临时支撑、支墩上（每个龙门架上配备 1 个 3t 电动吊链）。为了更好地保护管道防腐层，管道与吊装带以及其他物品接触的部位，全部采用胶皮做好保护，防止防腐层的破坏。

2）坡口加工

坡口加工采用坡口机或角磨机加工，坡口斜面及钝边端面不平度应不大于 0.5mm。坡口尺寸和角度应符合要求。

3）管道运输

（1）本项目在山地施工，需要采用山地管道运输工艺；

（2）管道运输到指定位置，先拆开保险绳，再拆开吊链进行卸车；

（3）管道卸完后，把运管车从管廊的 1 号、5 号支洞返回或从 1 号、5 号支洞口开出返回料场，派专人指挥运管车辆的进、出，防止碰到管廊及其他物品。

4）管道支墩上放管

（1）管道运到指定位置，向支墩上放管；

（2）自外而内开始放管，放管人员每 8 人一组，使用两台叉车加吊装带（吊装带与管道之间使用胶皮保护管道，预防破坏防腐层）先把管道慢慢升起来，放到管道挪移平台上，再用木杠把管道慢慢地移动到支墩上面，抱箍把管道固定牢固；

（3）管廊内比较狭窄，在管道支墩上摆放时无法使用起重机、装载机，只能使用两台叉车加吊装带、千斤顶、管道挪移平台，把管道挪移到支墩上。

5）管道焊接工艺

入廊管道焊接采用手工氩弧焊工艺。焊接工艺流程：管道运输→固定→坡口打磨→组对→焊接→焊缝检测→防腐施工→下一道工序。

（1）焊接材料

①焊丝应符合有关规定，对于入库时间长而有锈斑影响使用的应予报废。

②保护气体的种类和质量：采用纯度大于 99.99% 的纯氩。

③钨极的种类：采用钍钨极或铈钨电极，其端头的几何形状应根据电流的大小选择，采用小电流时，端头夹角为 30°。

④焊接设备：氩弧焊机。

⑤焊接辅助装备：安全防护用品、手锤、角向砂轮等。

⑥焊工资格：焊工必须经过技术质量监督局培训，并且取得相应的合格项目，方可从事相关焊接工作。

⑦焊接工作必须按照技术要求、技术标准进行。

⑧焊接环境：当风速大于 2m/s、相对湿度大于 90%、雨、雪环境、焊件温度低于 0℃ 时，均应采取相应的措施来保证焊接质量。当焊件温度在 −18～0℃ 之间时，应将始焊点周围 100mm 的母材预热到约 15℃ 再开始焊接，否则禁止施焊。

⑨焊接极性：直流正接即焊枪接负极，工件接正极。

⑩在操作过程中若有个人无法解决的问题，应立即与班组长、检验员或焊接工程师联系。

（2）焊前准备

①根据焊接位置、特征项目、接头形式和作业情况等选择合适的焊接辅助装置。

②去除坡口内、外 20mm 范围内的水、锈、油污等杂质。

③根据图纸、工艺要求核对坡口形式及角度、材质、坡口尺寸及装配质量。

④如需要标记移植，检查标记移植情况。

⑤检查所用设备是否完好。

⑥不锈钢管焊接的接头，内部应充氩保护，保护时，管子两头和管子四周的孔应该用美纹纸或铁板封住，以增强保护效果。

（3）应用范围

不同直径的钢管及耐热合金钢管一般采用钨极氩弧焊打底，手工电弧焊填充及盖面层焊接，小直径管可用手工钨极氩弧焊打底及盖面层焊接。

手工钨极氩弧焊打底的焊接工艺具有很多优越性，它不仅能充分保证母材根部的良好熔透，焊缝具有良好的成形，同时也可提高根部焊缝的塑性和韧性，减少焊接应力，从而可以避免产生根部裂纹，施焊中也不易出现未焊透、夹渣、气孔等缺陷。所以，已广泛用于一般重要设备，如承压管道、高压容器和高温高压锅炉中管子的焊接。

钨极氩弧焊焊接管子主要有两种形式：一种是水平钨极自动氩弧焊（管子转动），主要用于可转动的直管对接焊缝；另一种是全位置自动钨极氩弧焊（焊枪或机头围绕管子转动），主要用于焊接不可转动的弯管，这种焊接方法多采用程控脉冲电源。

（4）操作技术

①定位焊：装配定位焊接采用与正式焊接相同的焊丝和工艺。一般定位焊缝长 10～15mm，余高 2～3mm。直径 60mm 以下管子，定位点固 1 处；直径 76～159mm 管子，定位点固 2～3 处；直径 159mm 以上管子，定位点固 4 处。定位焊应保证焊透，不得存在缺陷。定位焊两端应加工成斜坡形，以利接头。

②引弧：可采用短路接触法引弧，即钨极在引弧板上轻轻接触一下并随即抬起 2mm 左右即可引燃电弧。使用普通氩弧焊机，只要将钨极对准待焊部位（保持 3～5mm），即刻发生高频电流引起放电火花引燃电弧。

③填丝施焊：电弧引燃后加热待焊部位，待熔池形成后随即适量多加焊丝加厚焊缝，然后转入正常焊接。焊枪与工件间保持后倾角 75°～80°，填充焊丝与工件倾角 150°～200°，一般焊丝倾角越小越好，倾角大容易扰乱氩气保护。填丝动作要轻、稳，以防扰乱氩气保护，不能像气焊那样在熔池中搅拌，应一滴一滴地缓慢送入熔池，或者将焊丝端头浸入熔池中不断填入并向前移动。视装配间隙大小，焊丝与焊枪可同步缓慢地稍做横向摆动以增加焊缝宽度。防止焊丝与钨极接触、碰撞，否则将加剧钨极烧损并引起夹钨。

焊丝端头不能脱离保护区，打底焊应一次连续完成，避免停弧以减少接头。焊接时发现有缺陷，如加渣、气孔等应将缺陷清除，应采用重复熔化的方法来消除缺陷。

第二层以后各层的焊接，如采用手工电弧焊应注意防止打底焊缝过烧。焊条直径不应大于 3.2mm，并控制线能量。采用氩弧焊应将层间接头错开，并严格掌握、控制层间温度。

④收弧：焊缝结尾收弧时，应填满熔池，使电流逐渐减小后熄灭电弧。收弧时可减慢焊接速度，增加焊丝填充量填满熔池，随后电弧移至坡口边缘快速熄灭。电弧熄灭后，焊枪喷嘴仍要对准熔池，以延续氩气保护，防止氧化。

（5）焊接

①焊接电源

手工钨极氩弧焊应采用直流电源，正极性接法。

正接：焊件接电源正极，焊条接电源负极的接线方法。

反接：焊件接电源负极，焊条接电源正极的接线方法。

极性选择原则：碱性焊条常采用直流反接，否则电弧燃烧不稳定，飞溅严重，噪声大；酸性焊条使用直流电源时通常采用直流正接。

②电源种类和极性见表 12.3-1。

电源种类和极性的选择   表 12.3-1

基本金属	电源种类和极性	
	直流正接	直流反接
碳钢	推荐	不用
合金钢	不用	推荐
不锈钢	推荐	不用

③焊接电流的选择

选择焊接电流时，要考虑的因素很多，如：焊条直径、药皮类型、工件厚度、接头类型、焊接位置、焊道层次等。但主要由焊条直径、焊接位置、焊道层次来决定。

焊条直径与焊接电流关系见表 12.3-2。

焊条直径越粗，焊接电流越大。

焊条直径与焊接电流关系   表 12.3-2

焊条直径（mm）	1.6	2.0	2.5	3.2	4.0
焊接电流（A）	25～45	40～65	50～80	100～130	160～210

④焊接位置；平焊位置时，可选择偏大一些焊接电流。横、立、仰焊位置时，焊接电流应比平焊位置小 10%～20%。角焊电流比平焊电流稍大一些。

⑤焊道层次

打底及单面焊双面成形，使用的电流要小一些。

碱性焊条选用的焊接电流比酸性焊条小 10% 左右，不锈钢焊条比碳钢焊条选用的焊接电流小。总之，电流过大过小都易产生焊接缺陷。电流过大时，焊条易发红，使药皮变质，而且易造成咬边、弧坑等缺陷，同时还会使焊缝过热，促使晶粒粗大。

⑥电弧电压

电弧电压主要决定于弧长。电弧长，则电弧电压高；反之，则低。在焊接过程中，一般希望弧长始终保持一致，而且尽可能用短弧焊接。所谓短弧是指弧长是焊条直径的 0.5～1.0 倍，超过这个限度即为长弧。

⑦焊接速度

在保证焊缝所要求尺寸和质量的前提下，由操作者灵活掌握。速度过慢，热影响区加宽，晶粒粗大，变形也大；速度过快，易造成未焊透，未熔合，焊缝成形不良好等缺陷。

⑧速度以及电压与焊工的运条习惯有关不用强制要求，但是根据经验公式，可知当电流小于 600A 时，电压取 $20 + 0.04I$；当电流大于 600A 时，电压取 44V。

焊接电流主要根据工件的厚度和空间位置来选择，过大或过小的焊接电流都会使焊缝成形不良或产生焊接缺陷。所以，必须在不同钨极直径允许的焊接电流范围内，正确地选择焊接电流，见表 12.3-3。

钨极尖端形状和电流范围

表 12.3-3

钨极直径（mm）	尖端直径（mm）	尖端角度（°）	直流正接	
			恒定直流（A）	脉冲电流（A）
2.5	0.8	35	70～90	80～180
2.5	1.1	45	90～150	120～250

⑨电弧电压

电弧电压由弧长决定，电压增大时，熔宽稍增大，熔深减小。通过焊接电流和电弧电压的配合，可以控制焊缝形状。当电弧电压过高时，易产生未焊透区域并使氩气保护效果变差。因此，应在电弧不短路的情况下，尽量减小电弧长度。钨极氩弧焊的电弧电压选用范围一般是 10～24V。

⑩氩气流量

为了可靠地保护焊接区不受空气的影响，必须有足够流量的保护气体。氩气流量越大，保护层抵抗流动空气影响的能力越强。但流量过大时，不仅浪费氩气，还可能使保护气流形成紊流，将空气卷入保护区，反而降低保护效果。所以氩气流量要选择恰当，一般气体流量可按下列经验公式确定：

$$Q = (0.8 - 1.2)D \tag{12.3-1}$$

式中：Q——氩气流量（L/mm）；

    D——喷嘴直径（mm）。

焊接不同的金属，对氩气的纯度要求不同。例如焊接耐热钢、不锈钢氩气纯度应大于 99.70%；焊接钛及其合金，要求氩气纯度大于 99.98%。工业用氩气的纯度可达 99.99%。

（6）焊接速度

焊接速度加快时，氩气流量要相应加大。焊接速度过快，由于空气阻力对保护气流的影响，保护层可能偏离钨极和熔池，从而使保护效果变差。同时，焊接速度还显著地影响焊缝成形。因此，应选择合适的焊接速度。

（7）喷嘴直径

增大喷嘴直径的同时，应增大气体流量，此时保护区大，保护效果好。但喷嘴过大时，不仅使氩气的消耗量增加，还可能使焊炬接触不到焊接点，或妨碍焊工视线，不便于观察操作。故一般钨极氩弧焊喷嘴以 5～14 mm 为佳。

另外，喷嘴直径也可按经验公式选择：

$$D = (2.5 - 3.5)d \tag{12.3-2}$$

式中：D——喷嘴直径（一般指内径）（mm）；

    d——钨极直径（mm）。

（8）喷嘴至焊件的距离

这里指的是喷嘴端面和焊件间的距离，这个距离越小，保护效果越好。所以，喷嘴距焊件间的距离应尽量小些，但过小使操作、观察不便。因此，通常取喷嘴至焊件间的距离为 5～15mm。

（9）钨极伸出长度

钨极伸出长度系钨极端头伸出喷嘴端面的距离。伸出长度小，喷嘴与工件距离近则保护效果好。但过近影响视线，妨碍操作。总之，手工钨极氩弧焊的喷嘴直径一般为 5～20mm；氩气流量 3～25L/min；焊接对接焊缝时，钨极伸出长度为 3～6mm；焊角焊缝时，钨极伸出长度为 7～8mm 较好。喷嘴与工件距离 5～12mm。

（10）附加设备

①供气系统，包括氩弧气瓶、减压器、流量计、输送氩气胶管等。

②供电系统，包括焊接电缆、钨极、焊枪等。

陶瓷喷嘴一般采用直径 8～12mm 为宜，钨极选用铈钨极并磨成如图 12.3-6 所示。

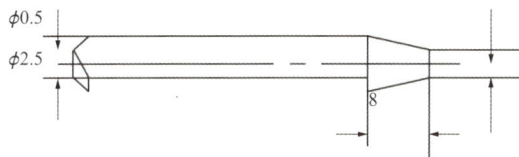

图 12.3-6　陶瓷喷嘴尺寸图

钨极端部应磨成 $\phi0.5$mm，锥度 8mm，这样电弧比较稳定、集中、不易产生漂移。使用中，钨极伸出喷嘴长度为 6～8mm。

③主要工具为角向砂轮及砂轮片等。

（11）氩气焊丝和焊条

①氩气的纯度将直接影响焊缝质量，焊接用氩气的纯度应大于或等于 99.9%，并有合格证标签。

②试件装配点固焊及打底焊，可选用直径 2.5mm 的焊丝，焊丝的质量应符合国家标准规定，应有制造厂的质量保证书。

③焊丝使用前，需严格清除表面的油污、锈蚀等，并用丙酮清洗擦干。

④常用钢号、焊接材料选用见表 12.3-4。

焊丝牌号的选择		表 12.3-4
钢号	氩弧焊打底焊丝	填充盖面层焊条
Q345D	ER50-6	J507
Q235	ER50-6	J422

（12）焊接工艺

①焊接规范参数

电源种类、焊接电流、钨极直径、填充焊丝直径、喷嘴直径、氩气流量。

②钨极伸出长度、电弧长度、焊接速度、各规格参数见表12.3-5。

各规格参数　　　　　　　表 12.3-5

焊丝直径（mm）	焊接电流（A）	电源种类	钨极直径（mm）	喷嘴直径（mm）	钨极伸出度（mm）	氩气流量（h/mm）	电弧长度（mm）
2.5	80～110	直流反接	2.5～3	8～12	6～8	8～10	2.5～5

③V 形坡口水平焊位置手工钨极氩弧焊工艺参数见表12.3-6。

手工钨极氩弧焊工艺参数　　　　　　　表 12.3-6

焊接层次	焊接电流（A）	电弧电压（V）	氩气流量（L/min）	钨极直径（mm）
打底焊	80～100	10～14	8～10	2.5
填充焊	90～100	10～14	8～10	8～10
盖面焊	100～110	10～14	8～10	8～10
焊丝直径（mm）	钨极伸出长度（mm）	喷嘴直径（mm）	喷嘴至工件距离（mm）	
2.5	4～6	8～10	≤ 12	

④小径管垂直固定对接焊接工艺参数见表12.3-7。

小径管垂直固定对接焊接工艺参数　　　　　　　表 12.3-7

焊接层次	焊接电流（A）	电弧电压（V）	氩气流量（L/min）	钨极直径（mm）
氩弧焊打底	80～100	10～14	8～10	2.5
填充焊	90～100	10～14	8～10	2.5
盖面焊	100～110	10～14	8～10	2.5
焊丝直径（mm）	钨极伸出长度（mm）	喷嘴直径（mm）	喷嘴至工件距离（mm）	
2.5	4～6	8～10	≤ 12	

⑤碳钢、不锈钢的手工钨极氩弧焊焊接工艺参数的选择见表12.3-8、表12.3-9。

推荐的碳钢焊接工艺参数　　　　　　　表 12.3-8

材料厚度（mm）	＞3.0～6.0	填充金属尺寸（mm）	2.5～3.2
接头设计	V 形坡口	保护气体	氩
电流（A）	70～120	气体流量（dm³/min）	10～14
极性	直流正接	背面气体流量（dm³/min）	2～4
电弧电压（V）	12	喷嘴尺寸（mm）	10～12
电极种类	铈（钍）钨极	喷嘴至工件距离（mm）	＜ 12
电极尺寸（mm）	2.5	预热温度（最低）（℃）	15
填充金属种类	按技术要求	层间温度（℃）	250

推荐的不锈钢焊接工艺参数   表 12.3-9

材料厚度（mm）	＞3.0～6.0	填充金属尺寸（mm）	2.5～3.2
接头设计	V 形坡口	保护气体	氩
电流（A）	70～120	气体流量（dm³/min）	10～14
极性	直流正接	背面气体流量（dm³/min）	2～4
电弧电压（V）	12	喷嘴尺寸（mm）	10～12
电极种类	铈（钍）钨极	喷嘴至工件距离（mm）	＜12
电极尺寸（mm）	2.5	预热温度（最低）（℃）	15
填充金属种类	按技术要求	层间温度（℃）	250

外填丝法适用于各种位置和各类管件的焊接，内填丝法适用于焊接大管的仰焊部位，因为内壁填丝工艺简单，易于焊透（图 12.3-7）。

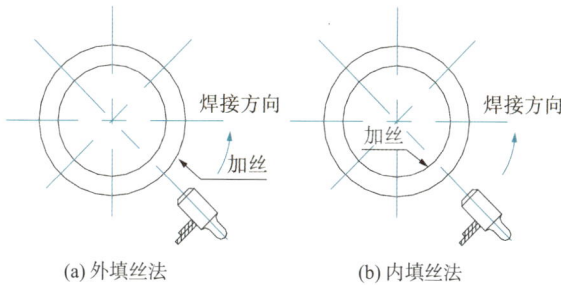

(a) 外填丝法　　　　　　　(b) 内填丝法

图 12.3-7　填丝方法

（13）焊口检测

①外观检查

a. 焊缝成形美观，焊波均匀，外形尺寸符合设计要求。无裂纹、未熔合、无气孔、无熔合性飞油、未烧穿、未焊透，焊边缘与母材圆滑过渡，咬边应符合规范要求。

b. 外观检查结果应记入质量控制表，并由质检员、监理确认。

外观质量应符合表 12.3-10 的规定。

焊接接头外观检查标准表   表 12.3-10

焊接接头外观检查（mm）			
序号	项目	焊缝类别	
		一	二
		允许缺钱尺寸	
1	裂纹	不允许	
2	表面夹渣	不允许	
3	咬边	深度不大于 0.5	
4	未满焊	不允许	

焊接接头外观检查（mm）

序号	项目	焊缝类别	
		一	二
		允许缺钱尺寸	
5	表面气孔	不允许	
6	焊瘤	不允许	
7	飞溅	不允许	
8	焊缝余高Δh	$\delta \leqslant 25$，$\Delta h = 0 \sim 2.5$；$25 < \delta \leqslant 50$，$\Delta h = 0 \sim 3$；$\delta > 50$，$\Delta h = 0 \sim 4$	
9	对接接头焊缝宽度	盖过每边坡口宽度$1 \sim 2.5$，且平缓过度	

②无损检测

a. 本装置无损检验方法和验收标准按相关规定执行。

b. 本装置无损检测原则上：对焊口采用100%UT探伤，25%采用RT探伤。特殊情况下（比如现场不允许RT探伤），经与监理和甲方协商，可用其他探伤方式。

③抽样检查未发现需返修的焊缝缺陷时，则抽样检验所代表的一批焊缝应视为全部合格。当抽样检查发现需要返修的焊缝缺陷时，除返修该焊缝外，还应用原规定办法进一步检验。

④合格焊缝应进行质量分析，采取措施及时返修并重新探伤，并对该焊缝附近两道焊口进行扩探。

（14）缺陷修复

当抽样检查发现需要返修的焊缝缺陷时，除返修该焊缝外，还应用原规定办法进一步检验。

①表面缺陷返修

a. 表面缺陷可用打磨方法消除。

b. 打磨消除缺陷后，如需补焊，应将沟槽打磨成适于焊接的形状，两端斜度不少于1/3，补焊层数不少于两道，补焊长度不少于50mm。

②内部缺陷的修复

a. 根据返修通知单，确定缺陷的部位、性质、深度、长度，用打磨或气刨的方法将缺陷清除干净再进行焊接修复。

b. 焊缝修复后，应进行表面打磨，并按原要求进行无损探伤。同一部位的返工次数，低碳钢、低合金钢和不锈钢不宜超过2次，高强钢不宜超过1次。

6）接头防腐

（1）管道内防腐

防腐采用加强级无溶剂环氧陶瓷防腐涂层，共5道，干膜总厚度为$\geqslant 600 \mu m$涂层构成，即：底漆+底漆+面漆+面漆+面漆，其中底漆采用环氧富锌2道，干膜厚度均为$30 \mu m \pm 5 \mu m$。

（2）管道外防腐

①廊道内及其他部位所有暴露于大气中的钢管外防腐涂刷环氧富锌底漆 80μm、环氧云铁中间漆 60μm、丙烯酸聚氨酯面漆 120μm。

②管道埋地段、包封段及未直接暴露于大气中的钢制管道外防腐采用石油沥青涂料外防腐（四油三布），在管道外表除锈、清理干净后涂刷。

7）管道试压

（1）水压试验措施计划

需要进行水压试验的钢管和岔管，承包人应在试验前编制水压试验措施计划，提交监理人批准。试验内容应包括水压试验工作段范围、试验场地布置、试验设备、检测方法、循环次数、测点布置、试验程序和安全措施等。

（2）水压试验打压前准备

①管道施工完毕，并符合设计及相关规范的要求。

②管道试压前，应对安装后的管道进行必要检查，检查合格后，才能进行试压。

③管道试压采用的试压泵已准备就绪。

④试验用压力表已经校验，且在有效检定（校准）期内，精度不低于 1.6 级，压力表的满刻度值为最大被测压力值的 1.5～2 倍，每个系统压力表预备数量不少于 2 块。

⑤试验所需的机具及技术措施用料已做好准备。附属设备安装应符合以下规定：

a. 非隐蔽管道的固定设施已按设计要求安装合格；

b. 管道附属设备按要求紧固、锚固合格；

c. 管件的支墩、镇墩设施混凝土强度达到设计要求；

d. 未设置支墩、镇墩设施的管件，应采取加固措施并检查合格；

e. 水压试验长度不宜大于 1000m，试验管段不得用闸阀做堵板。

⑥试压系统所加盲板要有明显标记，位置清楚，记录完整，以便试压合格后拆除。

⑦试压前负责试压的技术人员应按管线试压流程图对施工班组进行技术交底和安全交底。流程图中应标示：系统进水（气）口、排水（气）口、高点放气点、试压泵连接点、试验介质流向、试验压力、全封闸板加设位置及压力表设置位置。

⑧管道的试压堵头（全封闸板）应有足够的安全系数，并应根据实际情况设置必要的临时后备。

⑨试压前，应对试压设备、压力表（精度 1.5 级，刻度上限为试验力的 1.3 倍）连接管、排气管、进水管及管件进行详细检查，必须保持系统的严密性并排尽试验管道内空气。试验管道的堵头板、弯头的支撑要牢固。

⑩在管道上安装短管、阀门、压力表，在管道最高点安装排气阀，在管道最远端安装压力表，把阀门调到半开状态。连接好注水泵和增压泵管线、电源、水源。

⑪试压压力表设置不得少于 2 块，系统高低点设置各不得少于 1 块。系统较大时，高处、最低处和远处均应设置压力表。

⑫检查试压系统内所有阀门满足系统试验压力要求，保证试验压力不得超过阀门的公

称压力及管道附件的承受能力。

⑬后背设计：廊道底板上锚入钢筋固定工字钢作为加固后背墙，然后在后背墙上使用千斤顶均匀顶住全封闸板上、下、左、右四个方向，使全封闸板在打压时不会因管道内压力增加而产生管道轴向位移。

⑭在打压管线两端的高点均设置自动排气阀，确保打压管段内气体全部被排出。排气装置可以安装在鞍形三通或打压全封闸板的高点处。

⑮将打压段两端的千斤顶全部固定到位，才能进行打压。

⑯打压设备组装

a. 在全封闸板排气端安装 DN25 自动排气阀门。

b. 进水端全封闸板上口为 DN100 进水钢管，在进水管口安装 DN100 球阀一个，DN100 进水管上有 1 个 DN20 钢管，安装 DN20 球阀，打压时连接打压泵，泄水时连接水表。

c. 进水全封闸板上口钢管上有 1 个 DN20 钢管，用于安装压力表。

⑰试压用检测仪表的量程精度等级应符合要求。

⑱管道系统压力试验前试压机具、设备要进行报验，合格才能使用。管道系统压力试验应提前 48h（特殊情况除外）通知业主、监理，并将相关资料报审，以便检查确认试压条件。

⑲试验前要确定进水点、排气点、压力读取点、试压用水来源、排水去向。确定分段方案，水压试验长度不大于 1000m。阀门不作为封堵板。

⑳设立警戒区域，阻止无关人员进入。

㉑约请监理、业主代表到现场，一同见证系统试压。

（3）试验方法

①造雪（水）管道 DN800 试验压力为 4.5MPa，生活用水管线 DN400 试验压力为 4.5MPa，再生水排放管线 DN300 试验压力为 4.5MPa。管道试压参照有关规范、规程执行。

②压力管道水压试验做好水源的接引、排水的疏导等方案。

③注水与排气

a. 根据现场情况从下游端注水，总用水量根据实际长度进行调整。水量计算 = 长度 × πr^2（r 为管内径）。

b. 开始注水时，灌水进水需从试压管道的进水全封闸板下方开口端开始注水，排气口需为试压管道的高端部位，确保为最高点进行排气。注水要缓慢进行，以免混入空气。先开排气阀，进水端注水时，排气端要维持阀门开放，让水流持续流动排气，流量要充足，进水管、排气。维持足够时间后，确保管道中的空气全部排出再将阀门关闭。

c. 管道灌满水后，打开放气阀，管道浸泡 24h 后才能打压。

（4）管道打压

管道试验应分预试验与主试验两个阶段进行水压试验。

①预试验阶段

a. 在完成灌水、排气和管道浸泡 24h 后，再次重复上述排气过程，确保管道无空气残留后，方可进行打压。

b. 先将试验管道内的压力降至与大气压力相等, 并持续 60 min 期间确保空气无法进入管道。

c. 关闭所有排气阀, 压力缓慢上升, 每升压 0.2MPa 需进行排气测试, 接近 0.6MPa 时稳定一段时间(至少 10min), 并进行全面检查, 方可继续打压至 1.0MPa, 试验压力保持恒压 30min, 期间如有压力下降可注水补压, 但不得高于试验压力。检查管道接口处有无渗漏现象, 如有渗漏现象应终止试压, 并查明原因采取相应措施后重新组织试压。上述规定完成后, 应停止注水补压并稳定 30min, 当 30min 后压力下降不超过试验压力的 70%时, 则预试验结束, 否则重新注水补压并稳定 30min 再进行观测, 直至 30min 后压力下降不超过试验压力的 70%。

d. 升压过程中, 如发现压力表及表针摆动、不稳且升压较慢, 应重新排气后再升压。

②主试验阶段

a. 停止注水补压, 稳定 15min; 当 15min 后压力下降不超过 0.02MPa(允许压力降数值)时, 将试验压力降至工作压力并恒压 30min, 进行外观检查若无漏水现象, 则水压试验合格。期间采用水表准确计量出所泄出的水量 q, 按下式计算允许泄出的最大水量 q [L/(min·km)]:

$$q = 0.05\sqrt{D_i} \tag{12.3-3}$$

式中: q——允许渗水量 [L/(min·km)];

D_i——管道内径 (mm)。

水压试验要求: 水压试验在各段管道安装验收合格、压力稳定后检查接口, 管身无破损及漏水现象时, 管道强度试验为合格。压力管道采用允许渗水量作为判断依据, 实测渗水量应小于或等于表 12.3-11 的规定。

压力管道水压试验的允许渗水量见表 12.3-11。

压力管道水压试验的允许渗水量 表 12.3-11

管材种类	管道内径D_i(mm)	允许渗水量 [L/(min·km)]
焊接接口钢管	300	0.85
	400	1.00
	800	1.35

b. 主试验阶段还应符合下列规定:

预试验结束后, 迅速将管道泄水降压, 降压量为试验压力的 10%~15%, 期间应准确计量降压所泄出的水量。

每隔 3min 记录一次管道剩余压力, 应记录 30min, 30min 内管道剩余压力有上升趋势时, 则水压试验结果合格。30min 内管道剩余压力无上升趋势时, 则应持续观察 60min, 整个过程为 90min。

③水压试验符合《给水排水管道工程施工及验收规范》GB 50268—2008 的规定(表 12.3-12)。

水压试验符合表　　　　　　　　　　　表 12.3-12

管材种类	工作压力 P（MPa）	试验压力（MPa）
钢管	P	$P+0.5$ 且不应小于 0.9

当试验过程中管道渗水时，可采用以下方法测定渗水量。

将水压升至试验压力，关水泵水门，记下压力下降 0.1MPa 所需时间（ T_1 ）；

再将水压升至试验压力，打开水龙头，将水放入水桶（槽）内，记录压力下降 0.1MPa 所用的时间（ T_2 ），测出水的体积（ W ）。

按下式计算渗水量：

$$q = W \times 1000/[(T_1 - T_2) \times L] \qquad (12.3\text{-}4)$$

式中： q ——允许渗水量［L/(min·km)］。

当管道渗水量小于 1.30L/(min·km)、管路中又无异常现象时，即认为试验合格。个别漏水严重的接口，仍须修好。

当试验过程中，出现管压升不上去或管堵损坏时，应立即停止试验，找出原因，采取相关措施后，方可重新试验。

试验期间，严禁在输水管走动，敲击管子或拧紧螺栓。

试验结束后，应立即排除管道内的水，填写试压记录，经相关人员签字后，妥善保存。

④管道泄压

a. 试压系统在各方共检合格后应及时泄压，选择合适的放空点和排污点，将水排放到排水沟，避免影响其他专业的施工。

b. 管道系统试压完毕，核对全封闸板加置记录，应及时拆除所用的临时全封闸板，管道恢复原位，并及时填写管道压力试验记录。

c. 试压完成后，管线的卸压要缓慢进行：卸压速率不大于 0.1MPa/min。

d. 试压完成后，及时提交试压报告给各方会签。

8）质量检查及验收

（1）钢管材料的检查和验收

钢管制造和安装所需材料均应按第 11.2 节的规定进行检验和验收。

（2）钢管制造质量检查和验收

钢管管节和附件全部制成后，承包人应向监理人提交钢管管节和附件的验收申请报告，并提交以下各项验收资料。

①钢管管节和附件清单；

②钢材、焊接材料、外购连接件和涂装材料的质量证明书、使用说明书或试验报告；

③焊接工艺评定报告和焊接工艺规程；

④焊缝质量检验成果；

⑤缺陷修整和焊缝缺陷处理记录；

⑥钢管管节和附件的尺寸及偏差检查记录；

⑦涂装质量检验记录；

⑧监理人要求提交的其他验收资料。

（3）钢管安装质量检查和验收

①承包人应会同监理人对各管段及部件的定位准确性、支撑牢固性进行检查并对每条现场焊缝进行逐条检查、验收，验收记录应提交监理人。

②钢管的现场涂装结束后，承包人应会同监理人对钢管的涂装质量进行检查和验收，不合格的涂装面应进行返修和重新检验，直至监理人认为合格为止。验收记录应提交监理人。

（4）完工验收

钢管工程全部完工后，承包人应向监理人提交工程验收申请报告，并附以下完工资料。

①钢管竣工图；

②各项材料和外购连接件的出厂质量证明和使用说明书；

③钢管制造、安装的质量检查报告；

④钢管一类、二类焊缝焊接工作档案卡（包括焊工名册和代号）；

⑤水压试验成果；

⑥重大缺陷处理报告；

⑦钢管接触灌浆质量检查报告；

⑧监理人要求提供的其他完工资料。

12.4 质量管理体系与措施

工程建设的质量，责任重于泰山。工程质量的状况，不仅关系到国家建设资金的有效利用，而且关系到国民经济持续健康发展和人民群众生命财产的安全。

工程质量的施工过程管理，在明确了项目工程质量目标的前提下，应编制分解至分项工程每一操作工序的质量计划。严格按照设计图纸和施工标准、规范进行施工。对工程的重要结构部位和隐蔽工程执行预检、复检制度；严格材料设备的质检关、材料设备供应商资质审定关；对分包、分建单位资质进行严格的资力、资质、实物施工样板考察审定等。以此确保质量保证的组织体系、质量保证的监控体系和程序控制体系的切实落实。应严格执行工程建设程序，认真接受工程监理全面的监督，以共同促进工程质量管理的提高。

12.4.1 工程质量目标

1）质量目标

（1）总目标：精心组织、精心施工、切实落实"质量第一"的企业方针策略，以高度负责精神、严把质量关，确保本工程达到优良级。

（2）单位工程目标：确保单位工程优良率达到90%以上。

2）工程质量管理组织体系

为确保本工程顺利完工，实行全面质量管理制度，将质量保证落实到每个人头上，成立专门生产指挥系统，配备质量监测、施工技术、工程测量、安全监督等为骨干的管理机构。

（1）认真贯彻规范设计要点及施工方案，并详细进行技术质量交底，做到现场施工人员人人心中有数。

（2）在施工作业时，严格按国家颁发的验收规范、操作规程和工程质量检验评定标准进行施工活动，坚持按图施工，如发现质量问题，应及时采取有效措施，坚决不留隐患。

（3）设专职质量员，负责施工过程中的质量检查和监督，加强原材料的质量管理。

（4）做好各施工环节的质量检查，不得使用不合格原材料，上道工序不合格，不得转入下道工序，及时做好隐蔽和分项工程检验。

（5）对工程质量较重要的易发生差错的工序和环节设置管理点，实行三级验收制度，即班组 100%自检，施工员 100%核检，质检员 100%督检。

成立以项目经理为组长，项目副经理、项目总工为副组长，各职能部门和施工队长为组员的质量管理领导小组。项目部设专职质检工程师和质检员，施工队设专职质检员，层层落实质量管理责任。

组织三级管理的质量管理组织体系，即第一级为具体操作班组质监员，具体实施各项质量自检保证制度；第二级为在项目工程监理制度下，项目总工程师、项目主任工程师负责，项目质量员具体实施，负责对第一级管理人员的场外监督检查和内业资料的收集、整理和汇总；第三级为在企业行政领导责任制下，企业总工程师负责，质监部门具体实施，对第二级管理人员的监督检查。

3）施工过程三级质保体系人员责任落实细则

（1）第一级（操作班组）质量管理责任人责任分解细则

各施工班组质量员认真学习市政工程及公路工程质量检验评定标准和有关操作规程。认真做好每道工序的自检，并认真填写自检记录。

（2）第二级（项目管理层）质量管理责任人责任分解细则

①负责工程中的质量控制，对第一级质量管理工作加以了解、检查、组织、监督。组织下级管理人员对每道工序的具体施工工艺进行讨论，定出具体施工工艺，监督管理人员严格按此工艺进行施工、验收。

②每道工序施工前及时进行技术交底。

③负责收集、整理汇总工程中所有的内业资料。

④开竣工报告及各类管理文件。

⑤工序自检单记录。

⑥技术交底记录及质量活动记录。

⑦材料、成品、半成品质保单及各类复试资料。

⑧施工日记。

⑨隐蔽工程验收单。

⑩业务联系单及工程图纸变更单。

⑪测量放样复核记录。

⑫照片及声像资料。

⑬及时掌握工程中各工序的质量情况，发现问题及时组织有关人员讨论解决，每道工序下级管理人员检查合格后及时对其进行验收，发现问题及时整改，混凝土开拌令必须填写完成。配合实验员搞好原材料的取样和送检。每月进行两次质量活动，并做好活动记录，填写好质量月报及各类台账，并在每月 28 日前交质检部门。及时整理好第一级质量管理人员上报的内业资料（施工原始记录、自检记录）。参加领桩、控制点复核及总样复核工作，负责工程水准点的复核和工程中的各项检测工作。

⑭相关人员职责

a. 测量员

负责本工程中的测量放样及复核工作。

认真学习图纸，熟悉图纸，牢记关键尺寸及相互联系。

及时完成各道工序的有关放样及混凝土构筑物的测量检查工作，并完成第二级复核工作，及时告知监理人员予以复核。

建立统一的测量记录簿，认真填写放样复核记录，并保存好原始资料，做好沉降观察记录。

经常检查测量仪器，保证仪器处于良好状态，满足工程测量精度要求。

b. 现场计量员

及时做好各种器具的计量复核工作，做好台账。

对现场使用的压力表、卷尺、测量仪器、张拉设备等按规定进行强制鉴定，保留鉴定资料。

c. 材料采购员

明确采购质量：明确材料类别、名称、型号等级、样式、技术规范和检查规程。

选择供应商：做好资信调查、了解供应商的供应能力和商业信誉，并建立合格供应商档案。

订立采购合同：按合同管理的要求操作，注意检查方法和争端处理条款的洽谈。

进货质量记录：做好进货质量记录，并保存好各批物质的识别标记。

外购物资的储存：按定置管理的原则实行账、卡、物同步并按场布图的要求定货号、定区号、定位号。

限额领料：做好物资出库的质量记录，核对发票数额，实行限额领料。

退库和报废：施工中的残料、余料、废料等均应退库，报废物资应有明显标记，专段存放，统一处理。

材料跟踪管理：对批量材料使用的工程部位、日期、数量等跟踪资料要文字记录并归档。

d. 现场拌合站实验员

及时做好现场原材料的送检试验，及时向第二级质量管理人员汇报试验结果，工程中原材料等材料试验均应严格按照有关规范规定执行。实验员负责拌合站混凝土的配合比设计，并根据原材料和外加剂的改变，调整配合比，水稳开拌前，检查计量工具的准确性，并严格过程检查制度。按规定及时做好混凝土试验，并及时提供试验数据。经常检查和保养试验工具，以确保试验结果的正确性。水稳铺设时，试验员应及时到场，检查计量工具的准确性，严格过程检查制度，调整配合比，做好记录，并及时完成水稳铺设的施工记录。

工程中的水泥、碎石等成品除具备质保单外还应按照有关规定送检，合格后方能投入使用。

各种试验资料及时、齐全并归类装订成册。

（3）第三级（企业管理层）质量管理责任人责任分解细则

负责工程的质量验收工作，每月对已完成的工序进行一次质量检查，并组织一次质量活动；负责工程施工工艺方案研究，指导、监督、检查下级质量管理工作，负责处理质量事故；负责施工大纲的方案研究，制定相关的质量奖罚制度。第三级质量管理体系由企业总工程师负责，质检部门具体实施。

12.4.2 工程质量控制措施

1）完善建立质检制度，严格把握质检关

在施工中实行三级检验和交接班质量制度，从上一个班组交到下一个班组时须有交接班，由当前班组质量员对上一班组工程施工中的质量进行逐步验收，合乎规范后，需签字接受。在本班组的施工中，需保证上班的施工质量。

每工种之间的交接亦需各工程质量员对上工序的质量进行检验。

各施工队质量主管工程师对每项工序：如材料进场、实际施工、轴线水平标高、集合尺寸、坡高等需检查签证，需每项工程进行自查复验，复验合格后报现场监理工程师检查。

凡未通过自检合格的工序，不准报监理工程师检查，凡未通过监理工程师签证的工序，不容许下道工序施工。

2）切实做好交底工作

将交底工作一直做到每个职工，使每一个职工明确整个工程的意义、整个工程的施工过程、每个工序的施工方法、要求和注意事项。在施工时严格按设计要求，按图施工，如需要变更必须填写变更手续上报现场监理。

积极动员和发挥全体职工的技术经验，定期召开施工会，对施工中有关施工方法和施工技术要求及操作过程中有关质量、进度、节约、文明施工各方面的改进提出合理意见。

3）认真做好测试工作

对原材料进行测试，必须符合设计要求。

对管材、电缆，各种砂、石料及其他材料进行必要的测试，凡型号不对、尺寸不符，和其他试验有不合格者一律不得使用。

对施工工序中的效果进行测试，填土密实度土路在测试工作中发现问题及时研究根因，进行改正措施，并报告工程师同意，不能让不合格的工艺过关，并需追查原因进行处理。

各工种技工、各专职技术人员必须持证上岗，并经常进行技术教育和专业知识教育，提高职工的技术水平和专业知识，使职工做到实践与专业知识相结合，为施工保证质量、

保证安全、保证进度作出更大的贡献，以确保为打造优良工程奠定坚实基础。

12.4.3 工程质量实施措施

1）供水、排水工程

正确控制各管道的标高，确保各管道的正确流向及满足设计所要求的排水量，严格做好试验，合格后方可转序，高度必须符合要求。沟槽回填前必须做好隐蔽验收工作，并做好记录，回填前必须清除沟槽内的杂物和积水，分层回填，并做好密实度的测试工作。

2）工程原材料

检验及复试，必须严格按规定执行。材料进场要执行合格证、质保书制度。明确区分材料类别、名称型号等。认真按试验要求对材料进行取样、送检、测试等检验工作，并做好记录，合格后方可使用。

3）严格执行监理程序

事实证明，施工过程中施工单位监理程序执行的好坏、监理公司对施工单位质量要求的高低，对工程质量的好坏有直接关系。因此施工时，严格执行技术质量规范。除执行质量保证制度，我们真诚希望施工监理的严加监督。为此，将根据施工工序制定关键部位施工程序及监理程序，与监理单位共同遵守执行。

12.5 安全管理体系与措施

12.5.1 安全目标

本项目安全目标为"三无""创建"。"三无"即无工伤事故，无交通事故，无质量事故；"创建"即创建文明施工工地。

12.5.2 安全管理措施

（1）成立以项目经理为组长，项目副经理、项目总工为副组长，各职能部门和施工队长为组员的安全生产管理领导小组，由专职安全工程师组成安全部，具体负责安全生产领导小组的日常工作和本工程的安全生产管理工作。项目部设专职安全总监和安全工程师，施工队设专职安全员，班组设兼职安全员（兼职安全员由班组长或施工经验丰富的人员担任），层层落实安全管理责任。

①定期向职工进行安全教育，听取职工对安全管理的要求和建议。

②施工现场的巡视检查。

③检查全封闭外架板、安全网是否牢固可靠、是否符合安全要求，并进行维护管理。

④负责督促机械管理员对电器开关和漏电装置的检修管理工作。

⑤监督检查"三宝"使用和违章操作等。

⑥夜间施工的道路照明管理。

⑦对安全通道应随时检查，保持畅通。

⑧操作面上障碍物的排除。

（2）安全教育及交底工作

①由安全员对新进场的工人进行入场教育，特种作业人员经专门培训合格后持证上岗。

②每一分部分项工程施工前必须由专业工长下达书面的安全技术交底，班组履行签字手续后才能施工。

③由专职安全员每周一召开安全大会。分工种以班组为单位进行安全活动，并有具体的安全活动记录。班组每天实行班前安全讲话，班后进行自检，发现问题及时解决。

12.6　冬期和雨期施工方案

12.6.1　雨期施工方案

1）雨期施工措施

（1）认真进行现场准备、技术准备和材料准备，保证各项工作满足雨期施工的要求。

（2）各专业工长在雨期施工前应结合本工种雨期施工特点，编制技术交底，在作业前向工人交代清楚。

（3）做好雨期施工的中间检查，保证各项工作的保障能力达到要求。

（4）工具房要做好防水和通风处理，必要时采用临设风机进行机械通风，在地上的工具房也要做好排水措施。

（5）进入现场的主要设备一定要存入库房。要求所用的设备材料随领随用，特别是进口设备，最好在交安条件不成熟时不能进入现场。

（6）料场周围应有畅通的排水沟，以防积水。堆施现场的配料、设备、材料等必须避免存放在低洼处，必要时应将设备垫高，同时加苫布盖好，以防雨淋日晒，各种构配件堆放得坚实平整，防止雨后构件倾倒。

（7）施工机具要有防雨罩或置于棚内，电气设备要绝缘良好。雨期到来前，对电气设备及线路认真检查，做好雨期施工的防雷措施，各种电器设备应有良好的接地装置。

（8）由地下室通至室外及屋顶出屋面的各种孔洞应严密堵好，严防漏水给工程造成损失。

（9）氧气乙炔瓶不能放在太阳下暴晒，应有妥善的保管措施。

（10）落实安全生产责任制，做好职责分工，组织进行安全教育。

（11）认真组织安全检查，下雨后要对施工机械、工机具、运输车辆等进行全面检查，在确保安全的情况下，再进行生产活动。

2）雨期施工

为进一步抓好施工进度、把好质量关，特对雨期施工采取以下措施。

（1）成立防汛领导小组、建立雨期值班制度

在雨期来临之前，项目部组织建立雨期施工领导小组，由项目经理任组长，项目副经

理亲自组织雨期防汛工作的实施。

要及时了解并记录好气象变化，做好一周（月）内气象预报。同时项目经理部制定现场雨期值班表，建立雨期值班制度，设专人每天收听气象预报，做好记录，在施工现场主要进出口处设置气象预报专栏。有暴雨或大暴雨天气情况，及时通知项目经理及值班人员提前作好应急准备。

项目部成立由 25 人组成的防洪抢险小分队，平时施工作业，雨时防汛抢险。

（2）雨期施工前的准备工作

①对选择雨期施工的地段进行详细的现场调查研究，详细编制实施性雨期施工措施。

②修建施工便道并保持晴雨畅通。

③修建临时排水设施，保证雨期作业的场地不被雨水淹没，并能及时排除地面水。

④储备足够的防汛材料和生活物资。每个施工现场均要备足防汛器材、物资，包括雨衣、雨鞋、铁锹、草袋、水泵等，做到人员设备齐整、措施有力、落实到位。

⑤驻地、库房、车辆、机具停放场地，生产设施都应该设在高地上。

（3）雨期施工中的要求与措施

①现场排水

进入雨期施工前，全面查看施工现场地势地形，调查并完善现场地表、沟槽内排水系统。施工现场设排水沟道，汇集后的雨水通过预埋管道将水及时就近排入附近现况雨水管道或河道中，或用水泵将水提升后排入雨水管道或河道中去。对施工区排水系统排水口进行全面清理，防止沉积物堵塞，保证汛期排水管道通畅。

②机械及电气设备

进入雨期施工前，应对现场所有动力、照明线路，供配电电气设施进行一次全面检查，对线路老化、安装不良、瓷瓶裂纹、绝缘性能降低以及跑漏电等问题，必须及时处理。

现场中、小型用电设备必须按规定加防雨罩或搭防雨棚，机电设备按相应规定做好接地或接零保护装置，并经常检查和测试有效性及灵敏性。机动电闸箱的漏电保护装置必须安全可靠。

施工电缆、电线尽量埋入地下，外露的电杆、电线采取可靠的固定措施。电工定期检查现场配电设备及电路的防雨、防潮情况，发现问题及时解决，确保施工现场用电安全。

③材料储存及保管

现场存放的材料台基均相应垫高，存放场地应保持干燥，防止雨水浸泡。水泥等物资库内存放，防止遇雨变质或锈蚀。砂子、豆石等松散材料的堆放场地周围加以围护，防止被雨水冲散。

雨期施工时，对施工材料、半成品和成品进行保护，防止因遇雨而产生腐蚀或缺陷。

12.6.2 冬期施工方案

1）冬期施工措施

（1）认真进行现场准备、技术准备和材料准备，保证各项工作满足冬期施工要求。

（2）各专业工长在冬期施工前应结合本工种冬期施工特点，编制技术交底，在作业前向工人交代清楚。

（3）做好冬期施工的中间检查，保证各项工作的保障能力达到要求。

（4）落实安全生产责任制，做好职责分工，组织进行安全教育。

（5）认真组织安全检查，做好雪后施工机械、工机具、运输车辆等的防滑措施，确保在安全的情况下，再进行生产活动。

2）冬期施工准备及安排

为保证安全质量把冬期施工进行了详细安排，切实落实好防冻措施，做到人员、设备器材、制度三落实。项目经理协调好各部门在冬期的防冻工作，合理安排各项施工防冻措施，做好在冬期的人工调配；机械的检修、维护；材料的保管、防水；安全隐患的检查；施工质量的监控。注意收听天气预报，及时采取有效应急措施，把冬期对工程施工的影响压缩到最低，确保工程质量优良。

在安排生产计划时，能在冬期施工前完成的项目，应力争在冬施前完成，在冬期施工中应集中力量、压缩战线、连续施工。

项目部在10月要落实冬期施工的人员准备。分别对管理人员、操作人员进行冬期施工技术交底，使每一个人都清楚冬期施工的技术要求及做法，避免盲目施工。

项目部应了解当地的气象变化，设专人收听天气预报，做好气温观测工作，注意大风降温及降雪警报，提前采取防冻、防滑措施。

冬施所用的材料、设备、机具等要在开工前准备齐全，进入现场并妥善保管。

严格执行用火证制度，现场施工小队必须在冬期施工之前签订防火、防煤气责任书。

现场所设的搅拌站必须支搭全封闭工作棚，保温锅炉应提前安装调试好。

3）冬期主要材料、设备

必须在当地质检部门允许范围内选用混凝土防冻剂，产品质量应符合国家标准。现场搅拌站加热采用安全微型低压锅炉。

保温材料以防火草帘和岩棉被为主，防护防火等级为A级。

4）主要技术措施

室外日平均气温连续5d稳定低于5℃，必须按冬施要求进行施工，最主要的是工程机械冬施措施。

5）工程机械冬施措施

水冷却系统凡不加防冻液的机械，不用时应立即将水排放干净。防冻液要经常检查，防止冻缸。

机械所用的油料，一律按冬施要求进行，柴油用-10号柴油。

严禁用明火烘烤机械。

6）紧急情况处理措施、应急预案以及抵抗风险措施

为及时有效地处理重大事件突发对工程正常施工秩序的影响，从工程伊始就建立以项目经理部领导班子为首、公司总部领导班子为辅、总部各部门支持配合的施工应急响应小

组。在事故发生第一时间内启动应急机制，1h 内上报。保证做到：统一指挥、职责明确、信息畅通、反应迅速、处置果断，把事故损失降低到最低。

12.7 应急预案

本工程重大事件辨识的范围包括 7 项内容，如表 12.7-1 所示。

重大事件辨识表 表 12.7-1

事件分类	事件辨识	重点监测
火灾、爆炸	临建或建筑物材料起火爆炸	易燃易爆液体：汽油、柴油、油漆、稀料、氧气、乙炔气、天然气； 可（易）燃物：木材、建筑垃圾、冬期施工保温材料； 化学品：硫酸、硝酸、盐酸、磷酸、氢氧化钠、氢氧化钾； 作业点和场所：现场电气焊作业、木工棚、装饰作业点、防水作业面、仓库、油库、施工现场配电室、食堂
重大交通事故	重大班车事故、货物运输车辆事故	汽车保养驾驶员安全培训
恶劣天气	持续 5d 以上，影响正常施工进度的恶劣天气，认定标准以国家气象中心发出预警警报为准	每年 5 月底—9 月底的雨天； 每年 10 月初—11 月中旬的雨雪天气； 每年 11 月中旬—次年 2 月中旬的雪天
交通阻塞	施工现场周围 2km 范围内的社会道路因市政断路引发的进场困难	现场周围市政改造工程信息及相关交通信息
吊装作业	管廊内钢管及设备吊装	管廊内钢管及设备吊装
有限空间作业	管廊内施工作业	管廊内施工作业
动火作业	管廊内钢管焊接	钢管焊接作业

12.7.1 应急机制小组

1）应急机制小组

本工程应急机制小组分两级，第一级直接对接现场，由项目经理部领导成员组成，这是事件发生第一反应小组，也是事件的控制中心。第二级间接对接现场，由公司总部高层领导成员组成，支持、服务于第一级应急小组工作，为第一级应急小组提供财政支持，社会关系求助，对第一应急小组工作提供建议和决策参考。

2）应急救援队伍

根据事件发生对象，组成事件相应救援队伍。一级救援队伍来源于项目经理部各主要部门，有项目的安全部、工程部、机电部、技术部、行政部、医务室等；二级救援队伍来源于公司总部各主要部门，有总部的质量安全保证部、企卫公司、项目管理部、机电部、资金部、财务部、公司医院等；两级之间相互配合、相互支持，由一级救援队伍处理事件的发生初始阶段；由二级救援队伍解决事件的调解、安抚、后期调查、上报政府部门、补偿等工作。

3）应急机制小组激活时间

事故发生后 1h 内，启动应急机制，同时上报北京市市政府。全天 24h 进入应急状态。事后处理报告提交公司总部、业主、政府部门，48h 后应急状态解除。

12.7.2　重大事故、事件发生应急措施

1）火灾、爆炸事故应急流程及措施

根据国家标准，本工程火灾、爆炸重大危险源通常有 2 个，一个是施工作业区，另一个是临建仓库区。其中，化学危险品的搬运、储存数量超过临界量是危险源普查的重点。因此，工程开工后要对重大危险源登记、建档、定期检测、监控，并培训施工人员掌握工地储存的化学危险品的特性、防范方法。

2）火灾、爆炸事故应急流程应遵循的原则

（1）紧急事故发生后，发现人应立即报警。一旦启动本预案，相关责任人要以处置重大紧急情况为压倒一切的首要任务，绝不能以任何理由推诿拖延。各部门之间、各单位之间必须服从指挥、协调配合，共同做好工作。因工作不到位或玩忽职守造成严重后果的，要追究有关人员的责任。

（2）项目在接到报警后，应立即组织自救队伍，按事先制定的应急方案立即进行自救；若事态情况严重，难以控制和处理，应立即在自救的同时向专业救援队伍求救，并密切配合救援队伍。

（3）疏通事发现场道路，保证救援工作顺利进行；疏散人群至安全地带。

（4）在急救过程中，遇有威胁人身安全情况时，应首先确保人身安全，迅速组织脱离危险区域或场所后，再采取急救措施。

（5）截断电源、可燃气体（液体）的输送，防止事态扩大。

（6）安全总监为紧急事务联络员，负责紧急事务的联络工作。

（7）紧急事故处理结束后，安全总监应填写记录，并召集相关人员研究防止事故再次发生的对策。

3）火灾、爆炸事故的应急措施

（1）对施工人员进行防火安全教育

目的是帮助施工人员学习防火、灭火、避难、危险品转移等各种安全疏散知识和应对方法，提高施工人员对火灾、爆炸发生时的心理承受能力和应变力。一旦发生突发事件，施工人员不仅可以沉稳自救，还可以冷静地配合外界消防员做好灭火工作，把火灾事故损失降低到最低水平。

（2）早期警告

事件发生时，在安全地带的施工人员可通过手机、对讲机向楼上施工人员传递火灾发生信息和位置。

（3）紧急情况下电梯、楼梯、马道的使用

高层建筑在发生火灾时，不能使用室内电梯和外用电梯逃生。因为室内电梯井会产生

"烟囱效应"，外用电梯会发生电源短路情况，最好通过室内楼梯或室外脚手架马道逃生（本工程建筑高度不高，最好采取这种方法逃生）。如果下行楼梯受阻，施工人员可以在某楼层或楼顶部耐心等待救援，打开窗户或划破安全网保持通风，同时用湿布捂住口鼻，挥舞彩色安全帽表明所处位置。切忌逃生时在马道上拥挤。

4）火灾、爆炸发生时人员疏散应避免的行为因素

（1）人员聚集

灾难发生时，由于人的生理反应和心理反应决定受灾人员的行为具明显向光性、盲从性。向光性是指在黑暗中，尤其是辨不清方向、走投无路时，只要有一丝光亮，人们就会迫不及待地向光亮处走去。盲从性是指事件突变、生命受到威胁时，人们由于过分紧张、恐慌，而失去正确的理解和判断能力，只要有人一声呼喊，就会导致不少人跟随、拥挤逃生，这会影响疏散甚至造成人员伤亡。

（2）恐慌行为

是一种过分和不明智的逃离型行为，它极易导致各种伤害性情感行动。如：绝望、歇斯底里等。这种行为若导致"竞争性"拥挤，再进入火场，穿越烟气空间及跳楼等行动，时常带来灾难性后果。

（3）再进火场行为

受灾人已经撤离或将要撤离火场时，由于某些特殊原因驱使他们再度进入火场，这也属于一种危险行为。在实际火灾案例中，由于再进火场而导致灾难性后果的占有相当大的比例。

12.7.3 恶劣天气应急流程及措施

春季沙尘暴，夏季暴雨，冬季大雪是本工程严密注视的恶劣天气，工程开工后，随时收集未来 7d 内天气状况的信息，一旦得到国家气象中心预警预报，工程应急机制小组即启动。

1）恶劣天气应急工作流程见图 12.7-1。

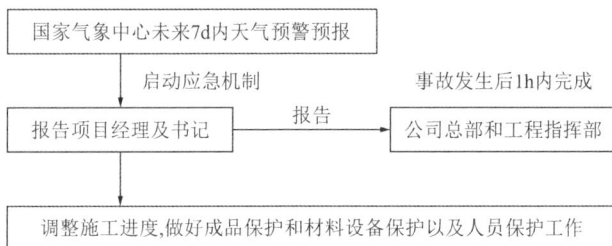

图 12.7-1 恶劣天气应急工作流程

2）恶劣天气应急措施

（1）调整施工进度和强度。

（2）做好成品保护和材料设备保护。

（3）做好人员安全保护，必要时调整工人劳动强度和工作时间。

（4）启动专项资金投入各项保护费用。

12.7.4 通阻塞应急流程及措施

本工程位于北京市延庆区张山营镇，地区交通状况一直不佳。周围市政道路一直不断改造，交通阻塞时有发生，但这类阻塞基本能在短时间内解决。

交通阻塞应急措施：

（1）提前收集市政道路改造信息，评估道路改造对工程进出场货物和人员运输的影响，视程度大小提前照会市政公司、朝阳交通大队，提出应急交通申请。

（2）在道路中断前夕，在现场多备一些消耗量大的常用材料。

（3）通知外地进京运输物资的车辆，改大吨位运输为小吨位运输。调整车辆进场时间。

（4）启动专项资金投入，弥补车辆运输费用和交通费用的增加。

— 第 13 章 —

冬奥会综合管廊项目的运维平台体系

顺利地开展冬奥会综合管廊运维管理工作是保障北京冬奥会、冬残奥会进行的关键。对于建设单位京投管廊公司，已经顺利地完成了建设任务，然而运维工作才是否能圆满完成国家交给任务的关键。再优秀的市政工程，如果运维期间出现安全问题，则会出现功亏一篑的局面。因此，京投管廊公司设立完善的运维保障体系与强有力的运维保障队伍，全方位保障冬奥期间运维安全。

冬奥会综合管廊具有规模大、环境复杂、保障级别高等特点，致使冬奥会运维管理面对责任大、困难多、难度高的诸多挑战。运维从监控、巡检、特殊保障等日常管理，到与政府机关、管线单位、设计单位、施工单位各个方面进行沟通协作，日复一日地驻扎在现场，保障冬奥会综合管廊安全平稳运行，是综合管廊管理全生命周期中至关重要的一环。

本章站在综合管廊管理全生命周期角度，对综合管廊运维管理工作进行梳理。作为全生命周期管理的后期工作，随着运维经验和实践的增加，对前期规划、设计、建设、和合同签订，逆向提供指导意义。以期为后续新建设综合管廊与后续参与运维综合管廊规范化管理提供参考。

自 2019 年 9 月 20 日起至 2022 年北京冬奥会、冬残奥会结束，冬奥会综合管廊运维管理工作从初期逐步积累经验，不断改进与调整状态，在 2022 年冬奥会保障过程中发挥巨大的作用。

13.1 运维管理基本原则与概况

13.1.1 运维管理基本原则

为确保冬奥会综合管廊运维管理的高效、规范，根据国家标准和已有运维管理经验，逐步形成一系列针对冬奥会综合管廊特点的运维管理制度，建立了一套较完整有效的综合管廊管理制度体系。运维管理工作主要包括综合管廊的日常监控、巡检、人员管理、入廊管理和应急管理等。将综合管廊运维管理的内容、流程、措施等进行了深入和细化，是冬奥会综合管廊能高效规范运行的保障。

运维管理的基本原则可以简单概括为：在保障安全底线的原则上，建立高效、规范具有特点与深度思考的运维管理体系。

13.1.2 运维管理概况

安全是整个运维管理的核心也是底线，无论采取何种运维管理体系与制度，脱离了安全的运维管理只能是空中楼阁。运维管理的基本在于运维团队的人员管理，使适合的人去到适合的岗位，方能保证项目运行的效率与质量。整个运维管理可以分为"日常管理"与"特保期管理"，日常管理主要分为"值班监控""日常巡检"和"入廊管理"三个方面；特保期管理需针对特保级别对管理方式进行调整，例如取消"入廊作业"等来减少特保期风险源。整个运维团队由富有经验的设备施工人员组成，分别持有高压、低压、消防、电气和有限空间作业等特种作业证书，分别通过日常监控和巡检两种主要方式对冬奥会综合管廊主体结构与附属设备设施进行运行与维护。

13.1.3 值班监控

按综合管廊运维国标强条规定，综合管廊必须实行 24h 运行维护及安全管理。因此，冬奥会综合管廊监控中心视频监控需实行 24h 监控，对冬奥会综合管廊人员出入口内外、管廊内部结构、附属设备设施和管线等进行视频监控，及时发现问题并进行反馈。在冬奥会综合管廊运维项目中，监控值班人员不仅需要进行管廊的日常监控，还承担着入廊审批等工作，见图 13.1-1。

图 13.1-1 值班情况图

13.1.4 巡检工作

冬奥会综合管廊的巡检工作范围包括综合管廊主体结构、附属设施、入廊管线及管廊内外环境等。对于发现主体结构的渗漏水和附属设备设施的损坏等，及时形成隐患台账，督促施工单位进行隐患消缺等工作。除了综合管廊的日常巡检工作，冬奥会巡检工作还包括监督综合管廊内管线和附属设施施工单位严格执行相关安全规程和批准的安全施工措施方案，做好安全监控和巡查等安全保障工作，见图 13.1-2。

图 13.1-2　巡检情况图

13.1.5　智慧运维管理平台

智慧运维管理平台（图 13.1-3）的研发可以达到减少运维人员投入与增加运维管理效率的目的。智慧管廊是智慧城市建设的重要组成部分，智慧管廊系统的目标是应用物联网、大数据、云计算、人工智能技术进行综合管廊运营管理，实现管廊的"智慧感知、智慧管理、智慧决策"。

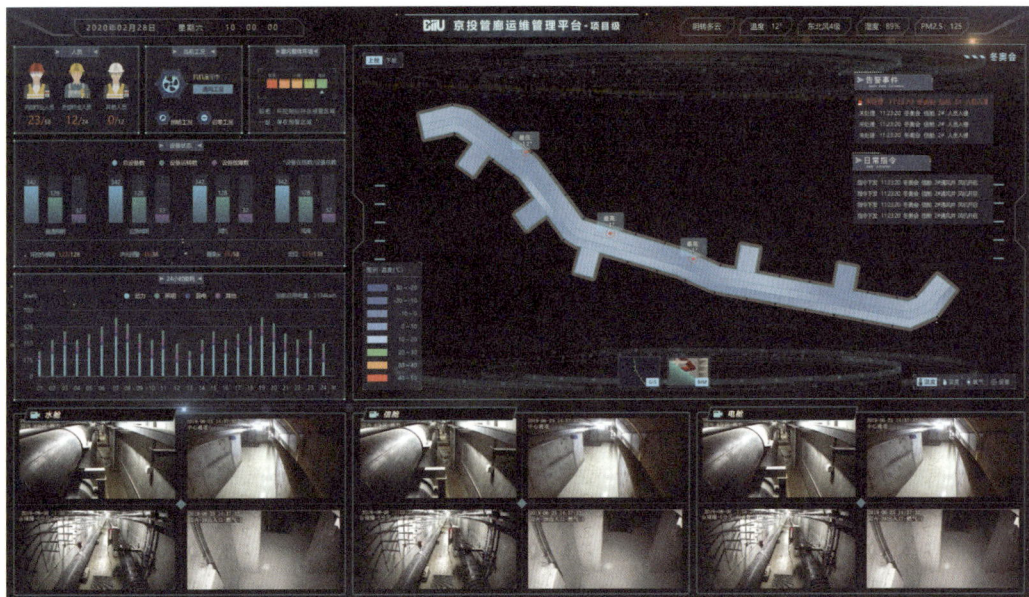

图 13.1-3　智慧运维管理平台

综合管廊运维管理平台功能包含大屏综合展示、运行管理、维护管理、安全管理、信息管理、入廊管理、资产管理、系统管理、应用端管理等。将运维管理中的传统人工流程与纸质文件进行自动化流程与电子化存储，减少了沟通与纸质文件存储成本，逐步实现智慧化运维管理。

13.1.6 隐患消缺工作

冬奥会综合管廊具有"高海拔、大坡度、大埋深"的工程特点，内部设备设施种类繁多，不可避免会遗留部分的尾工与隐患问题。

另外，由于冬奥会综合管廊所处地貌为山岭富水环境，存在一定的渗漏水现象。对于隐患问题，可以分为"土建"与"设备"两大类，在巡检的同时，注意隐患的发现，形成隐患台账，坚持以"隐患就是事故"的态度进行隐患问题整改。对于运维管理类问题，需限期整改；对于土建和设备类施工问题，需督促建设主责部门联系施工标段进行整改。整改期间运维管理团队需全程跟踪，并及时更新台账。

13.1.7 应急预案与演练

冬奥会综合管廊应急预案包括火灾、触电、有限空间、人员入侵和渗漏水（汛期）等，并针对相应的应急预案编制演练脚本进行应急演练，形成演练评估与总结。另外，针对冬奥会综合管廊的特殊性，还需进行反恐防暴演练、舆情演练和森林防火演练等，应急预案与演练的针对性能充分体现运维管理对项目的理解与深刻思考，真正做到"未雨绸缪胜过临渴而掘井"。

13.1.8 运维团队培训

运维团队的成长除了日常经验的积累，更在于定期的学习与总结，包括管廊设备使用、有限空间作业、用火安全培训、用电安全培训等。

运维管理须在年初制定一年中运维团队的培训计划，并按照培训计划严格执行，在运维中发现团队的职能空白进行补充培训。

13.2 运维管理重点与难点

13.2.1 特保期专项保障

作为京投集团承担的唯一一项国家级重点项目，从2021年10月5日至2022年3月15日的特保期间，整个公司全身心投入到冬奥会综合管廊运维保障当中。正赛期间，国家为冬奥会综合管廊与监控中心设立了"一级特保"。京投管廊公司也为了迎接冬奥会，制定了周密的《特殊保障日运维保障工作方案》，其中包括保障时间、工作目标、组织机构及职责和保障措施四大项。在冬奥会正式来临之前，京投管廊公司已经通过完善的专项保障方案成功保障了 2021 年年初的"相约北京"测试赛,也通过本次测试赛增加了实战经验,为迎接正赛做好充分准备。

对于保障冬奥正赛,运维团队于 2021 年底结合 2 年以来冬奥会运维管理经验编制了《2022 年北京冬期奥运会赛事综合管廊保障工作方案》,其中包括了赛事保障时间、工作目标、组织机构、保障措施、工作要求、工作方案、保障物资、应急机制、网络安全、疫情防控、舆情控制和消防工作 12 章节,是囊括了 2 年以来冬奥会运维管理经验并针对冬奥会综合管廊特点所制定的。另外,保障方案后附运维项目通信录、管线单位应急通信录、运维项目资源投入清单、运维项目应急通信录和应急预案 5 类附件。

综上所述,冬奥会综合管廊运维保障方案是汇聚了数年运维经验而成,为保障冬奥会综合管廊正常运行的政策方针。

13.2.2 运维费用

据现有运维管理经验,冬奥会综合管廊运维费用主要由三部分构成,其中运维人员费用约占总费用的 60%,管廊能耗费用约占 30%,物资采买约占 10%。然而,北京市暂未出台任何关于管廊运维费用的补贴政策,所以如何降本增效也是 2 年来运维管理的主要目标之一。根据管廊运维国标的规定并结合冬奥管廊的特殊性,运维团队人员的削减是极其有限的,切不可降本降效,那便是舍本逐末了。对于管廊能耗问题,运维团队借助北京市科学委员会立项科研项目来进行精细化运维策略研究,通过精细化地使用风机、照明等设备,达到节约电费的目的,从 2020 年 10 月至 2021 年 10 月使用电费同比下降 33%,贯彻落实"绿色冬奥",响应国家"碳达峰,碳中和"的政策理念。

13.2.3 信息数据管理

冬奥会综合管廊数据管理面临着"信息杂、数据多、维护难"等特点,廊内设备系统繁多,内部数据不仅包括监控视频、风机、水泵、消防等设备数据,还包括值班管理、物资台账等管理数据,外部数据包括入廊施工申请和巡检等。内外部数据系统繁多,数据的格式、协议和标准各不相同,需要跨系统汇聚到统一平台上,因此导致信息数据维护难度大。另外,冬奥会综合管廊数据管理平台的网络基础设施部署、配套软件开发和运维分属不同公司,前后信息交互不充分,沟通成本较大。

由于冬奥会综合管廊的特殊性,涉密等级较高,因此运维管理的信息安全相较于其他项目显得尤为重要。除了签署保密协议外,仍需要时刻增强意识,并对其定期进行网络隐患检查。

13.2.4 隐患消缺

在实际运维管理当中,各类隐患不可避免地会影响运维工作,甚至可能导致安全事故的发生。对于运维团队来讲,整个隐患类型可以分为两种:一种为运维团队有能力自我进行整改的;另一种是需要借助具有专项资质的(施工)单位进行整改的。对于运维有能力进行整改的，需督促团队在一定限期内整改，以免造成安全事故。对于需要借助外部单位的隐患消缺，运维管理人员不仅需要督促外部单位进行整改，跟进整个过程，还需要在整改完成之后进行保障运维安全的临时措施，这就是冬奥会综合管廊保障隐患不升级的关键所在。

13.2.5　沟通协调

运维管理位于综合管廊全周期的末端，因此对外需要沟通管线产权单位、施工单位和管廊所属地相邻单位，对内需要沟通前期规划管理、设计管理、建设管理等部门。尤其是冬奥会外围配套综合管廊具有特殊性，所以如果不能建立良好的沟通机制，则会使运维管理过程中响应速度与效率降低。

13.3　运维管理中的"得"与"失"

13.3.1　责任重大，成败在此一举

冬奥会综合管廊作为冬奥会延庆赛区"生命线"工程，为冬奥会延庆赛区提供稳定可靠的基础设施保障，对冬奥会的召开具有重要作用。当运维管理团队从建设管理部门手中接手综合管廊时，便感觉到责任重大，身上如有千斤重担。对于冬奥会综合管廊，整个团队在手续办理、规划、设计、合同、建设等方面投入了大量的精力，力求做到精益求精。然而，对于管廊一类的市政工程，再优秀的前期工作，如果在运维当中出现任何问题，则会使得前面的努力付之东流。尤其是对于冬奥会综合管廊这样具有特殊意义的项目，运维管理时常怀着"成败在此一举"的决心进行运维工作。

13.3.2　守住安全底线，切莫功亏一篑

安全生产是工程行业恒久不变的主题，更是底线。对于冬奥会综合管廊这样具有特殊意义的工程，安全问题更是重中之重。因此，冬奥会综合管廊运维的安全职责重如泰山，需时刻保持着高度的安全意识，稍有不慎所有的努力都会功亏一篑。

冬奥会综合管廊运维管理需要守住安全底线，甚至有"战战兢兢，如履薄冰"的感觉，也正是时刻保持着这种状态，才能保障运维安全。

13.3.3　摸石头过河，渐成运维体系

对于工程行业，按照标准与规程按部就班执行是底线，然而如果一个公司想在整个行业中有所建树，则需要结合自身特点与经验形成独树一帜的体系。因此在整个冬奥会综合管廊运维中，管理团队根据管廊运维国标和经验，逐渐形成适合北京冬奥会综合管廊的运维体系。

2019年冬奥会运维管理初期，整个团队可以说是完全按照规范、规程与他人经验照本

宣科进行运维，然而随着运维管理的深入，逐渐发现部分规程并不完全适用，而管廊国标也并非对整个运维管理处描述得极尽详细。在此期间，运维团队也多次出京调研，向其他城市管廊学习运维先进经验。然而，管理团队发现不同的地区由于政策、环境等因素的不同，运维管理体系无法照搬，尤其是对于国家级重点项目冬奥会综合管廊来说，更无前例可循。因此，从 2019 年起，冬奥会运维管理团队多方借鉴经验，摸着石头过河，逐渐形成自己的运维体系。

13.3.4 精细化运维，平衡本与效

截至 2020 年年底，北京的综合管廊运维补贴政策尚不明朗，整个管理团队需自行承担所产生的运维费用。根据以往经验，冬奥会综合管廊逐渐采用精细化能源管理措施，例如通过研究如何更高效地开启风机、照明等廊内设备，以达到用最少的用电量获得最大的运维效益。2 年来的精细化运维成果是显著的，但是回顾整个过程可以说是十分曲折的，因为冬奥会综合管廊运维是国家级重点保障项目，需要在保证运维管理效果的同时一点点地摸索与实践精细化运维方式是十分考验运维管理团队耐心的。降本增效是运维管理恒久不变的主题，然而如何平衡"本"与"效"时刻考验着冬奥会综合管廊运维团队。现在回头来看的确十分艰难，既需要精打细算，又需要保证实际效果，可以说是步履维艰。

13.3.5 智慧化运维平台，人工与科技的碰撞

京投管廊公司通过住建部立项科研课题成果研发了冬奥会综合管廊智慧运维管理平台，将运维管理中的传统人工流程与纸质文件进行自动化流程与电子化存储，减少了沟通与纸质文件存储成本，逐步实现智慧化运维管理。但是各方人员接受电子化流程是十分困难的，例如之前施工单位入廊需提交纸质版入廊申请，智慧运维平台研发后需在手机入廊施工小程序进行申请，然而部分单位并不愿意使用新产品，仍然提交纸质文件。冬奥会综合管廊运维人员也对日常管理的电子化不是十分适应。由此可见，传统行业如果想进行改革，尤其是从人工化转向智慧化，是需要学习与改革成本的，传统人工与科技的碰撞必然会遇到阻力。其实，在整个冬奥会综合管廊工程中，任何的改革与创新都会遇到阻力，一个团队必须齐心协力攻坚克难，让整个团队实实在在体会到改革的不易。

13.3.6 日复一日，运维管理需耐得住寂寞

冬奥会综合管廊运维管理并不像设计管理与建设管理等有一个明确的完成时间，运维管理需要日复一日年复一年地工作，这样高重复性的工作看似并没有"高含金量"。冬奥会综合管廊位于远离北京市区的延庆山区，另外综合管廊运维国标规定，综合管廊必须实行24h 运行维护及安全管理。所以运维管理团队需在远离市区的项目一线进行日复一日的驻守，其中很重要的是要保持内心的平静，耐得住寂寞，才能够平心静气做好冬奥会综合管廊运维管理。其实在整个冬奥会全生命周期管理中的所有阶段，都会遇到工程推进的瓶颈期，在任何时候耐得住寂寞，静下心神都是十分关键的一步。

13.3.7 全生命周期末端，前期问题的显现与反馈

整个冬奥会综合管廊全生命周期包括规划、设计、建设、监理和合同等，运维管理作为整个全生命周期的末端，往往需要解决一些前期工作中所忽略的问题，前期工作问题的不足会在运维中显现出来，很多问题需要在运维管理阶段进行修正并向前期工作反馈。对于运维管理人员来讲有时候心里是"不平衡"的，然而从全周期末端的责任来讲，运维管理不能放任任何问题与隐患，方能保证安全。

13.3.8 运维管理的推进力——梦想·热情·能力

作为国内首条山岭综合管廊，运维初期是缺乏经验的，运维管理团队一路来筚路蓝缕，怀揣梦想，逐渐摸索，热情饱满，具备相关专业能力与责任心的管理者进行项目的推进。怀着"为天地立心，为生民立命，为往圣继绝学，为万世开太平"的情怀，进行冬奥会综合管廊运维管理的推进。在运维阶段秉持"梦想·热情·能力"的原则进行冬奥会综合管廊的运维管理，也是冬奥会综合管廊顺利完成的重要因素。

第 14 章

综合管廊建设过程中的节能减排

14.1 装备优化提升节能工况

为提高我国综合管廊运维管理智慧化、各监控系统融合统一化，解决运维管理过程中存在以人工为主、运维费用高、事故处理慢、信息化效率提高等问题，基于 BIM 和 GIS 的多尺度运维信息模型，研究综合管廊多源运维信息分类管理方法，利用大数据分析与融合技术，搭建集状态监测、故障报警、快速响应、辅助策略生成于一体的可视化平台，提出综合管廊智能运维管理体系及实施指南，开发城市综合管廊智能运行维护管理系统，从而提升综合管廊运维管理效率，降低运维管理风险，为保证"城市生命线"系统安全奠定技术基础。基于示范工程研究的阶段性成果，按照"研究—示范—优化—应用"的周期理论，找准示范工程特点，明确示范工程的管理主体、管理对象、功能定位、管理职责、工作流程等，制定对应的组织架构和管理机制、各个系统之间的业务衔接和协调机制，在新建的城市综合管廊有计划地逐步开展示范应用。该智慧平台数据采集、监控和运维等基础功能已于 2019 年 5 月在世园会管廊项目完成实施应用，后续通过进一步改进和丰富北京市综合管廊多元复合式协同监管体系内容和智慧运维功能，最终在冬奥会管廊项目完成示范应用。

该项目探索适合北京市的综合管廊运维监管模式，借助大数据、云计算等技术以及本地业务控制单元、融合通信系统，构建集常态监控、集中监管、智能预警等功能于一体的智慧运维管理平台，确保综合管廊"更安全、更高效、更经济"地运行，并引领北京市综合管廊技术标准和技术创新的发展方向。管理平台通过在冬奥会综合管廊项目应用示范中提出大数据分析、人员定位、无线通信关键算法，完善智慧运维管理系统、突破运维监管手段、创新运维监管平台、研究安全保障装备关键技术，解决综合管廊运维管理过程中的管理机制不健全、运维手段不智慧等关键问题，达到统一监控、高效运维、节约成本的目的，为政府提供高效便捷监管手段、为全国综合管廊运维管理树立典范。具体如下：

（1）研制基于物联网智慧网关的本地化业务控制单元装备，形成集数据采集、设备控制、边缘计算等一体的硬件产品，满足管廊智能化运行监控。

（2）开发基于运维管理平台下的管廊融合通信子系统，形成融合室内外人员定位、有线无线通信、消息发布的通信装备，满足管廊运维人员实时定位廊下人员位置和指挥调度。

14.1.1 本地化控制单元装备研究及应用

地下综合管廊属于地下空间基础设施建设，集多种管线为一体，当前地下综合管廊远程控制设备为 PLC，机柜体型较大，价格昂贵，采用有线网络连接；基于此基础，为降低成本，研发一套基于 LoRa 窄带物联本地化控制单元（简称 LCU），本着小型化、智慧化、节约化设计理念，采用 LoRa 窄带物联技术实现综合管廊数据和状态的采集与设备控制；同时还兼容了边缘计算技术等行为识别，实现标准化、模块化、智能化产品设计，使产品具备可扩展、易维护等性能，成为智慧管廊系统中一个核心设备。本地化控制单元装备作为数据采集终端，为智慧化运维平台提供数据来源，功能设计和性能设计都需符合运行标准。

本地化控制单元（LCU）管廊综合控制器内置嵌入式 Intel CPU，集成高性能处理器及丰富的通信接口和 IO 模块，可抗震的 mSATA 系统磁盘，支持多种嵌入式 Linux 操作系统，开放式控制器系统状态监测 API 接口，无风扇低功耗设计，紧凑型设计，适合控制柜安装，核心模块采用模块化设计，分布式系统架构，主要包含如下模块：控制器（LCU-M）、数字量采集板卡（LCU-DI），数字量输出板卡（LCU-DO），模拟量采集板卡（LCU-AI）。与当前 PLC 设备比较，LCU 设备优势有如下几点：（1）自动化控制器：可使用导轨方式安装，型号紧凑，具备丰富的 I/O 模组；（2）电源：采用当前智能电源设计，快速启动，具备 24h 备份；（3）可靠性：具有高可靠性，一键式系统恢复，状态异常告警提示；（4）热插拔：无需关闭系统，易维护和集成；（5）灵活度：具备高灵活度，分布式模块化设计方便系统扩展。设备外观见图 14.1-1。

图 14.1-1　LCU 设备内部部件产品外观

该产品应用效果主要体现为：（1）降低成本：地下综合管廊现场使用 PLC 产品，由于 LCU 产品体型小，不需要放线、接线等工作，经测算，若采用 LCU 产品建设成本可降低 20%。（2）扩展性强：单个 LoRa 模块理论支持 65536 个终端接入，只需增加现场终端设备即可。（3）环境适应性和电磁兼容性测试：经检测在 −30℃低温里工作和存储 12h，在 60℃ 高温里工作和存储 10h，试验结束后，结构外观和功能正常，具体测试结论参见《综合管廊本地化控制单元》环境适应性检测报告。（4）数据完整性：该产品满足 7×24h 无间断数据采集，以及 LoRa 无线数据传输，保证数据的完整性，无丢包，采集误差小于等于 0.1%，通信距离满足 200m 内数据无差错，全链路内丢包率为 0。该产品除了在冬奥会应用外，也将逐步在世园会、新机场线、7 号线东延、26 号线王府井等管廊管线中使用。目前，本地化控制单元装备已在 7 号线东延签署应用。

14.1.2　融合通信系统研究与应用

随着社会的发展，加强部门协作、联合行动、高效处理突发事件是所有业务部门的迫切需求。但是目前通信设备种类繁杂、通信功能单一、通信系统之间存在壁垒、通信系统无法与业务系统形成联动，这些现实困难就对通信手段提出了更高的要求：能够有效融合通信手段，提高通信的时效性，形成通信与业务的联动。融合通信平台是基于公有云或私有云平台的全 IP 构架系统，与 4G/5G、有线网以及各类专网技术完美融合后，可轻松完成大范围不同人员统一通信指挥，实现全员协同通信、实时视频指挥、资源 GIS 管控和图形化任务交互；系统具有良好的兼容性、实用性、安全性和可靠性，在异地异网情况下实现全部功能的统一部署和管理；系统实现了平战结合，为应急指挥提供了最广泛的通信能力，最丰富的基础决策信息，最有力的执行手段。根据冬奥会的具体情况，京投管廊公司建议部署融合通信平台整合现有各种音、视频通信系统，增加移动应急通信能力，与相关业务系统形成联动，形成一套多系统的统一接入、统一管理和集中调度的融合通信系统。融合通信平台是新一代基于 IP 网络的多媒体音、视频调度系统整体解决方案，满足用户音、视频业务的需求和应急指挥调度需求。系统整体拓扑见图 14.1-2。

在监控中心安装部署了大屏系统、音响系统、大型会议室终端、多媒体集群调度台、GIS 调度台、调音台等设备，指挥中心通过 HDM1 视频连接线将调度台与大屏连接起来，现场视频终端回传的视频可以被推送到大屏上显示；多媒体集群调度台通过音频连接线连接到调音台，再从调音台连接到音响设备，使现场终端的语音也可以和指挥中心互通，领导通过指挥中心调音系统和终端用户实时回话，提高了指挥中心对各终端用户现场的实时监控和指挥。指挥中心管理员可以对分控中心任意用户、现场终端任意用户发起集群对讲，同时还可以任意将非对讲组中的成员添加到对讲组中，指挥中心配有专用的对讲操作器，方便、快捷、高效地指挥音响系统，优质、高清音频带来最佳的语音外放质量。多媒体调度台高度集成了电容触控操作屏、专业手柄、对讲话筒、专业扬声器、高清摄像头等设备，可与指挥中心部署的大屏显示设备、音响设备、中央控制设备等完美结合，轻松实现专业的音视频指挥调度操作，见图 14.1-3。

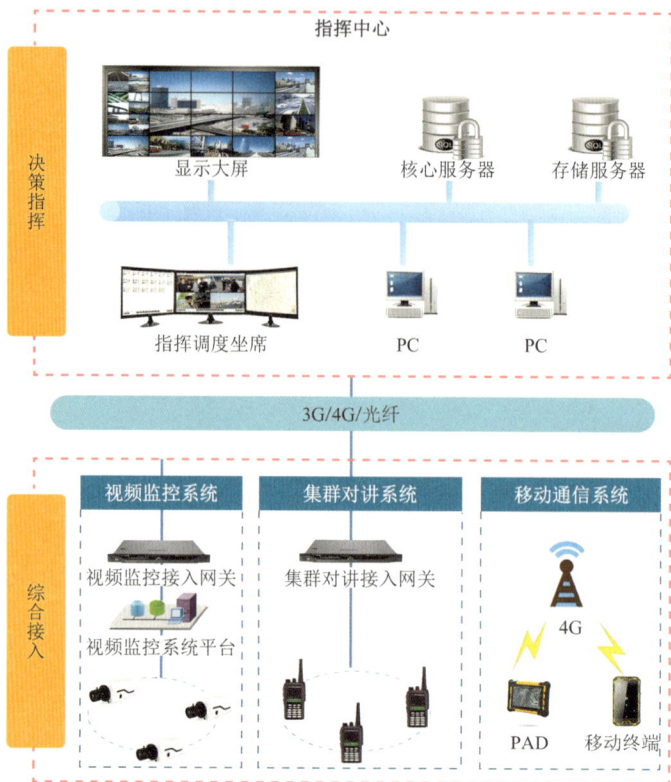

图 14.1-2　系统整体拓扑

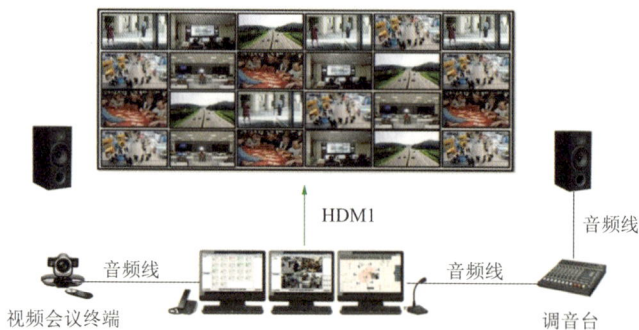

图 14.1-3　融合通信部署逻辑

　　针对目前综合管廊内无电话信号覆盖的特点，以及综合管廊前期建设投入成本大现象，本课题以目标协同为前提、组织协同为保障，并以主体互动、要素整合为发展思路，运用管理协同理论、圈层结构理论，采用流程分析模型、雷达图、矩阵分析等系统科学分析方法，构建"统一通信、广域覆盖、移动视频、GIS 资源动态管控"的综合管廊融合通信系统，主要内容包括：

　　（1）语音通信功能。系统可实现调度台、固定终端、手持终端、可穿戴终端之间的语音通信，可实现传统电话的接入。实现多种语音通信系统的集中接入、集中管理、集中调度，并可实现不同语音通信系统之间的互联互通。系统支持多用户的呼叫并发功能，包括调度台用户；支持多级分布式级联部署。系统支持在调度台上进行语音通话控制功能，包括：强插、强拆、代接、通话转移、监听、通话队列、禁话等功能。

（2）集群对讲功能。系统可实现调度台、固定终端、手持终端、可穿戴终端之间的集群对讲功能，可实现一键呼叫、话权申请、动态建组、滞后进入、切换对机组、踢出对讲、追呼、话权释放、结束对讲等功能，可将传统通信设备纳入集群对讲组，实现统一指挥调度。

（3）视频通信功能。系统支持丰富的视频融合功能，将有线/无线视频、视频监控和视频会商融于一体，实现了强大的视频融合功能，满足了应急状况下音视频的高度统一和快速响应的需求。通过多媒体调度台对任意移动终端或固定视频信息进行统一管理，可以对这些视频进行录像、抓拍等，可以将实时的视频和图片对系统内任意用户进行分发、转发等，真正实现视频信息的扁平化和快速协同共享。系统支持双向视频呼叫、视频并发回传、视频会议、视频分/转发、远程抓拍等功能。

（4）消息发布功能。系统支持短消息聊天、消息群发、定时消息发送、消息语音播报等。通过与业务应用的紧密结合，可实现信息传递、信息播报、告警提醒等功能。信息发布功能除了提供人和人之间文字信息交互手段，也为系统和人员交互提供了技术手段，便于更多人机交互智能化业务功能的开发和应用。

（5）录音录像功能。系统支持通信过程中的录音录像，可通过调度台检索、播放、调用、删除、转存录音录像的内容。通过录音录像功能，可以将重要的通信内容进行保存，以便后续查证和存档。

（6）网络融合功能。系统实现有线数据网、无线数据网络、3G/4G 数据网络的融合，可以实现跨不同网络之间终端设备语音、视频和消息通信，还支持将传统通信设备接入，真正实现多制式跨网络的融合通信。系统可实现多层级、跨区域集团式的指挥调度应用，满足各类复杂的指挥调度沟通业务应用。

（7）室内外定位功能。系统中融合通信可穿戴终端和手持终端可应用 GPS/北斗的室外定位，也支持蓝牙/Wi-Fi 的室内定位，同时还可以将这两种定位进行结合，无论在室外还是室内，都可以进行定位，更好地满足实际应用需求。最直观的效果是成本的降低，然后是课题研究成果在很多方向的应用，并形成研究成果的转化和社会效益。

本项目在管廊内敷设智能终端设备，构建基于全 IP 构架的，融合室内室外定位技术，又融合有线和无线数据网络，同时可融合 3G、4G 公共网络（未来可接入 5G）和传统电话通信、视频监控、集群对讲等多网络融合的通信产品。整合现有语音、数据、视频等多媒体业务信息通信，实现电话呼叫、集群对讲、视频通话、分级广播、人员定位、数据调度等多媒体调度业务，为指挥调度、应急通信、协同管理提供丰富的通信并可以与业务管理、安防报警、应急指挥等应用系统进行深度融合，能够满足各种行业多层跨区域的应急指挥和日常管理应用需要。可以实时监测廊内环境状况，并结合融合通信智能终端设备，实现与监控大厅人员的实时问题以及突发事件的上报，提高巡检人员的安全作业，并降低安全隐患发生率。目前融合通信系统在冬奥会示范应用，融合通信系统终端设备包含 AP 天线、蓝牙定位标签、IP 固话、智能安全帽、移动手持终端、工作站、服务器。AP 天线、蓝牙定位标签作用为建立通信网络；在管廊内应敷设 AP 天线和蓝牙定位标签，其中 AP 天线安装在管廊顶部，200m 一个，蓝牙定位标签较小，也安装在管廊顶部，60m 一个。IP 固话作用为廊内人员与监控中心人员通话，每一个分区敷设一个，可通过融合通信子系统向对应的固话拨打电话。智能安全帽作用为保障人身安全以及对人员实时定位、追踪位置，并可实现一键呼救、对讲、视频通话、照明、拍摄功能。移动手持终端同样具备一键呼救、对讲、视频通话、照明、拍摄功能，还具备人员定位功能。融合通信子系统工作站部署在监控中心，主要实现与廊下固定 IP 电话、手持终端、智能安全帽的语音通话、视频通话、集群对讲、语音广播、文字广播，解决了廊下通信困难，沟通困难，提高了廊下人员的安全；应用效果如下：

（1）提高了廊下与地面人员的通信效率，实现多网融合。

（2）多网融合，支持 3G/4G/5G 网络；多定位融合，支持 GPS/北斗室外定位，室内支持蓝牙/Wi-Fi 定位。

（3）通信效率：人员定位精度达到 3m 以内，语音传输延时 < 50ms。

（4）可以实现多种通信方式的融合，语音、视频、音频的播报，同时支持多个调度平台的融合，实现运维管理平台和项目级平台之间的调度。

14.2　精细化能源管控策略助力运营期节能

2015 年综合管廊建设标准《城市综合管廊工程技术规范》GB 50838—2015 正式颁布实施，在住建部、财政部、发改委等相关部门的大力推进和支持下，各地相继开展大规模综合管廊建设。据预测，未来地下综合管廊需建 8000km，若按 1.2 亿元/km 测算，投资规模将达 1 万亿；同时，随着投入运营的里程逐年上升，随之而来的运营管理压力也将逐年增大。据调研测算，目前管廊每公里每舱年能耗费用达 6 万元，到 2035 年，仅北京一城就将规划建成管廊 450km，届时年能耗费用将高达 8000 万元，给管廊事业的可持续发展带来巨大压力。

在大力推进综合管廊建设的同时，国家对综合管廊高速发展并注重精细化集约节约发展的大方向也提出了明确要求。在国家发改委印发的《2019 年新型城镇化建设重点任务》中，多次强调了城镇化建设过程中集约节约的重要性，提出了"坚持新发展理念，坚持推进高质量发展，推进大城市精细化管理"的指导思想。

作为城市基础设施的重要组成部分，综合管廊的精细化能源管理是提高城市管理效率、降低财政压力的重要举措，是改善城市生产、生活环境，提升城市品位的有效途径。然而，尽管发展迅速，但是我国综合管廊建设起步时间不久，在管廊的节能管理工作中仍存在一些典型的亟需解决的问题。

14.2.1　通风方案节能

随着综合管廊建设的快速发展，对于一些山地城市，综合管廊存在地形高差，例如山东青岛城区的综合管廊，400m 距离地势高差近 15m。在考虑利用地形高差上，一方面可以维持管廊内的新风量，满足人员检修要求；另一方面可以利用压差实现自然进风、自然排风的要求，真正意义上实现综合管廊通风系统全生命周期节能、精细化设计。

冬奥会综合管廊通风区间长 240m，进、排风口高差近 10m，利用 ANSYS Fluent 软件对其气流组织进行模拟。管廊内电缆均匀放热，发热量为 16 根 × 12W/m × 0.3（系数）=

57.6W/m，其余墙壁均设为绝热墙壁。管廊模型见图 14.2-1。

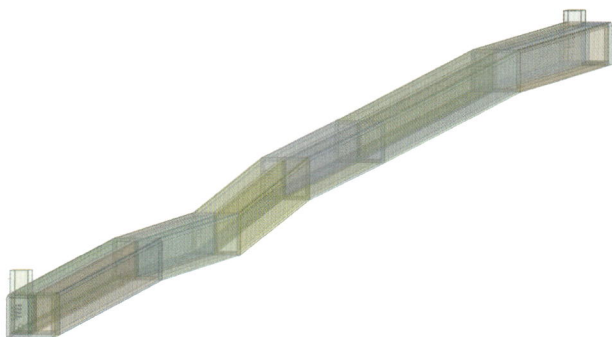

图 14.2-1　冬奥会管廊三维模型

由图 14.2-2 可以看出，管廊内较低端位置压力较高，较高端位置压力较低。最底端压力最高约为 47.74Pa，最高处压力最低约为 −113.8Pa。各个截面位置的压力云图反映，管廊内压力均与高度直接相关，高度越高，压力越低。

根据图 14.2-3 沿管廊长度方向截面温度云图可以看出，管廊内低处入口处温度较低，约为 27.30℃，高处出口处温度最高，约为 37.68℃。高处出口处存在温度较低的位置，是因为出口处存在外界空气回流。

由上述结果计算得到整个管廊内的空气平均流速为 0.480m/s，根据入口空气流量和管廊截面面积，可以计算得到管廊内空气水平方向流动的平均速度约为 0.222m/s。

上述模拟的前提条件是外界无风的情况，管廊内的气流变化仅靠电缆发热的热压，而实际情况下管廊外部存在一定风速，可以通过自然通风实现电力舱室的电缆散热。本次模拟的冬奥会综合管廊通风区间的坡度约为 4.2%，结合冬奥会综合管廊的通风系统，在平时运行时无需开启风机，在管廊内可感受到风速，其通风区间的坡度约为 4.5%。因此，在山地城市，或管廊进、排风口存在较高地势差的情况下，当管廊通风区间的坡度达到 4.5%时，应结合实际情况考虑采用自然进、自然排的通风形式，实现节能、低碳运行。管廊内整体流线图见图 14.2-4。

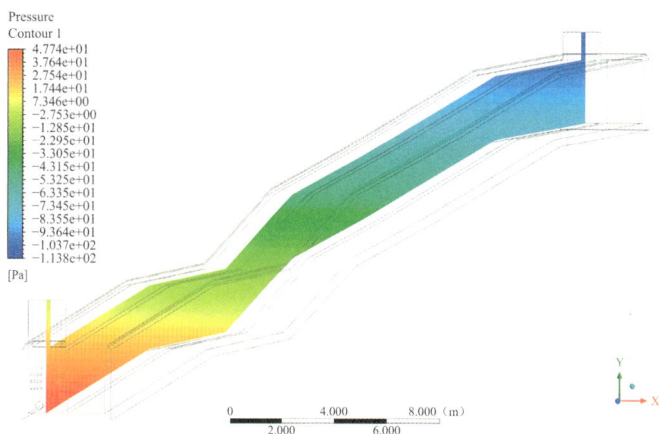

图 14.2-2　沿管廊方向压力云图

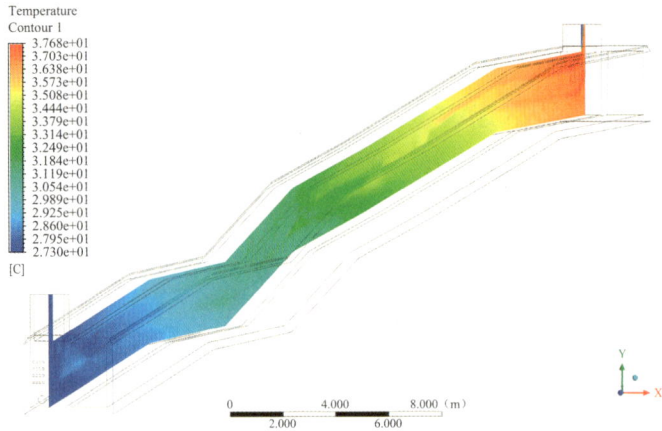

图 14.2-3　沿管廊方向温度云图

图 14.2-4　管廊内整体流线图

14.2.2　照明方案节能

《城市综合管廊工程技术规范》GB 50838—2015 第 7.4.1 条对综合管廊内部的照明效果提出了明确要求，要求人行道上的一般照明的平均照度不应小于 15lx，最低照度不应小于 5lx；出入口和设备操作处的局部照度可为 100lx。

通过文献检索可知亮度和照度都是从数字层面定义光，但采用的视角不一样。亮度英文为 Luminance，单位是坎德拉每平方米（cd/m^2）。亮度反映一个物体的表面，可能是发光面也可能是反光面发出光线的强弱，强调的是人眼的主观感受。而照度英文为 Illuminance，单位是勒克斯（lx），是较为客观的一个量，反映的是物体表面接受光能量的多少。综合管廊内部照明主要用于人员巡检需要，更应该注重巡检人员的视觉感受，见图 14.2-5。

由照明学相关规定可知，路面照度均匀度是路面上最小照度与平均亮度的比值。良好的视功能要求路面照度均匀度不能过大，否则亮的部分会形成一个炫光，从而影响巡检人员的日常工作。《城市综合管廊工程技术规范》GB 50838—2015 中规定管廊人行道平均照度 15lx，最低照度 5lx，则人行道亮度均匀度为 $\frac{5lx}{15lx} = 0.333$；同时路面照度纵向均匀度是指巡检通道中心线上最小亮度与最大亮度的比值，如果在人行道中心线上，反复出现亮带和暗带，形成所谓的"斑马效应"，会使巡检人员在巡检过程中十分烦躁，进而影响巡检人员的心理，造成安全隐患，所以廊内的路面照度纵向均匀度也不能过大。图 14.2-6 为总功率相同的灯具按不同间距设置的仿真效果。

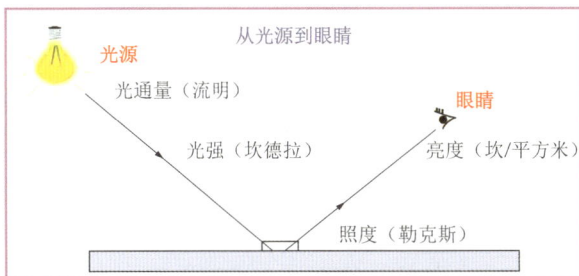

图 14.2-5　光源反射示意图

(a) 8m 间距 8W 灯具照明效果　　　　　(b) 6m 间距 6W 灯具照明效果

图 14.2 6　不同分布间距灯具照明效果

由图 14.2-6 可以看出，在舱室总照明功率不变的前提下灯具分布越均匀其照明效果越好。

最后，从照明控制角度考虑如何降低廊内照明能耗。从节能考虑只点亮在人附近的灯其余灯具关闭节能效果最佳，但如上文所述，当亮度比较大时会对巡检人员心理造成不良影响，降低巡检效率，且巡检人员在舱室内部可能需要根据巡检工作在不确定的位置进行停留，如灯具分组数量较多则需要增加大量的照明配出回路，反而会增加一次投资和照明配电设备及线路的运维工作量，因此按防火分区划分照明控制单元，以照明控制与人员定位系统相结合的方式控制照明设备更为合理。

14.2.3　供配电系统及弱电系统配置优化节能

针对综合管廊供配电系统节能，分析了综合管廊的传统供电方式。传统综合管廊通常采用双回路供电，每一路各带一台变压器负担管廊内一半的负荷，当一路电源或变压器故障时另一路负担全部二级负荷。变压器设计负载率一般控制在60%左右，但根据现场实测表明通常情况下通风、照明系统等设备无需工作，变压器负载率在10%左右。变压器总体无功损耗虽然降低，但在整体功率中占比加大，造成功率因数超标。

首先针对示范工程中遇到的实际问题，通过在变压器高压侧加装动态无功补偿装置对包含变压器在内的负载进行集中补偿，提高了功率因数消除了因功率因数超标而引起的力调电费。

其次，对双变压器供电及单变压器＋UPS供电方式的供电可靠性进行对比。目前各变压器厂家均无法提供可用性数据等相关数据，UPS厂家仅能够提供无故障工作小时数数据。本次研究通过对变压器故障的统计数据与UPS无故障工作小时数进行归一化处理，最终得出单台变压器＋UPS供电的供电可靠性不低于双变压器供电可靠性的结论。采用此种方式可以大大提高变压器的负载率，使其工作点更接近高效工作点，大大降低变压器损耗的同时保证了功率因数达标，避免力调电费的产生。

针对管廊弱电系统节能的研究主要采用文献检索和厂家座谈的方式，主要确定了交换设备在管廊能耗体系中的重要构成。然后分别从电接口节能、光接口节能、风扇智能调速、能效以太网等方面对现有设备、技术在管廊中的应用制定了相应的规定和指导。

1）建立分项能耗理论模型

通过数据挖掘与理论分析，理清了管廊能耗结构，冬奥会管廊实际能耗结构图见图14.2-7。

管廊弱电系统用电占比最高，占总用电量的23%，监控中心用电次之，占总用电量的20%，消防设备用电量占总用电量的16%，舱室照明用电占17%，变压器损耗偏高占总用电量的14%。由于当前管廊温度全年处于较低水平，基本无通风降温需求，因此风机能耗较低，只占总用电量的1%。根据管廊实际能耗特点，可将管廊能耗模型展示见图14.2-8。

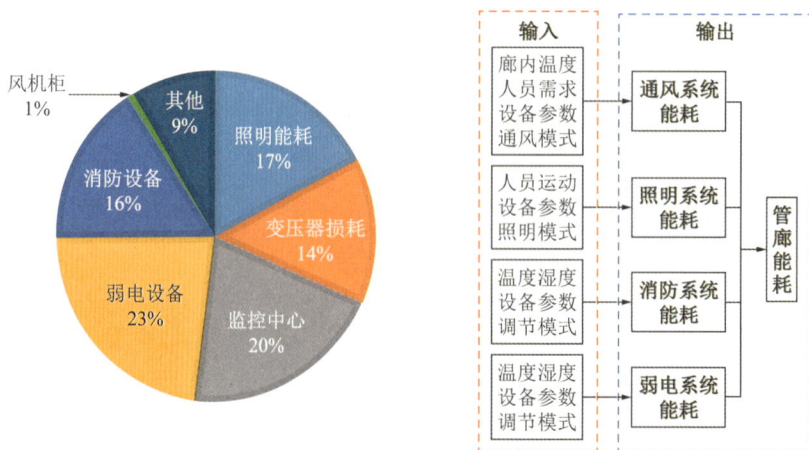

图 14.2-7　冬奥会管廊典型月能耗结构图　　　图 14.2-8　管廊理论能耗模型

（1）弱电设备能耗模型

基于环境参数和动态调节模式建立了弱电系统理论能耗模型。图 14.2-9 为一典型日检修电源箱逐时用电量，检修电源同时负责廊内普通照明、生产用电及弱电系统用电，根据设计资料及现场实地调研，对主要弱电设备数量进行统计，同时对逐时功率进行回归分析。弱电设备理论计算值与实际值对比见图 14.2-10，可以看出实际值与理论值误差在 10% 以内，说明弱电设备能耗模型计算结果准确可信。

图 14.2-9　典型日弱电设备逐时耗电量　　图 14.2-10　弱电系统能耗理论值与实际值对比

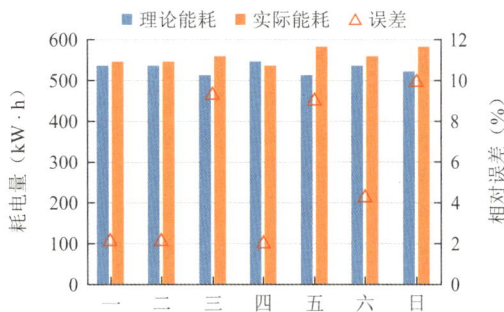

（2）消防设备能耗分析

图 14.2-11 为一典型日消防电源箱逐时用电量，消防电源同时负责廊内应急照明、EPS 及消防设备用电，可以看出消防设备的逐时用电规律与弱电设备基本相同。因此，同样基于环境参数和动态调节模式建立了弱电系统理论能耗模型。根据设计资料及现场实地调研，对主要消防设备数量进行统计，同时对逐时功率进行回归分析。消防设备理论计算值与实际值对比见图 14.2-12，误差在 10% 以内，说明消防设备能耗模型计算结果准确可信。

图 14.2-11　典型日消防设备逐时用电量　　图 14.2-12　消费系统能耗理论值与实际值对比

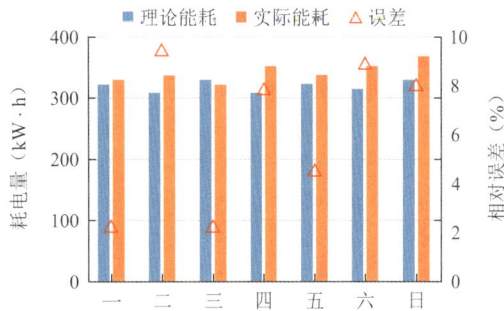

（3）管廊照明能耗分析

图 14.2-13 为冬奥会管廊 10 月份一典型日管廊逐时用电量，可以看出管廊用电呈现明显的时间分布规律，0 时至 6 时、19 时至 23 时，管廊内无巡检及其他作业，此时用电基本

为固定设备用电，每小时用电量几乎没有变化；从 7 时开始，运维人员入廊巡检，管廊开启照明设备，用电量开始上升，由于巡检位置、巡检时间、作业位置、作业时间并不固定，开启照明设备的区间及开启时长也会发生变化，能耗也随之发生波动。因此，基于巡检人员巡检计划、巡检规律和照明控制模式，构建了照明系统能耗理论模型见图 14.2-14。

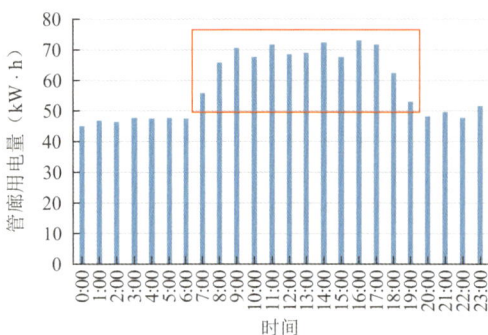

图 14.2-13 典型日管廊逐时用电量

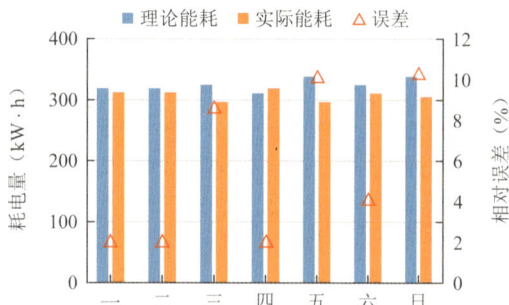

图 14.2-14 照明系统能耗理论值与实际值对比

（4）风机能耗

由于当前管廊温度全年处于较低水平，无通风降温需求，因此风机基本处于关闭状态。管廊风机均为定频风机，定频风机的能耗计算可由时间功率法计算得出。

（5）监控中心能耗分析

监控中心实际上是一座小型办公建筑，按使用功能划分为监控大厅、办公室、食堂、宿舍、机房等区域，其能耗指标可参照当地公共建筑能耗的能耗指标。

图 14.2-15 为 2020 年采集到的监控中心逐月用电量，图 14.2-16 为典型月监控中心逐日耗电量，过渡季 10 月（无供冷供暖）用电可作为基准电量，总电耗 1.33 万 kW·h；夏季 8 月需要开启空调供冷，电耗稍高，总电耗 1.63 万 kW·h；冬季 11 月随着供暖开始，电耗升高为 1.90 万 kW·h，至 12 月升高至 3.06 万 kW·h。

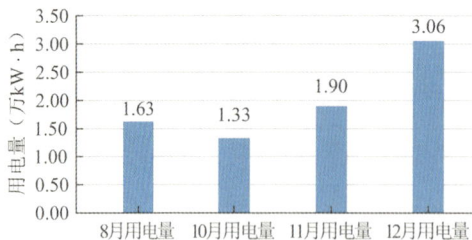

图 14.2-15 监控中心逐月耗电量

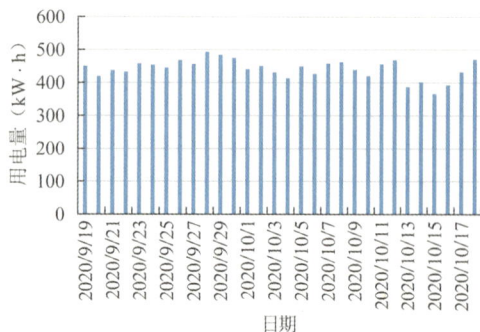

图 14.2-16 典型月监控中心逐日耗电量

监控中心用电主要包括综合监控室、餐厅、宿舍等用电，由图 14.2-17、图 14.2-18 可以看出，0:00～6:00 用电量比较稳定，基本为综合监控室设备及机房用电，见表 14.2-1。

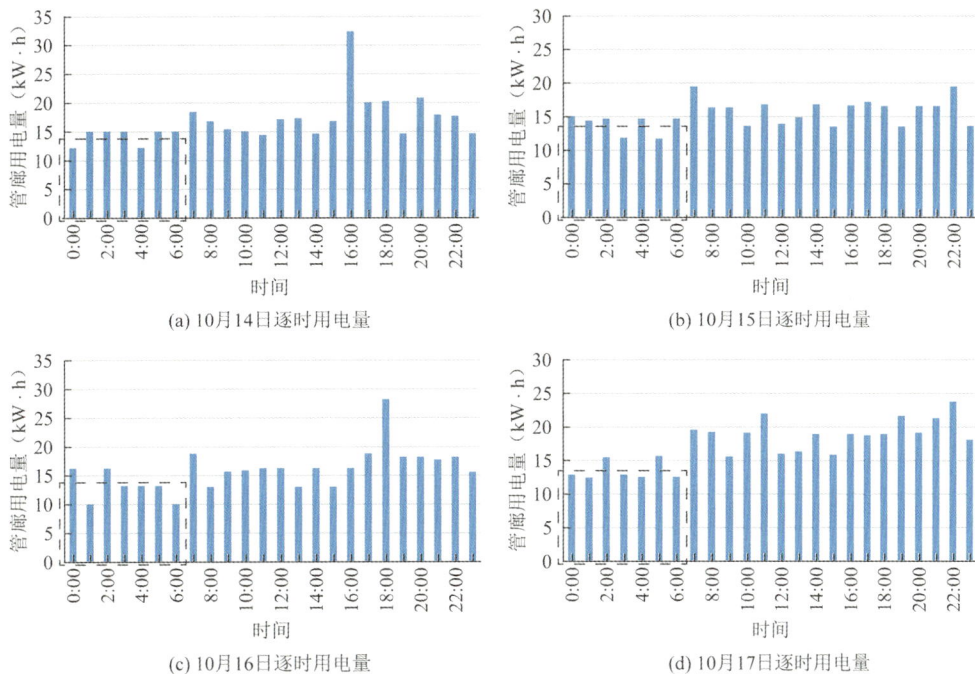

(a) 10月14日逐时用电量

(b) 10月15日逐时用电量

(c) 10月16日逐时用电量

(d) 10月17日逐时用电量

图 14.2-17　典型日逐时用电

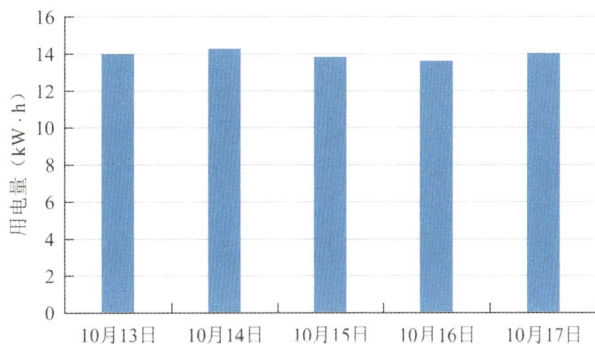

图 14.2-18　监控中心 0~6 点小时平均用电

综合监控室主要设备统计　　　　　　　　　　　　　表 14.2-1

	项目	数量	功率（W）	总功率（kW）
综合监控室	拼接液晶显示屏	18	260	4.68
	服务器	18	500	9
	监控设备	11	10	0.11
	总计	—	—	13.79

采用定额水平法制定综合管廊能耗指标体系。冬奥管廊（含监控中心）月能耗指导值为 4.4 万 kW·h，单舱单公里 1600kW·h/月；月能耗约束值为 5.3 万 kW·h，单舱单公里 1800kW·h/月，可作为其约束值。在建立建筑能耗指标体系时，可制定高能耗天数限额，即时间指标。根据月能耗约束值计算得出日能耗 1763kW·h/d，当管廊日能耗超过 1763kW·h/d

时应设立报警机制，需运维人员查出高能耗的原因。图 14.2-19、图 14.2-20 为各能耗区间的分布情况以及占比情况。

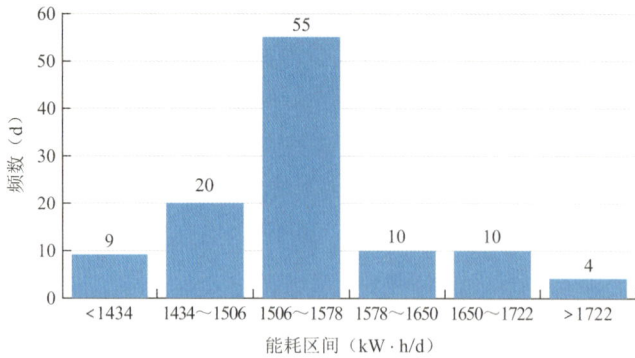

图 14.2-19　能耗区间分布

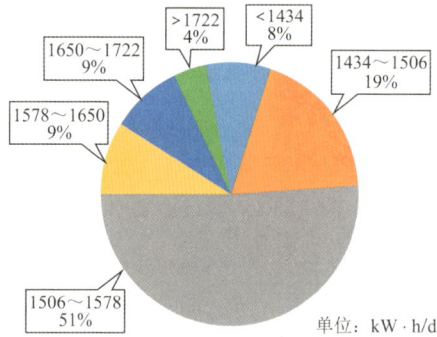

图 14.2-20　能耗区间分布占比

确定了总能耗指标后，再分别确定分项能耗指标。

①弱电系统

以前文弱电系统能耗模型及精细化运行后弱电系统实际用电量为基准进行分析，弱电设备合理运行值为 323.0kW·h/d、9700kW·h/月，单舱单公里 353kW·h/月，约束值为 15000kW·h/月，单舱单公里 542kW·h/月。图 14.2-21 和图 14.2-22 为弱电系统的用电情况。

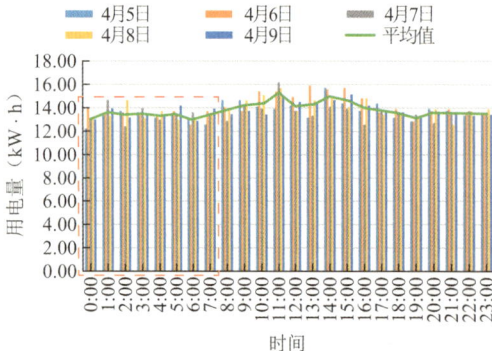

图 14.2-21　弱电系统典型日逐时电量

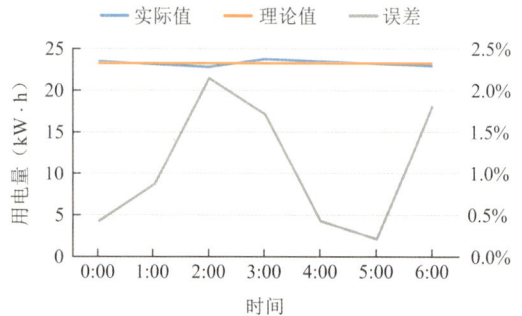

图 14.2-22　弱电系统理论值与实际值对比

②消防系统

以前文消防系统能耗模型及精细化运行后弱电系统实际用电量为基准进行分析，消防设备合理运行值为 192.0kW·h/d、5800kW·h/月，单舱单公里 210kW·h/月，约束值为 11000kW·h/月，单舱单公里 377kW·h/月。图 14.2-23 和图 14.2-24 为消防系统的用电情况。

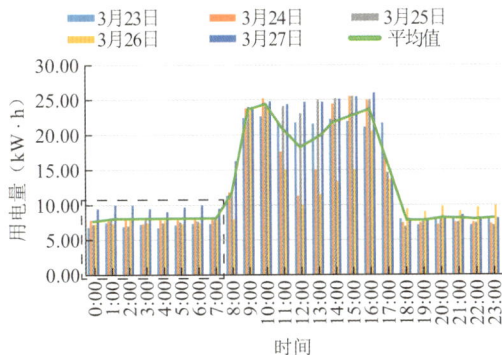

图 14.2-23　消防系统典型日逐时电量

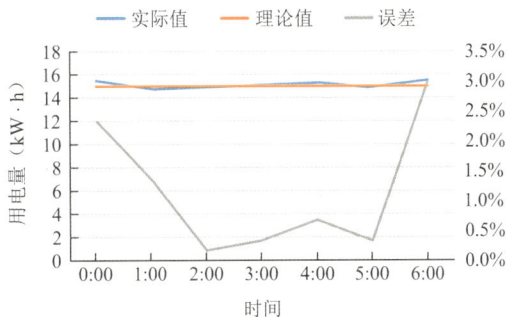

图 14.2-24　消防系统理论值与实际值对比

③舱室照明

以精细化运行后能耗数据为基础进行分析，引导值电量应为 5500kW·h/月，单舱单公里 200kW·h/月，约束值为 11000kW·h/月，单舱单公里 412kW·h/月。

④风机系统

当前管廊温度全年处于较低水平，无通风降温需求；基于运维人员通风需求：取《缺氧危险作业安全规程》GB 8958—2006 中的氧气体积分数下限 19.5% 为氧气值安全浓度，当前管廊氧气浓度值满足规范要求；从运维人员通风需求看，无需开启风机。

对于示范项目冬奥会管廊，根据管廊的巡检计划及理论能耗模型，计算得出管廊的月能耗引导值为 4.40 万 kW·h（含监控中心用电），约束值为 5.30 万 kW·h（含监控中心用电），见图 14.2-25。并在此基础上，制定了管廊内部设备的分系统能耗指标，见表 14.2-2。

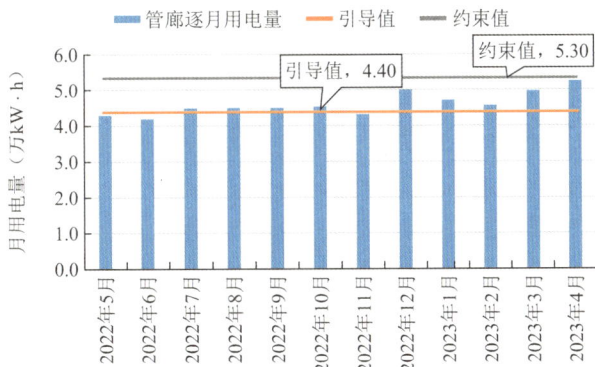

图 14.2-25　冬奥会管廊月能耗指标（含监控中心）

冬奥会管廊分系统能耗指标体系（kW·h/月） 表 14.2-2

用能系统	引导值	约束值
照明系统	5500	11000
弱电系统	9700	15000
消防系统	5800	11000
总计	21000	37000

注：表中数据不包含监控中心，监控中心能耗参照当地公共建筑能耗指标。

对于一般的山地管廊，由于监控中心的规模不同，因此其能耗水平存在不确定性。为了排除监控中心能耗的干扰，制定出更具有普适性的能耗指标，将监控中心能耗排除后，根据合理的运维模式及理论能耗模型，将山地管廊各分系统能耗进行归一化，制定出更具普适性的能耗指标体系，见表 14.2-3。山地管廊由于存在较大的高差，管廊内部自然通风效应明显，依靠自然通风就能满足廊内环境参数及运维人员需求，故机械通风能耗为零。

山地管廊分系统能耗指标体系 [kW·h/(单舱单公里·月)] 表 14.2-3

用能系统	引导值	约束值
照明系统	200	412
弱电系统	353	542
消防系统	210	377
总计	763	1331

2）基于能耗结构的节能潜力分析

（1）变压器损耗

由图 14.2-26 可知，冬奥会管廊典型日各变电站逐时总用电量最大仅为 100kW·h 左右，转换成视在功率为 125kVA，而变电站总配置容量高达 4200kVA，管廊当前实际用电情况与变压器配置容量严重不匹配。图 14.2-27 为典型日各变电所变压器负载率，可以看出各变电所变压器负载率在 2%～9% 之间，变压器容量配置严重偏大，通过查阅设计说明发现，该项目各用电分项负荷设计值远高于实测值，主要原因是国内当前管廊实际运行能耗数据匮乏，管廊用电负荷特性也缺少研究，设计人员往往是参考民用及工业用电负荷特征进行取值，并在此基础上增加预留负荷，导致设计值与实际用电负荷并不匹配，末端设计负荷偏大。同时，由于不清楚管廊用电负荷特性，末端设备同时使用系数取值偏保守，从而导致变压器选型过大。而变压器的经济负载率通常在 45% 左右，此时变损在 2% 左右，严重偏低的负载率导致其损耗占比较高，占总用电量的 14%；另外，由于用电负荷严重偏低，项目所在单位每月还需向电力部门缴纳一定的"罚款"，增加了运维成本。

综合管廊的建设在我国尚处于起步阶段，该项目已暴露出变压器设计选型不合理的现象。在后续管廊建设中应准确预估管廊实际负载并根据最佳负载率选择变压器，一方面，需要设计人员在设计过程中合理取值计算；另一方面，在运营管理过程中，运维人员应重视实际运营数据的收集，及时向设计单位反馈管廊实际用能特征，为后续优化设计提供数据支撑。

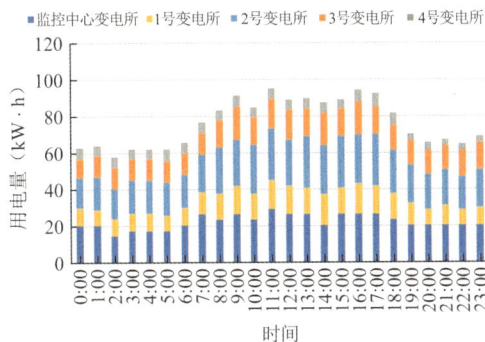

图 14.2-26 冬奥会管廊各变电站逐时用电量

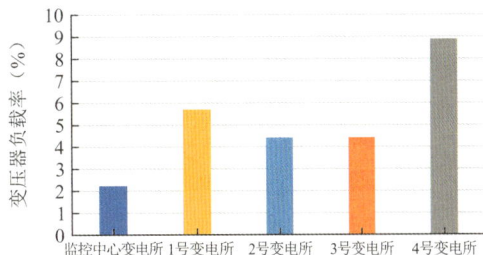

图 14.2-27 冬奥会管廊各变电站负载率

（2）照明能耗

管廊当前执行的照明策略是普通 + 应急同开同关，照明开、关均为人工凭经验控制，并没有清晰统一的控制策略，导致每日开启的照明时长并不相同，每日照明能耗差异显著。目前新建综合管廊内均设有蓝牙定位系统，其主要功能是对廊内巡检、作业人员实现实时定位，管廊的照明控制应充分利用该系统的定位功能，在检测到人员位置信息的区域自动开启照明，没有人员的区域则关闭照明，该种控制策略自动化程度更高，比单纯依靠人工控制更加精准，照明能耗也会进一步降低。另外，根据设计说明，应急照明只在应急疏散情况下启用，运维人员应结合管廊内实际照度开启照明灯具。通过测试单开普通照明或单开应急照明，以管廊内实际照度值调整灯具开启数量，进一步达到节能的目的。

（3）防结露加热装置

根据前文分析，管廊内各配电单元箱的防结露加热器耗电量占管廊总耗电量的 16%，现场实地调研发现，加热器开启的初设条件设置较为严苛，即"环境温度低于 15℃或者相对湿度高于 60%时即开启加热功能"，导致加热装置几乎全天 24h 运行。根据现场实测温湿度数据，只有在夏季室外湿度较高时，管廊内靠近风亭区段有结露现象发生，而在过渡季及冬季管廊内基本无结露现象，因此该加热装置并无全年运行的必要。

因此，对于当前综合管廊配电柜里普遍配置的防结露加热装置（除湿器）的开启条件建议设置为"管廊内环境温度低于 0℃或者相对湿度高于 90%时开启"。

3）综合管廊精细化能源管理策略

通过分析管廊的能耗数据并考虑实际运维需求，发现了节能的可能性。在管廊的运营中，有几个关键点被识别为潜在的节能机会，包括关闭温湿度控制器、变电所照明以及应急和普通照明，预计可以减少电耗大约 23%～28%。

图 14.2-28 为基于能耗结构分析并考虑运维人员实际需求的精细化运行管理策略框架图，具体分为弱电设备、消防设备、照明系统、动力设备、变压器损耗。

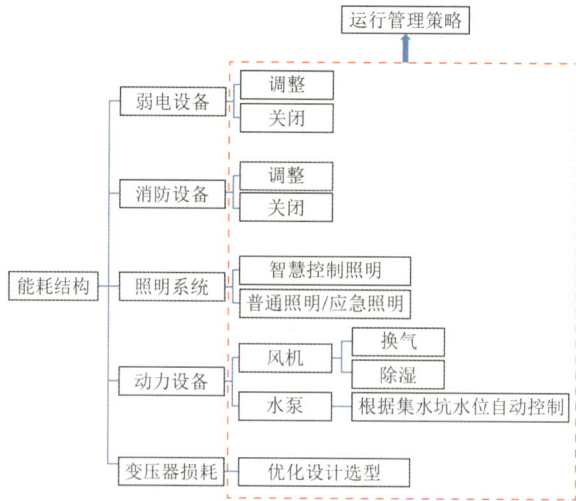

图 14.2-28　精细化运行管理策略体系

（1）弱电/消防设备

前文分析可知，弱电/消防设备中的防结露加热装置并无全年运行的必要，根据加热装置的工作条件，可知冬季廊内空气露点温度远低于壁面温度，不会出现结露情况，而廊内空气温度基本在 15℃以下，图 14.2-29 也证明了这一情况。按照加热装置的初设条件（表 14.2-4），加热器基本处于 24h 运行状态，造成电量浪费。因此，在冬季将管廊内加热装置工作条件设置为"环境温度低于 0℃开启"。图 14.2-30 为调整前后典型日用电量对比，为了排除白天照明等能耗影响，仅对夜间无照明时段进行能耗对比，可以看出调整后夜间能耗比调整前有了明显降低，平均每小时降低电耗 13.8kW·h，月节省电量约 1.0 万 kW·h，占调整前月用电量的 15.7%，这与前文加热器耗电量的拆分结果也基本吻合，也说明了拆分结果的准确性。

加热装置工作条件　　　　　　　　　　　　　表 14.2-4

工作环境	温度	−20～+60℃
	湿度	≤95%RH，不结露，无腐蚀性气体
	海拔	≤2500m

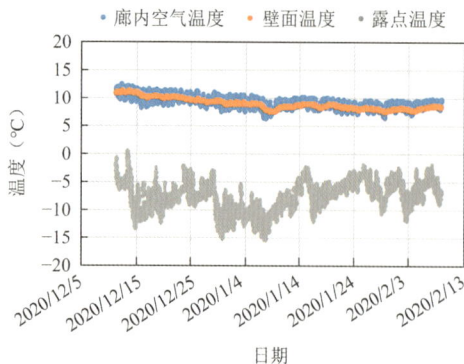

图 14.2-29　冬季管廊内部环境温度

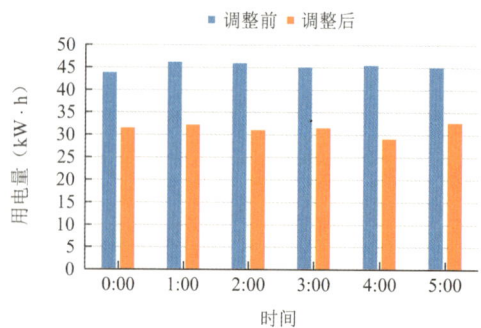

图 14.2-30　调整前后典型日管廊内设备逐时用电量对比

（2）动力设备

动力设备主要是风机/水泵，风机的运行应基于运维人员通风需求及廊内除湿需求。

开启时长：图 14.2-31 和图 14.2-32 的实测数据表明，480m 通风区间，机械进风＋机械排风换气次数仍能到 9 次/h；600m 通风区间，自然进风＋机械排风可达到 5 次/h，巡检前通风 20min 可满足换气要求，开启方式建议采用自然进风＋机械排风，以节省风机能耗。

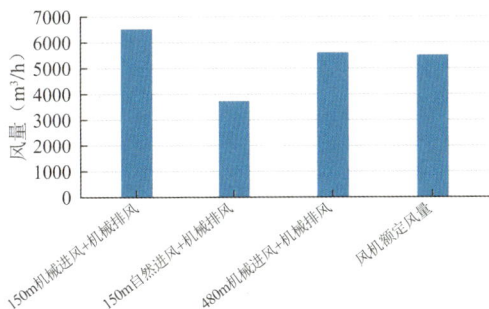

图 14.2-31　不同机械通风量风量分布

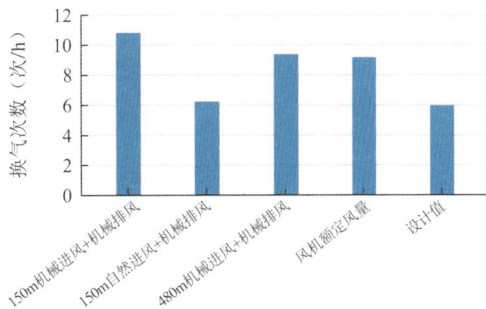

图 14.2-32　不同机械通风量换气次数

图 14.2-33～图 14.2-35 为水电信舱排风井各位置的温度实测数据，从 6 月中旬至 9 月中旬，管廊内部会出现结露现象，其余月份不会结露，距离进风井较近的位置及管廊中间位置结露概率较大。

6 月中旬至 9 月中旬，廊内空气平均相对湿度在 95%，接近饱和状态，露点温度只比干球温度低 1℃左右，基本等于壁面温度，因此会出现结露现象。

在室外含湿量低于廊内含湿量的条件下，开启风机进行除湿（含湿量监测难度较大）；当室外空气温度低于廊内空气温度时（空气温度容易实现监测），可开启通风设备进行除湿（建议夜间通风，节省电费）；当廊内湿度降低至 80% 以下时，结束通风。

图 14.2-36 为世园会外管廊水泵的逐月电耗，水泵能耗与降水量及地面灌溉情况紧密相关，应根据集液位信号反馈自动控制，尽量减少人为控制，另外，运维人员宜定期检验水泵自控运行状况，防止水泵自控功能失效。

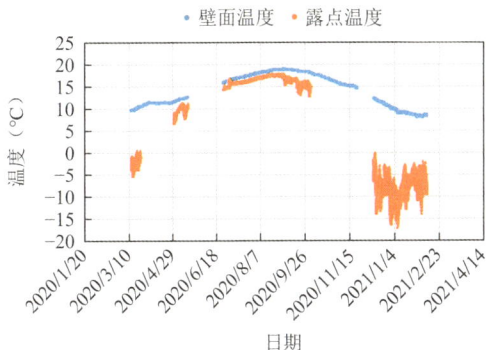

图 14.2-33　水电信舱排风井前 20m

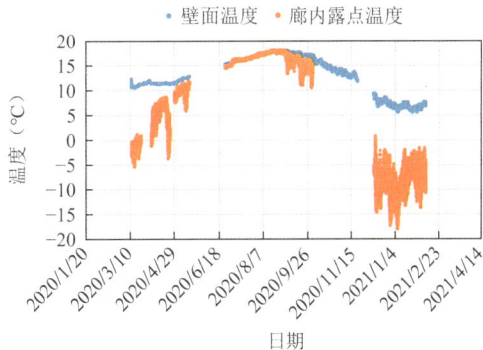

图 14.2-34　水电信舱进风井后 20m

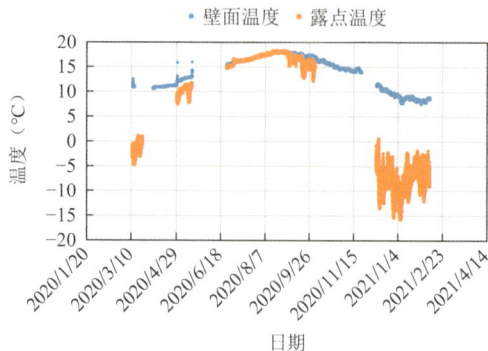

图 14.2-35　水电信舱管廊中间位置

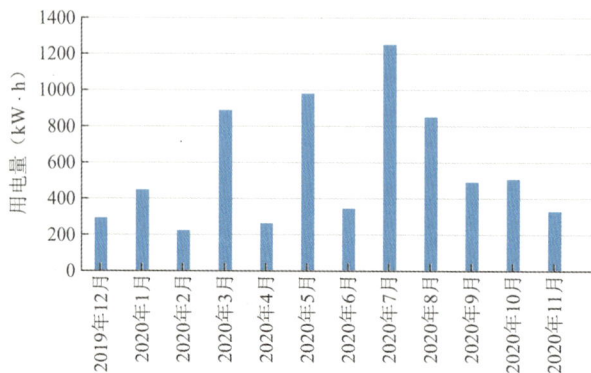

图 14.2-36　世园会外管廊水泵逐月电耗

根据管廊实际运营需求及基于能耗结构分析，对管廊精细化运行策略总结如下：

（1）弱电/消防设备：根据实际需求进行开启数量调整；

（2）照明系统：按需照明，合理开启照明灯具数量，利用人员定位系统，采用更加智慧的照明控制策略；

（3）风机系统：基于通风换气需求及廊内湿度要求运行；

（4）水泵系统：定时检修，保证水泵能够有效自控运行；

（5）变压器：根据管廊实际用电特性合理选型，使变压器负载率保持在 45%以上，降低变压器损耗。

14.3　精细化能源管理策略

1）调整弱电/消防配电箱中的防结露加热装置工作条件

由前文分析可知，弱电/消防配电柜中均配置了防结露加热装置，其作用是为防止配电箱内壁发生凝露而影响设备正常运行。并且通过能耗分析发现，防结露加热装置的耗电量惊人，占管廊总耗电量的 16%。而通过对管廊环境参数的测试发现，冬季及过渡季廊内空气露点温度远低于壁面温度，不会出现结露情况。即使在潮湿的夏季，管廊也只有在靠近通风口处的壁面会发生结露。加热装置的初设条件为"温度低于 15℃，或者相对湿度高于

60%时开启"，而管廊内空气温度全年大部分时间基本在 15°C 以下，因此导致加热器全年基本处于 24h 运行状态，造成了电量浪费。因此，根据管廊实际环境条件及配电箱设备运行条件将管廊内加热装置工作条件设置为"环境温度低于 0°C 开启或相对湿度高于 90%时开启"，避免加热装置的无效运行。

2）合理的照明灯具开启策略

冬奥会管廊原运维策略是入廊巡检时，所有巡检分区普通照明与应急照明同时开启，等巡检任务结束，人员出廊后再关闭，导致照明能耗居高不下。并且由于照明灯具的开、关均为人工凭经验控制，导致每日照明能耗差异显著。因此，针对这种情况，制定了更为科学合理的照明策略，即严格按照巡检计划开启照明灯具，开启灯具时不再是普通照明与应急照明同时开启，而是选择开启普通照明或者应急照明，并且只开启巡检段，未巡检分区或者已巡检完毕的分区及时关闭照明灯具。另外，冬奥会管廊主体配置有 4 座变电所，变电所处于 24h 开灯状态，也造成了能耗的浪费，由于变电所内部装有多个红外摄像机，即使在关灯状态下也不会影响工作人员进行监控，因此在实行精细化能源管理策略后关闭了变电所照明。

精细化能源管理措施实施后，冬奥会管廊实现了安全节能运行。为了对精细化能源的效果进行检验，取 2021 年 4 月（典型过渡季）与 2020 年 10 月的用电量进行对比，2020 年 10 月管廊总用电量 6.5 万 kW·h，其中监控中心用电量 1.3 万 kW·h；2021 年 4 月管廊总用电量 4.7 万 kW·h，其中监控中心用电 1.3 万 kW·h，优化后比优化前节省电量 1.8 万 kW·h，节省电量 28%。优化前后的用电量对比见图 14.3-1。

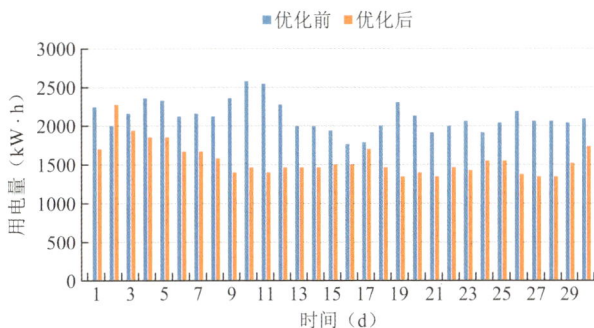

图 14.3-1 原运维模式与精细化运维模式用电量对比

通过建立能耗理论模型，合理预测能耗，制定了冬奥会管廊月能耗指标，即月能耗指标约束值为 5.3 万 kW·h，月能耗引导值为 4.4 万 kW·h。图 14.3-2 为 2021 年 3 月至 2023 年 3 月冬奥会管廊逐月用电量与能耗指标值对比，2022 年 1～4 月为北京市冬奥会举办的保障周期，因此综合管廊整体用电量较高，除去这一特殊时期，其他月份管廊实际用电量基本处于引导值与约束值之前，说明引导值与约束值的能耗指标制定合理，管廊整体能耗管理水平良好。

2021 年运行 1 年后，冬奥会管廊总用电量 6.15 万 kW·h，2020 年全年总用电量

9.79 万 kW·h，节省电量 3.64 万 kW·h，节省电量 37%。

图 14.3-2　能耗指标值与实际用电量对比

第五篇

夏日消融
江河横溢

后冬奥时代海坨山发展

第 15 章

冬奥管廊工程经验面向全国的推广
——北京城市综合管廊

15.1 冬奥综合管廊工程经验总结

15.1.1 挑战与创新

冬奥会管廊项目犹如一颗璀璨的明珠，闪耀着挑战与创新的光芒，深深扎根于国家森林的心脏地带，因此项目的设计与施工都需细致入微，以确保对周边自然环境的干扰降至最低。从建筑规模的视角审视，这条管廊宛如一条巨龙蜿蜒穿梭于大地之下。其长度达 7.9km，最大坡度达 15%；而最大埋深更是达到了 300m。这样的规模与难度，无疑对工程设计与施工提出了极高的要求，需要团队以超凡的智慧和勇气去征服。然而，挑战与机遇并存。正是由于项目环境的特殊性，对环保和安全等级的要求也达到了前所未有的高度。在整个工程过程中，团队必须严格遵守相关标准和规范，确保项目的可持续性和安全性。

"山岭""深埋""大坡度"这些特点正是这个项目的独特之处。作为国内首条山岭深埋大坡度管廊，它更是打破了桎梏，成为无前例的创举。面对如此复杂的工程挑战，不仅需要勇攀高峰的决心，更需要发挥创新精神，运用先进的技术和工艺，确保这一宏伟工程的成功实施。在追求工程进展的同时，同样要考虑环境的因素。我们严格遵守环保标准，采取切实有效的措施，力求将对周边生态系统的影响降至最低，全力守护国家森林公园的生态环境。考虑到管廊的重要性，其安全性和可靠性是不可或缺的。在建设过程中，秉持高标准的设计与施工原则，确保管廊在山岭及地层中依然稳固如初，保障其安全性。同时，也充分考虑了管廊的运营和维护，确保它能够长期、稳定地为延庆赛区提供能源支持。同时"冬奥会管廊"也成了这座城市的一张新名片，本项目的成功建设为当地描绘了一幅盛大辉煌的冬奥延庆赛区夜景图，见图 15.1-1。

图 15.1-1　冬奥延庆赛区夜景图

冬奥会管廊项目无疑被镌刻为一座挑战与智慧的丰碑。它不仅有着自然环境的考验，更是在环保、安全和创新方面对人类智慧的全面挑战。在科学设计的指引下，让每一个细节都充满智慧与匠心。严格的施工管理，更是为项目的成功实施提供了坚实保障。经过无数次的推敲与打磨，这条管廊终成了延庆赛区能源的"生命线"，不仅为冬奥会的成功举办提供了不可或缺的支持，更成了人类与自然和谐共生的典范。

15.1.2　降本增效示范

在冬奥会综合管廊项目的宏伟蓝图中，绿色规划占据着举足轻重的地位。本项目采用综合管廊方式，巧妙地将各类管线整合其中，相较于传统的单独敷设方式，实现了成本节约超过 20%的显著成效。这种规划不仅有效降低了建设成本，更是将环保理念融入其中，减少了对周边环境的干扰和破坏，充分展现了绿色可持续发展的理念。通过这种绿色规划，项目与周边自然环境和谐相融，为冬奥会综合管廊项目的成功实施奠定了坚实基础。管廊中管线布置见图 15.1-2。

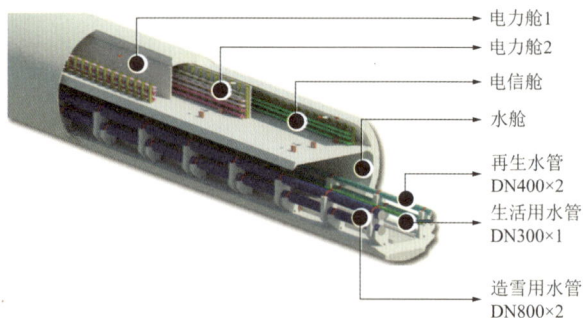

图 15.1-2　管廊中管线布置图

在冬奥会综合管廊项目中，标准创新同样不可或缺。参照水利、铁路和管廊等领域的标准，开展了消防通风专项研究和智慧运维探索，旨在解决逃生和通风节能的难题。其中，最大通风区间达到了 2.1km，这一创新的设计和技术应用不仅大幅提升了管廊的安全性和运营效率，更在节能减排方面取得了显著成效。这些创新举措为管廊项目的安全运营和可持续发展提供了坚实保障。

集约设计在冬奥会综合管廊项目中扮演着关键角色。通过精细的投资优化，成功降低成本高达 23.5%。此外，优化土护措施和整合广播等设备系统也分别实现了 20% 和 35% 以上的投资降低。这种集约设计不仅实现了降本增效的目标，更使项目资源得到了最大限度的利用，提高了项目的整体效益。这种设计理念对于项目的可持续发展和长期运营具有深远意义。

15.1.3 "绿色办奥"理念

在冬奥会管廊项目中，落实"绿色办奥"的理念显得尤为重要。我们秉持生态建设的核心原则，致力于实现规划集约、TBM 施工、生态修复以及附属景观一体化等多重绿色办奥的举措。

首先，规划集约，即在项目规划与设计的蓝图中，注重资源的优化配置与空间的高效利用，旨在降低对自然环境的侵扰，减少土地占用，从而确保项目的可持续发展。其次，TBM 施工技术的应用，能够最大限度地减少施工对地表的扰动，降低对周边生态环境的负面影响，成为绿色施工的重要支撑。再次，生态修复则是工程建设过程中的另一项重要使命。我们致力于对受损的生态环境进行修复与保护，包括植被的重生、水土的稳固等，旨在守护当地的自然之美，确保生态环境的和谐共生。最后，附属景观一体化，将景观设计与工程建设紧密结合，强调景观的生态性与可持续性。这可以让工程建设与自然环境和谐相融，见图 15.1-3 和图 15.1-4。

图 15.1-3   绿色理念示意图（一）

图 15.1-4   绿色理念示意图（二）

在冬奥会管廊项目的运营篇章中，精细化运维管理与智慧运维系统构成了双重坚实的保障，共同推动着精细化能源管理的深入实施，实现了节能降耗的卓越成果，降低能源消耗超过 20%。精细化运维管理，通过精密的监控和管理系统，对管廊设施的运行状态进行持续、细致的监测与调整。它确保设施在最优状态下运行，最大限度地降低能源消耗，提升运行效率。智慧运维系统，借助先进的信息技术和数据分析手段，对管廊设施进行智能化的运维管理。它通过预测性维护和优化调度，实现设施的高效运行，有效减少能源浪费。这两种手段的双重保障，形成了冬奥会管廊项目绿色办奥的坚实基石。它们不仅符合"绿色办奥"的核心理念，还有助于降低项目的运营成本，提高设施的可持续性。因此，精细化运维管理和智慧运维系统的应用，在冬奥会管廊项目的绿色办奥之路上，具有不可或缺的重要意义，它们将为项目的可持续发展和环保目标的实现提供有力的支持与保障，见图 15.1-5 和图 15.1-6。

图 15.1-5　现场运维管理图（一）　　　　图 15.1-6　现场运维管理图（二）

　　纵观全局，冬奥会管廊项目所面临的挑战异常艰险，囊括了复杂多变的环境条件、严苛无比的安全标准以及充满创新性的工程设计。然而，项目团队迎难而上，充分发挥创新精神，运用尖端技术与精湛工艺，同时恪守环保准则，确保工程能够稳健推进、顺利实施。在项目的规划和设计阶段，绿色规划的理念贯穿于每一个细节，标准创新为工程品质赋予了新的高度，而集约设计则有效地实现了成本的降低和资源的最大化利用。这些措施共同作用，旨在降低对环境的干扰与影响，并提升项目的可持续发展能力。

　　更值得一提的是，精细化运维管理与智慧运维系统的引入，不仅推动了能源管理的优化升级，更实现了节能降耗的显著效果，达到了超过 20% 的节能目标。这一成就不仅为项目的可持续发展提供了坚实保障，更为环保目标的实现贡献了重要力量。

　　因此，通过深思熟虑的规划与布局，冬奥会管廊项目得以克服重重挑战，将绿色办奥的理念化为现实，为冬奥会的成功举办贡献了不可或缺的力量。这一壮丽篇章，将永远镌刻在冬奥会的辉煌史册之中。

15.2　冬奥综合管廊工程经验推广

　　在 2022 年北京冬奥会的舞台上，冬奥综合管廊以其卓越的功能和创新技术作为关键基础设施，为赛事场馆提供了高效、稳定的能源、信息和物流供应，确保了赛事的顺利进行。这项创新工程不仅集成了多项前沿的智能管理和节能减排技术，大幅提升了运营效率，更在环境保护和可持续发展领域树立了崭新的标杆。

　　北京冬奥综合管廊的成功经验，在规划设计、建设运营、智能管理等方面所展现出的创新做法，为未来大型体育赛事乃至城市基础设施建设提供了宝贵的启示与借鉴。在推广这一模式的过程中，各地区和项目可根据自身的独特特点和发展需求，对北京冬奥综合管廊的技术方案和管理模式进行灵活的调整与优化，以实现最佳的效益。

15.2.1　世园会内、外管廊

　　为提升世园会基础设施品质，确保 2019 年世界园艺博览会的圆满举办，内外管廊的卓越提升占据着举足轻重的地位。这种内外联动的供给机制，将为构建智慧管廊项目奠定坚实基础，进而深入践行"绿色生活、美丽家园"的崇高理念，并显著提升园区景观的品位。世园会内、外管廊平面图见图 15.2-1。

图 15.2-1　世园会内、外管廊平面图

内外管廊的卓越提升，意味着在设计和建设的每一个环节都必须细致入微地考量世园会的实际需求。这不仅要求管廊系统能够为园区提供高效、稳定的供给服务，如供水、供电、供暖等，更需要在规划与设计上实现内外联动的协调统一，确保管廊系统能够与其他基础设施无缝对接，共同满足世园会的各项需求。

智慧管廊项目的精心打造，将成为推动管廊管理和运营水平跃升的强大引擎。通过引入先进的信息技术和数据分析手段，实现管廊设施的智能化运维管理，从而极大地提高管廊的运行效率和可靠性。同时，在管廊项目的规划和建设过程中，始终坚持"绿色生活、美丽家园"的理念，注重环保和可持续发展，积极采用绿色、环保的技术和材料，力求将项目建设对周边环境的影响降至最低，为园区营造出更加优质的生态环境。

1）高质量保障世园会能源供给

为了高质量保障世园会的能源供给，内外管廊的建设需要纳入多种市政管线，包括给水、再生水、电力、通信、热力和天然气六类管线。这样的做法将有助于提高园区的综合承载能力和运营可靠性，见图 15.2-2。

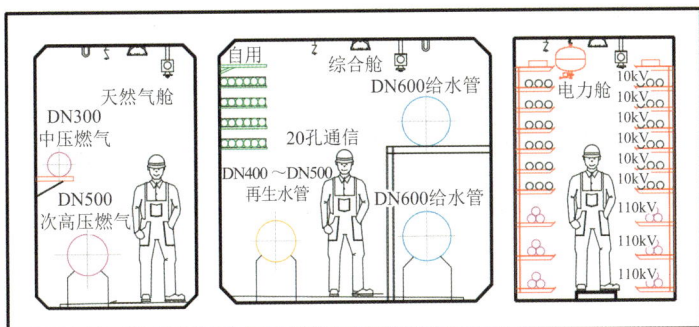

图 15.2-2　市政管线布置

在园区的规划与建设中，给水和再生水管线的纳入具有双重意义。它们不仅确保了园区内供水系统的稳定运作，满足了日常与应急的用水需求，更在节水与循环利用上发挥了关键作用，推动了水资源的可持续利用。同时，电力管线的纳入亦不可或缺，它们构筑了园区内电力供应的坚实基石，为世园会举办的各类活动提供了不可或缺的电力支持，确保了各项活动的顺利进行。此外，通信管线的纳入更是园区内信息化建设的重要一环。它们如同园区内的信息高速公路，构建了高效、稳定的通信网络，保障了通信设施的畅通无阻，为园区内各项事务的高效运转提供了有力的信息支撑。热力和天然气管线的纳入则进一步丰富了园区的服务内容，为园区提供了供暖和烹饪用气等服务，确保了园区内的热力和燃气供应。给水和再生水管线见图15.2-3。

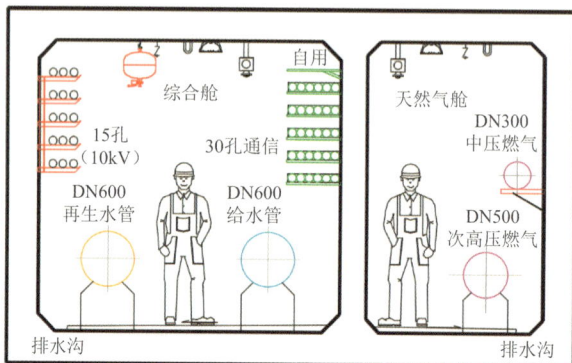

图 15.2-3　给水和再生水管线

通过将这些市政管线纳入内外管廊的设计和建设中，可以实现这些基础设施的整合管理，提高园区的综合承载能力，降低管线建设和维护成本，同时也提高了管线的运营可靠性。这样的做法有助于提升世园会的基础设施水平，为活动的顺利举办提供了可靠的能源供给保障。世园会的基础设施见图15.2-4。

图 15.2-4　世园会的基础设施

2）"双中心"智慧运维

本计划的核心是以科技部"十三五"智能运维课题研究成果为依托，实现技术成果的转化与应用，进而构建一套完善的管廊智慧运维系统。该系统旨在逐步实现"四化"目标，即：维管控可视化、管理集约化、应急智能化、决策智慧化。这一目标的实现，标志着管廊运维管理将迈入智能化新时代，显著提升管廊的运行效率和可靠性，见图15.2-5。

图 15.2-5　管廊的运维管理

首先，维护管控可视化，通过引入先进的监测技术和可视化工具，实现对管廊设施运行状态的实时监测和直观展示。这不仅有助于运维人员快速发现问题，还能提高解决问题的效率，从而确保管廊设施的稳定运行。其次，管理集约化意味着优化管理流程，通过集中管理和资源共享，提高管理效率，降低管理成本。这一目标的实现，将使得管廊运维管理更加高效、经济。再次，应急智能化则是通过引入智能预警和应急响应系统，提升管廊设施在紧急情况下的应对能力。这一功能能够确保在突发事件发生时，管廊设施能够迅速做出反应，保障设施的安全运行。最后，决策智慧化则是利用大数据分析和智能算法，对管廊运营的决策过程进行优化。通过深入挖掘数据背后的价值，为决策者提供科学、准确的决策支持，从而提高决策的科学性和准确性。

将冬奥会、世园会管廊统一管理的这一做法不仅有助于降低人员数量和物资储备成本，还能实现资源的共享和优化配置，进一步提高管理效率。通过统一管理，可以确保各项管廊设施得到更好的维护和保养，为各项大型活动的成功举办提供有力保障。

3）附属设施景观一体化

将世园会内外管廊的附属设施景观融入整体景观设计，体现了世园会高水平建设和一体化运营的理念。这一做法将有助于提升整个园区的美观性和宜居性，为参观者创造更加舒适和愉悦的参观体验，见图15.2-6。

在精心规划整体景观设计时，必须审慎地将管廊附属设施的建筑、照明、绿化等元素融入其中，确保它们与园区的自然环境和主要景点和谐共存，共同构建出统一的景观风貌。这样的设计不仅极大地提升了园区的整体美感，还显著增强了园区的吸引力，使参观者在欣赏园艺展示的同时也能够享受到美丽的景观。

同时，将附属设施景观与整体景观设计相融合，亦对园区的一体化运营起到了积极推动作用。统一的景观设计理念使得管廊的运营与园区其他部分相得益彰，为园区的整体运营提供了坚实支撑。这种一体化运营理念不仅优化了园区的资源配置，还极大地提高了园区的管理效率，为世园会的圆满举办提供了有力保障，见图 15.2-7。

图 15.2-6　附属设施景观（一）

图 15.2-7　附属设施景观（二）

因此，将世园会内外管廊的附属设施景观巧妙地融入整体景观设计之中，不仅彰显了园区的美观性和吸引力，更展现了园区在一体化运营方面的高水平建设和管理理念。这样的设计理念，无疑为世园会的成功举办增添了浓墨重彩的一笔。

15.2.2　新机场管廊

在城市南部地区与新机场能源供给的主干道中，基础设施的空间布局呈现了一种前所未有的新典范，即"三线共构、四线共位、五线共走廊"的深度融合模式。这一模式的实施，不仅标志着基础设施空间规划的一次重大创新，更体现了对城市资源的高效整合与合理利用。通过整合这些空间规划，能够实现基础设施的融合发展，极大提升空间利用效率，有效避免重复建设，为城市的可持续发展注入新的活力。这种综合规划的新典范，有助于提升城市基础设施的整体效率和运行协调性。新机场管廊示意见图 15.2-8。

图 15.2-8　新机场管廊示意图

综上所述，这种空间规划融合的新典范在城市南部地区和新机场的能源供给主干道项目中得到了成功应用，实现了不同基础设施的整合发展，提高了城市空间的利用效率和基础设施的协同运行能力，为城市的可持续发展奠定了坚实基础。

1）提供区域可持续发展能源供给

新机场管廊作为北京市最为壮观的干线型管廊，其总长度达 36km，一期工程即已覆盖 28km。这条管廊具备卓越的多功能性，能够容纳包括 500kV 电力、燃气、供水、通信等在内的六大类管线（图 15.2-9）。尤为值得一提的是，管廊内巧妙布局了 22 处分支节点，这些节点穿越了京雄高铁、机场轨道和机场高速等交通动脉，不仅显著降低了穿越成本约 9600 万元，更展现了其独特的设计智慧。

图 15.2-9　不同类型管线整合

此种设计理念将不同种类的管线进行了高效整合，极大地提升了基础设施的空间利用效率，避免了重复建设的资源浪费。同时，通过减少穿越成本，这种一体化规划和设计进一步提升了城市基础设施的整体效率和运行协调性，为城市的可持续发展提供了强有力的支撑。

2）创新空间布局，集约节约城市资源

新机场管廊以其独特的创新空间布局，充分集约地利用了城市资源。它巧妙地与新机场高速公路、新机场轨道线、团河路、京雄高铁相融合，形成了一种前所未有的空间布局模式（图 15.2-10）。这一整合规划首次将 50 万 kV 电力双通道纳入管廊之中，极大地推动了基础设施的融合发展，实现了土地资源的高效集约利用。

经过精心规划和设计，新机场管廊共节约了 1840 亩永久占地，这一举措相当于为城市节约了近 10 亿元的土地资源成本。这种创新的空间布局和规划设计，不仅有助于提高城市基础设施的整体效率和运行协调性，更在推动城市可持续发展方面发挥了重要作用。

图 15.2-10　管线布置图（一）

这种创新的空间布局（图 15.2-11）和规划设计有助于提高城市基础设施的整体效率和运行协调性，同时也为城市的可持续发展提供了有力支持。

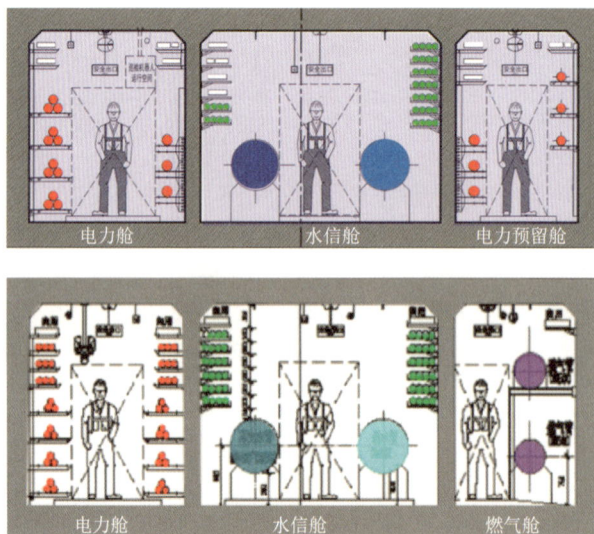

图 15.2-11　管线布置图（二）

15.2.3　8 号线王府井管廊

8 号线王府井管廊的建设对于首都核心区的地下空间综合开发利用产生了深远影响，见图 15.2-12。该项目结合了商业中心的更新机遇，将轨道交通、地下空间开发与管廊集约开发三者融合，实现了对既有空间资源的集约节约利用，展现了城市建设的智慧与远见。

这一综合开发模式已被住房和城乡建设部纳入老旧城区及核心区建设综合管廊的典范案例之中。它不仅极大地提高了地下空间的利用效率，更为城市的可持续发展提供了坚实支撑。通过管廊的建设，城市地下空间得到了更为高效的整合与利用，进一步促进了城市功能的提升与更新，为城市的发展注入了新的活力与希望。

图 15.2-12　8 号线王府井管廊

1）从城市更新改造出发，构建老城区市政保障体系

从城市更新的视角出发，构建老城区市政保障体系无疑是一项远见卓识的举措。以老旧城区的改造与城市更新为契机，通过精心规划与选择，积极推动中心城区小型管廊的建设，以期有效改善城市的基础设施网络与市政保障体系。

在此过程中，致力于打造一种适用于核心城区小胡同、窄路网及末端管线运行的"四好"型管廊，即建设优质、投资合理、经营高效、持续发展的服务终端。这种小型管廊不仅能够在城市运行低谷时段进行快速维护，还具备实现无人巡检的先进功能，为城市基础设施的运行与维护提供了更为高效、智能的解决方案。这一创新模式不仅提升了城市管理的科技含量，更为城市的未来发展奠定了坚实基础。8 号线王府井管廊管线布置见图 15.2-13。

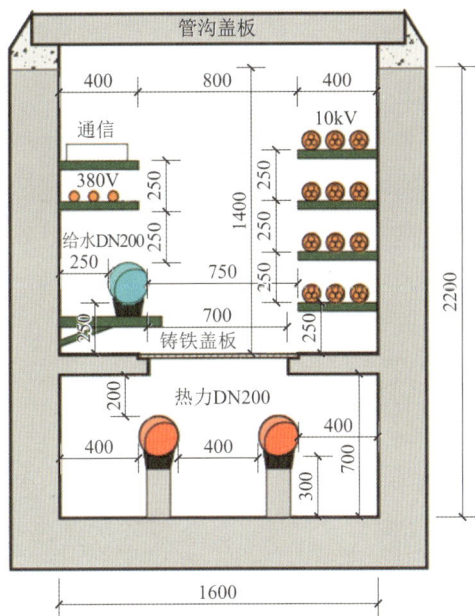

图 15.2-13　8 号线王府井管廊管线布置图

通过这样的规划与建设，不仅能够有效地改善老城区的市政保障体系，显著提升城市基础设施的运行效率，更为城市的可持续发展注入了源源不断的动力。这一举措所展现的前瞻性与实效性，有望在城市更新和老城区改造的进程中产生深远的影响，为城市的繁荣与发展注入新的活力。

2）保障轨道及市政规划需求和工程建设

8号线王府井管廊的建设无疑是轨道交通及市政规划领域的一大亮点。通过将现状及规划管线巧妙地收纳至管廊内，特别是在轨道交通"四类"一体化、改移管线密集、换乘站及车辆段周边等关键区域，这一举措有效保障了轨道交通和市政规划的顺畅进行。市政规划见图 15.2-14。

图 15.2-14　市政规划

这种创新的管廊建设方式不仅带来了显著的经济效益，减少了工程投资高达 16.5%，更在环境和社会影响方面取得了突出成绩，施工叠加影响降低了 35%。这一成果意味着通过管廊的建设，能够更加高效地利用现有的轨道实施条件，既降低了工程投资，又显著减少了施工对周边环境及日常交通的负面影响，为城市基础设施建设和日常运行提供了更为坚实、可靠的保障，管线布置示意见图 15.2-15。

图 15.2-15　管线布置示意图

第 16 章

后冬奥时代海坨山的发展

16.1 延庆海坨山滑雪旅游度假地

16.1.1 后冬奥时代海坨山的发展

冬奥延庆赛区，作为北京冬奥会最具挑战性的建设区域，不仅建设难度最大、标准最高，而且建设周期最短。它坐落于风景如画的小海陀山谷之间，这里是北京的第二高峰，主峰海拔高达 2198m。这里以清风云海、水墨群山、苍松翠柏和鸟语蝉鸣为特色，夏季气候宜人，冬季则白雪皑皑，拥有丰富的动植物资源和冰雪资源。

延庆赛区主要由四个场馆组成：冬奥展示中心、国家高山滑雪中心、国家雪车雪橇中心及延庆冬奥村。其中，冬奥展示中心位于园区的最南端，以图文实物相结合的方式全面展示了延庆赛区在规划设计、场馆建设、冬奥保障及赛后利用等方面取得的显著成果。馆内还设有赛区全景沙盘，为游客提供了快速了解园区冬奥历程的直观途径。

在延庆赛区的最北端，隐匿于北京第二高峰小海陀山谷之间的，便是那令人心驰神往的国家高山滑雪中心。这里是冬奥会和冬残奥会高山滑雪项目的摇篮，是无数滑雪健儿梦寐以求的竞技圣地。初入此地，首先映入眼帘的便是那长达 10.3km 的索道系统，它是全国最长的索道，仿佛一条巨龙蜿蜒在山谷之间，将滑雪者带向滑雪中心的最高点——"雪飞燕"。在晴朗的日子里，站在观景台上，甚至能够远眺到百公里外的中信大厦，那一刻仿佛整个北京都尽收眼底。

雪道是滑雪中心最引以为傲的部分。全长 25.4km，垂直落差高达 1298m，这样的数据足以让人惊叹。这里的雪道不仅是我国最高水平的高山滑雪场馆的代表，更在世界高山滑雪运动中占据了一席之地。滑雪爱好者们可以在这里尽情驰骋，体验 18 条冬奥高山雪道带来的速度与激情。其中，"滑降"和"回转"等冬奥赛道更是吸引了无数顶尖滑雪运动员前来挑战。

国家雪车雪橇中心"雪游龙"位于园区西侧，是国际雪车雪橇联合会（IBSF）官方认证的全球第 17 条专业级赛道，也是目前最长、最新、难度最高的雪车雪橇赛道，拥有 1975m 超长滑行距离、16 个极具挑战的技术弯道和世界独一无二的 360°回旋弯。雪季期间，游客可在冬奥主冰道之上体验 990m 钢架雪车滑行，也可在冰屋训练馆的 3 条初中级冰道中任选体验。

延庆冬奥村位于园区东侧，被国际奥委会主席巴赫誉为"最美冬奥村"。赛事期间，冬奥村为 86 个代表团近 1900 名运动员和随队官员提供了温暖贴心的服务；赛后作为四星级酒店对外开放，共有 17 个房型 702 间客房可供预订，其中冬奥冠军房、冬奥体验房（零重力床）、亲子家庭房和豪华客房备受好评。

冬奥会后，北京延庆奥林匹克园区（冬奥延庆赛区）成为继奥林匹克公园和冬期奥林匹克公园后，首都第三个被冠以"奥林匹克"称号的区域，见图 16.1-1。

图 16.1-1　延庆奥林匹克园区平面图

延庆奥林匹克园区（延庆海陀滑雪旅游度假地）作为北京市唯一一家国家级滑雪旅游度假地代表接受"国家级滑雪旅游度假地"授牌，此次授牌标志着文化和旅游部、国家体育总局对延庆奥林匹克园区冰雪产业的高度认可，勉励园区在后冬奥时代奋力前行。

如今，延庆奥林匹克园区内三大冬奥场馆：国家高山滑雪中心、国家雪车雪橇中心、延庆冬奥村已全面面向公众开放，充分利用冬奥会高山滑雪比赛场地，提供各类初、中、高难度等级雪道，既有为滑雪新手打造的大众体验区，又有为资深爱好者提供的冬奥会比赛同款高难度赛道，更拥有单程 14.5km 的北京最长雪道，成为国内外滑雪爱好者心中的打卡目的地。针对山谷客群的度假需求，海坨山谷将打造"冬奥区域户外运动聚合场"，为此项目引入高山速滑俱乐部、北京飞盘伙伴俱乐部、桨板俱乐部、瑜伽俱乐部等众多国内知名俱乐部，并以高山速滑为盟主成立户外俱乐部联盟，带来不同领域专业发烧友的户外赛事活动，也为海坨山谷带来专业玩家资源。同时，因地制宜借势双奥基因，聚合丰富多元的户外运动业态品牌和动感消费场景，让更多人因海坨山谷爱上运动，实现健康幸福。滑雪赛道见图 16.1-2。

图 16.1-2　滑雪赛道

海坨山谷地处京北大海陀国家级自然保护区腹地，海拔为最利于身体健康的神奇 1500m，空气清新，常年无霾，被誉为"东方圣莫里茨"。夏天，这里是京郊的避暑胜地；冬天，这里是冰雪的隐世乐园。这个冰雪季，海坨山谷的天鹅湖已经结上了厚厚的一层冰，孩子们备好装备，就可以体验冰湖溜冰、冰上自行车、冰钓的乐趣，还可以尝试 DIY 自己感兴趣的冰灯，见图 16.1-3。

图 16.1-3　现场实际图

16.1.2　雪季体验

经过缜密的筹备与策划，园区首个冰雪季于 2022 年 11 月 25 日华丽揭幕，在这片银装素裹的天地中，国家高山滑雪中心熠熠生辉，它共开放了 18 条冬奥雪道（包括 4 条竞赛雪道），总长达到了 26.8km，垂直落差接近 1300m，展现了人类对冰雪极限挑战的无限追求。

与此同时，国家雪车雪橇中心亦不甘示弱，它提供了 4 条冰道、16 个弯道以及长达 1300m 的钢架雪车滑行体验，其中更包含了国家队冰屋训练馆以及全球首创的 360° 回旋弯道。值得一提的是，中国雪车雪橇队已于 2022 年 9 月 5 日进驻此地，开始了紧张而有序的训练。

自 2022 年 4 月 29 日正式向公众开放以来，园区已累计接待了近 40 万人次的游客。其中，国家高山滑雪中心雪场在 2022—2023 雪季，更是以卓越的冰雪品质和服务，吸引了超过 12 万人次的游客前来体验。这片占地 60 万 m² 的冰雪天地，在短短的首个运营年度内，便凭借其长达 14.5km 的"海陀穿越"特色组合雪道、令人心潮澎湃的钢架雪车"冰上 F1"项目以及冬奥级别的设备设施和冰雪质量条件，赢得了广大冰雪爱好者的赞誉与喜爱。

作为京张体育文化旅游带上的璀璨明珠，以及北京冬奥会、冬残奥会的重要遗产，延庆奥林匹克园区在短短 36d 内，便实现了从冬奥延庆赛区到奥林匹克园区的华丽转身。这一蜕变，不仅彰显了人类对于冰雪运动的热爱与追求，更向世界展示了中国冰雪运动的发展成果与无限潜力。特色组合雪道见图 16.1-4。

图 16.1-4　特色组合雪道

16.1.3　园区项目

1）雪游龙：雪车雪橇的冰雪传奇

在延庆赛区的深处，坐落着一个充满传奇色彩的场馆——国家雪车雪橇中心，也被称为"雪游龙"。这个宏伟的建筑不仅是冬奥会的核心场馆之一，更是展示雪车雪橇魅力的绝佳平台。

走进雪车雪橇中心，这里巧妙地利用空间打造了一个雪车雪橇展示平台，陈列着各式各样的雪车和雪橇，让人仿佛置身于冰雪运动的历史长河之中。游客可以深入了解这些冰雪运动工具的历史、设计以及制作工艺，感受冰雪运动的独特魅力。

而在出发区的旁边，一条名为"游龙步道"的棚顶观光路线蜿蜒而上。这条步道连接了场馆的各个部分，让游客在轻松愉快的氛围中欣赏到场馆的壮观景色。步道的设计充满创意，不仅让人感受到建筑的美感，更让人仿佛置身于一条巨龙之上，与"雪游龙"共同穿梭于冰雪世界之中。

在步道上，有一个特别引人瞩目的地方——C02 弯道。这里是游客观赏和拍照的绝佳位置。站在这里，可以与整个"雪游龙"进行合照，留下难忘的回忆。同时，还可以俯瞰整个场馆的壮丽景色，感受冰雪运动的无限魅力。

除了雪车雪橇中心外，延庆冬奥村也是游客不可错过的打卡地之一。在这里，可以感受到冬奥会的浓厚氛围和独特魅力。冬奥村的女神广场是一个充满浪漫气息的地方，许多游客都会在这里拍照留念，记录下这一难忘瞬间。而小庄户村遗址则是另一个值得一游的地方，这里保存着许多古老的建筑和文物，让人感受到历史的厚重和文化的底蕴。

2）雪飞燕

自冬奥村启程，沿着主线索道，踏上一场通往国家高山滑雪中心（雪飞燕）的奇幻之旅，仿佛穿越时光的隧道，瞬息间体验四季更迭的奇妙变幻。索道线路长达 4880m，垂直落差高达 1253m。

初春时节，山脚之下，百花齐放，散发出迷人的春日气息，使人陶醉其中；而抬头望去，山顶之上，海陀山仍被皑皑白雪覆盖，形成"海陀戴雪"的壮丽奇观，令人叹为观止。夏日来临，小海坨山谷花香四溢，鸟语蝉鸣，一片生机勃勃的景象。身处其间，仿佛能感受到一山之内四季的轮转，每行十里，景色便有所不同，呈现出绝妙无比的自然美景。

3）钢架雪车体验

国家雪车雪橇中心在冬奥会后依然熠熠生辉，继续作为顶级赛事的举办地承接和举办各类高级别雪车雪橇相关赛事，同时作为国家队的专业训练基地，为国家队的备战提供强有力的支持。为了让大众也能在安全、专业的环境中体验雪车雪橇项目的魅力，中心在主赛道上精心预留了大众体验出发口，使这一场馆不仅满足大型赛事的需求，也具备大众休闲体验的功能，形成了独特的双重属性。

在雪季期间，游客们有幸在冬奥主冰道上感受钢架雪车"冰上 F1"项目的激情与速度。此外，冰屋训练馆内的 3 条初中级冰道也为游客提供了丰富的选择，无论是初学者还是有一定基础的爱好者，都能在这里找到适合自己的体验项目。园区一览图见图 16.1-5。

图 16.1-5 园区一览图

4）山地滑车

国家高山滑雪中心精心打造的高山滑车项目，利用山地地形设计了一条独特的滑道。游客们可以乘坐滑车，在无动力的状态下自由滑行，尽情体验风驰电掣的快感。平均滑行速度约为 15km/h，而在某些路段，速度甚至可以达到 40km/h。

该项目不仅操作简单，让游客轻松上手，更在刺激与安全性之间达到了完美的平衡。在滑行过程中，游客们可以一边欣赏壮丽的山林美景，一边感受速度带来的挑战与快感，享受一次难忘的冒险之旅。

高山滑车项目的计划运营时间为每年的 5～10 月，这一时段非常适合进行户外活动。滑道起点位于园区 2 号路的竞技结束区，终点则设在集散广场，全长约 2800m，车道宽度达到 7m，确保游客们能够舒适、安全地滑行。整个体验过程大约需要 12min，让游客们充分感受高山滑车的魅力。

5）ATV、UTV 全地形车

ATV 和 UTV 项目为游客们提供了一次别开生面的越野之旅。游客们可以选择自驾或乘坐全地形四轮越野车，翻山越岭，挑战沿途的路障、拱坡等。ATV 项目的自驾砂石场地位于竞技结束区，这里的地形复杂多变，为游客们提供了丰富的越野体验。赛道总长约 500m，虽然相对较短，但是足以让游客们感受到 ATV 越野车的灵活与敏捷。体验时间约为 5min，让游客们在短时间内充分领略越野的乐趣。

而 UTV 项目的山地砂石路线则选在了 J2、J9 冬奥雪道上。这里的赛道总长达 3000m，且拥有高达 289m 的垂直落差，为游客们带来了更为刺激和震撼的越野体验。游客们将驾驶 UTV 越野车在崎岖的山路上穿梭，感受越野带来的无限魅力。体验时间为 1～17min，让游客们尽情享受越野之旅。

6）桨板、皮划艇

为增添延庆奥林匹克园区夏季水上活动的丰富性，园区在雪车雪橇中心的翡翠湖塘坝新建了码头，并特别引入了桨板和皮划艇项目。这些时尚、有趣且安全的水上休闲运动，旨在吸引更多游客参与。

翡翠湖塘坝的水域面积超过 10000m²，可同时容纳近 20 组皮划艇和桨板在水面上自由驰骋。为确保游客的安全和体验质量，现场将配备专业教练员，为游客提供快速且专业的培训教学与安全保障。

延庆奥林匹克园区致力于探索重大冰雪赛事与大众冰雪体验并行运营的新机制和新模式。在举办国内外重大冰雪赛事的同时，园区也向广大冰雪爱好者开放世界一流赛区和国家级奥运场馆，让更多人有机会亲身体验奥运场馆的魅力，实现冬奥遗产的四季运营。这一举措不仅促进了冰雪运动的发展，也丰富了游客的休闲体验，使延庆奥林匹克园成了一个集竞技、休闲、娱乐于一体的综合性冰雪运动胜地。

16.2　海坨山踏青

随着经济发展，人们对于度假的需求不断提升，家庭周末度假团聚，积极开展户外运动，在度假中促进家庭关系，提高身心健康状态成为刚需。冬奥管廊所在的海坨山谷的户外运动以康养度假理念精准切中这个需求，并且在助推度假生活方式的打造。

海坨山方圆 10 余公里，总面积超过 100km²，山脉呈西南至东北走向，成为北京与河北的自然分界和分水岭。山顶是一个长近 10km、最宽 500m、最窄处不过百米的草甸平缓地带，景色优美。

海坨山高峰有三个：大海坨、小海坨、三海坨。其中，大海坨海拔最高，达到 2241m；

小海坨位于大海坨南侧，海拔为 2198m；三海坨则在小海坨南侧，海拔为 1854m。这些山峰之间流淌着多条河流，南侧属于永定河支流妫水河流域，东侧则属于妫水河支流古城河（后河）流域，水体最终汇入古城水库（龙庆峡）。而山阴则为白河支流红河流域，水体最终汇入密云水库。

海坨山不仅自然风光壮丽，还是一道重要的生态屏障。它像一面巨大的屏风横亘于首都之北，有效地抵御了沙尘暴的侵袭。山上保存有完好的原始次生油松林，是北京周边地区最完整的自然生态系统。山脊是赤城县和北京市的分界岭，山阴为大海陀国家级自然保护区，山阳则为松山国家级自然保护区。

海坨山的季节变化丰富多彩。夏季，局部降水丰富，会形成"海坨飞雨"的奇观；冬季，则会形成"海坨戴雪"的美景。这里以典型的北温带山地森林生态系统著称，以其多变的景观和难易适中的登山线路成为京郊户外运动爱好者的大本营。

春天是海坨山最为生机勃勃的季节。高山杜鹃、野生大茶花、珙桐花等竞相绽放，百鸟争鸣，使得整个景区充满了无限生机。此时的海坨山如诗如画，是回归自然、探奇揽胜的良好去处。游客可以在暖阳下、春风里，踏青赏花，享受一份无忧无虑的幸福。而在海坨山谷，还可以参与风筝 DIY 活动（图 16.2-1），用画笔涂鸦出心中的天马行空，创意出独一无二的专属风筝，留下亲子相伴的美好时光。

4月的海坨山谷黑松林，每一寸土地都洋溢着灼灼的生命力。万物从沉睡中苏醒，它们在等待着每一位热爱自然、尊重生命的旅者的悄然造访。

在这片山谷中，森林覆盖率高达 90%，负氧离子含量更是高达 12000 个/cm³，这是大自然最珍贵的馈赠。踏上这片土地，仿佛可以感受到大地的坚实、山林的坚韧，以及脚下碎石带来的惬意。每一步的行走，都是与自然的亲密接触，都是对这片森林的深深敬畏。

图 16.2-1　孩童在海坨山谷 DIY 风筝活动

对于孩子们来说，这里更是一个天然的课堂。他们可以在自然中观察、学习、体验，唤醒生命本真的模样。在徒步过程中，他们可以听到鸟儿的歌唱，感受风儿的轻拂，看到树木的葱茏，闻到花草的芬芳。这些都将成为他们心中最宝贵的记忆，也是他们成长过程中最宝贵的财富。在海坨山谷黑松林，让我们一起感受大自然的魅力，一起体验生命的美好。让我们带着敬畏之心，走进这片神奇的土地，让心灵得到净化，让生命得到升华。

想看到孩子开心的笑脸吗？那就带上他们一同前往咔咔松鼠乐园，开启一场充满尖叫与大笑的欢乐冒险吧！在这个乐园里，森林不仅是孩子们玩耍的场地，更是他们学习的教室；大自然不仅是他们探索的对象，更是他们最好的老师。

在咔咔松鼠乐园，孩子们将化身为人猿泰山，穿梭于茂密的丛林之中，挑战自我，释放天性（图 16.2-2）。丛林穿越、趣味攀树、勇攀高峰项目不仅考验孩子们的勇气和体力，更能让他们体验到与大自然亲密接触的乐趣。空中钻笼、树枝迷宫则充满了未知与神秘，让孩子们在探索中锻炼自己的思维能力和解决问题的能力。

咔咔松鼠乐园的每一个项目都是根据海坨山谷的资源特点，贴近自然设计的，让孩子们在玩耍中全身心地融入自然之中，感受大自然的魅力。这里不仅是一个让孩子们开心玩耍的乐园，更是一个让他们学习、成长、锻炼的宝地。让孩子们在这里留下难忘的回忆，让他们的童年充满欢声笑语（图 16.2-3）。

图 16.2-2　踏青图（一）

图 16.2-3　踏青图（二）

阳光正好，微风不燥，正是出门享受大自然的绝佳时机。在这样的日子里，不妨带上家人，一同前往黑松林，用快乐点缀这片美丽的景色。沿途的风景和经历将成为珍贵的回忆，而坚韧、勇敢与热情将深深烙印在每个人的心中（图 16.2-4）。

图 16.2-4　踏青图（三）

与自然做伴的生活里，焦虑感将烟消云散。每一次呼吸，都能感受到山风与夜空组成的自然律动。在欢声笑语中，家人们将感受到户外生活的自在、纯粹与洒脱。无论是孩子还是大人，都能在这里找到属于自己的快乐。

在朗朗春风中，感受畅意奔跑的快乐。风、草坪、风筝……所有的一切都为你准备好了。这片 1200 亩的优质草坪，将成为你们尽情奔跑的乐园。而童趣松鼠乐园、骑行环谷徒步等项目，更将增添无限的乐趣与刺激。

16.3　海坨山山谷露营音乐节

海坨山山谷露营音乐节作为北京市延庆区的一大文化盛事，以其独特的山谷景观和丰富多彩的音乐活动，每年夏季都吸引着无数音乐爱好者和艺人齐聚一堂，共同打造一场视听盛宴。

这个音乐节通常会在夏季的某个周末拉开帷幕，为期数天。在蓝天白云的映衬下，山谷间回荡着各种音乐旋律，为游客们带来一场别开生面的音乐体验。音乐节的舞台上，摇滚、流行、电子、民谣等各种类型的音乐表演轮番上演，让现场观众沉醉其中。

除了音乐表演外，海坨山山谷音乐节还提供了丰富多彩的娱乐活动。游客们可以在这里品尝到各种美食，购买到精美的手工艺品和艺术作品，还可以参加各种户外运动，如徒步、攀岩、骑行等。这些活动不仅丰富了音乐节的内容，也让游客们在享受音乐的同时，能够感受到大自然的魅力。

海坨山山谷音乐节的成功举办，不仅推动了北京市文化艺术事业的发展，也极大地提升了延庆区的知名度和影响力。越来越多的国内外游客被音乐节所吸引，前来参与这一文化盛宴。这也为延庆区的旅游业带来了巨大的发展机遇，推动了当地经济的繁荣。

如今，海坨山山谷音乐节已成为北京市夏季重要的文化品牌活动之一。它以其独特的音乐风格和丰富的文化内涵，吸引着越来越多的游客前来体验。在这里，音乐、自然、文化相互交融，共同构成了一个难忘的夏日记忆。

1）天然氧吧草地露营，品原产美食

当夏日的阳光洒满大地，海坨山山谷露营音乐节如期而至，为美丽的山谷增添了一抹独特的色彩。音乐、露营、晚风、花香，这些元素交织在一起，构成了一场极致的浪漫体验。参与者们纷纷在音乐节的场地上搭建起帐篷，与大自然零距离接触。在这里，城市的喧嚣被抛诸脑后，取而代之的是清新的空气和宁静的环境。你可以聆听大自然的呼吸，感受它的脉搏，让身心得到彻底的放松。

随着夜幕降临，音乐节的狂欢正式拉开帷幕。乐队们纷纷登台献艺，用优美的旋律和激情的演出点燃现场的气氛。观众们沉浸在音乐的海洋中，随着节奏摇摆身体，释放内心激情。

除了音乐表演，露营音乐节还提供了丰富的美食选择。每年露营季的草坪餐、山路美食市集都是特别为音乐节准备的。比萨饼、汉堡、BBQ 野炊等各种时令美食应有尽有，让人大快朵颐。在这里，你可以一边品尝美食，一边欣赏美丽的山色，享受无与伦比的味蕾盛宴。见图 16.3-1、图 16.3-2。

图 16.3-1　星光云海露营

图 16.3-2　现场实际图

2）漫步白桦林间小路，体验黑森林山地自行车

海坨山一个被自然美景环抱的神奇之地，在每年的音乐节期间，都吸引着无数游客前来体验大自然的魅力。这里不仅有迷人的白桦林，还有刺激的黑森林山地自行车之旅，让人流连忘返。

走进海坨山，首先映入眼帘的是那片茂密的白桦林，矗立在道路两旁，形成了一条蜿蜒曲折的小路。阳光透过树叶的缝隙洒在地面上，形成斑驳的光影，清新的空气和绿意盎然的景色让人心旷神怡，仿佛所有的烦恼都被抛诸脑后。

而在这片白桦林中，还有一项备受游客喜爱的活动——体验黑森林山地自行车

（图 16.3-3）。这是一种专门针对山地地形设计的自行车，拥有更好的操控性和适应性，让游客能够轻松应对各种复杂地形。在海坨山音乐节期间，游客可以租借这些山地自行车，沿着指定的骑行路线探索山区的自然风光。

骑行在崎岖的山路上，你将感受到山地自行车带来的独特体验。每一次的上下坡，都需要你全力以赴，这种挑战让你更加深入地体验大自然的魅力。沿途的风景更是美不胜收，清澈的溪流、奇特的岩石、茂密的树林……一切都让人惊叹不已。

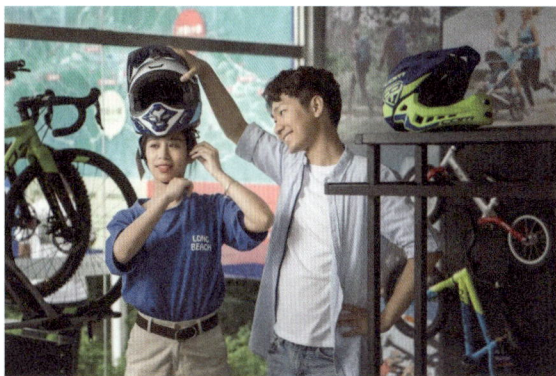

图 16.3-3　黑森林山地自行车

3）海坨山谷白桦林音乐节演出

夜幕降临，海坨山谷的白桦林在舞台灯光的映照下显得格外神秘。音乐家们身着彩衣，手持乐器，纷纷登台。

随着音符在夜空中飘荡，与风、与树叶共舞，观众们坐在草地上，完全沉浸在这美妙的旋律中。海坨山谷的夜晚因音乐而变得更加美丽，让每个人的心灵都得到了洗涤与放松。白桦林音乐演出见图 16.3-4。

图 16.3-4　白桦林音乐节演出

海坨山白桦林音乐节不仅是一场音乐的狂欢，更是一次全方位的娱乐体验。除了精彩纷呈的音乐表演，这里还提供了丰富的娱乐活动，让每一位观众都能找到属于自己的乐趣。

在清澈的湖边漫步，可以欣赏水中倒映着天空和树木的美景，感受微风拂过树梢的轻柔。而美食摊位则汇聚了各种口味的小吃和饮品，满足挑剔的味蕾。

此外，艺术展览和手工艺品市集也是不可错过的亮点。可以在这里欣赏到精美的风景油画，感受高山、草地、鲜花的原始与梦幻。房车、帐篷、咖啡馆的现代风情与周围的自然环境形成奇妙的碰撞，仿佛置身于一个童话世界。

海坨山谷，这个隐藏在繁华都市里的世外桃源以独特的瑞士风格，让你在快节奏的生活中找到了慢下来的理由。星光与音乐的碰撞，是自由、是心跳、是无可替代的体验。

当夜晚降临，篝火生起，乐队紧跟就位，DJ 的节奏随之响起，人们跟着音乐摇摆，欢呼声、烟花的绽放，为这一天的美好画上了完美的句号。

16.4　海坨山越野挑战赛

冬奥延庆赛区在后奥运时代已成为全国户外体育赛事的热门选择。其得天独厚的自然环境和优质的户外资源，吸引了越来越多的运动爱好者前来挑战自我。

由赤城县人民政府主办的第四届海坨山越野挑战赛在海坨山谷圆满落幕。这项赛事不仅得到了有关赞助公司的承办，还得到了县教科局、相关文化公司、海坨山谷旅游度假区的协办，以及延庆区体育局的大力支持。

比赛设立了多个组别，包括超级组 100km、高级组 50km、进阶组 30km 和青少年组 10km，满足了不同水平和年龄段的选手需求。大部分赛事的起点和终点均设在海坨山谷，路线途经多个美丽而具有挑战性的村庄和自然景点，如大海陀乡姜庄子、平北纪念馆、大海坨村、闫家坪村、1473 咖啡厅和雕鹗镇部分村庄。

启幕当晚，超过 1200 名越野选手齐聚海坨山谷参与精英选手见面会。组委会特邀嘉宾白斌和赵紫玉共同出席，与 40 多位精英选手共同将见面会推向了高潮。这些选手们都是来自全国各地的越野跑高手，他们的到来为比赛增添了更多看点。

"2023 第四届海坨山越野挑战赛"在海坨山谷鸣枪开赛，来自全国各地的近千名越野跑者齐聚一堂，共同征战户外胜地海坨山的越野跑赛道。他们在这里挥洒汗水、挑战自我，用双脚丈量着这片土地的魅力，见图 16.4-1。

图 16.4-1　越野挑战赛图（一）

海坨之巅赛道，以其奇、秀、险、虐的特点，吸引了无数选手的目光。这条赛道不仅是一场比赛的路线，更是一个充满挑战与征服的终极体验。每一步都充满了未知与惊喜，每一处都有不同的风景等待着选手们去发现。每一步都需要小心翼翼，稍有不慎就可能跌入万丈深渊。选手们需要面对自己的恐惧、疲惫和放弃的念头，只有坚持下去，才能最终征服这条赛道。

正是这份煎熬，让无数选手奔赴参赛。他们一头扎进繁华都市的平行时空，远离了喧嚣和纷扰，全身心地投入到这场挑战与征服的旅程中。在这里，他们感受到了所有的挣扎、痛苦，但更多的是征服自我、超越极限的喜悦和自豪，见图 16.4-2。

图 16.4-2　越野挑战赛图（二）

海坨山赛道犹如行走于仙境，日出云海波澜壮阔，丛林中散发着清香，奔跑在路上充分感受大自然的怀抱，见图 16.4-3。

每个人的生命之旅，都伴随着一片未知的荒野。在这片荒野中，我们不断探寻，试图找到一条属于自己的道路。对于追求健康的人来说，越野跑似乎就是这样一条不可抗拒的道路，它引领我们走向自然，挑战自我，寻找身心的平衡与和谐。

图 16.4-3　越野挑战赛图（三）

背上行囊，踏上陌生的土地，越野跑者们在海坨山谷中穿梭，感受大自然的壮丽与宁静。这里，远离了城市的喧嚣，只有新鲜的空气、壮丽的山川和无尽的挑战。从日出到日落，从看太阳到数星星，每一步都充满了对未知的好奇与对自我的挑战。

四年来，赛事不断前行，吸引了越来越多的参与者。在这里，人们不仅锻炼身体，更在挑战中收获了友谊、成长和自信。大运动、大健康的概念深入人心，成为越来越多人追求的生活方式。

海坨山谷越野挑战赛作为京张体育文化旅游带年度赛事的一部分，承载着推动区域体育文化旅游发展的重要使命。京张体育文化旅游带以北京市和张家口市奥运场馆所在区县为核心，通过高铁、高速等交通网络，连接起沿线两侧的区县，形成了一个集体育、文化、旅游于一体的综合性区域。

海坨山谷作为后冬奥时代的京郊户外运动乐土，不仅继承了冬奥会的遗产，更在推动区域体育文化旅游发展中发挥了重要作用。这里不仅有适合成年人的越野挑战赛，还有为孩子们准备的"欢乐研学季"。通过与各大研学机构的合作，海坨山谷推出了涵盖名校体验、自然探索、野外生存、定向越野等主题的夏令营，让孩子们在游玩中学习，在学习中成长。

海坨山谷正成为京张体育文化旅游带上一颗璀璨的明珠，吸引着越来越多的人前来探寻、体验、挑战。在这里，不仅可以感受到大自然的壮丽与宁静，更可以在挑战中收获健康、快乐和成长。

16.5　延庆后奥运时代总结

2022 年 4 月 29 日，2022 年北京冬奥会和冬残奥会延庆赛区的重要遗产——延庆奥林匹克园区盛大开园，四季开放。

作为"真正无与伦比"的北京冬奥会的一部分，延庆赛区留下的不仅是一个奥林匹克园区，更是一系列宝贵的遗产。国家级滑雪旅游度假地、冰雪专业人才、国际化的"朋友圈"以及生态、文明、幸福的最美冬奥城，这些都是冬奥会给延庆带来的长远影响。

延庆奥林匹克园区的开放，不仅让市民有机会近距离接触冬奥场馆，感受冬奥精神，也为延庆的旅游业带来了新的发展机遇。通过打造"冬奥体验季"，园区吸引了大量游客前来参观，为延庆的经济发展注入了新活力。

站在海陀山巅，俯瞰着延庆奥林匹克园区的壮美景色，人们不禁为这片曾经的冬奥赛场所折服。国家高山滑雪中心"雪飞燕"的壮观景象，让人们感受到了冰雪运动的魅力与激情。而这一切，都得益于冬奥会的成功举办和延庆人民的辛勤付出。

延庆奥林匹克园区的开放，不仅是对冬奥会遗产的充分利用，也是对冰雪运动的推广和普及。通过园区开放，更多的人将有机会接触到冰雪运动，了解冰雪文化的魅力。这将为中国冰雪运动的未来发展奠定坚实的基础。

总之，延庆奥林匹克园区的开放是冬奥会遗产利用的重要一环，也是推动中国冰雪运动发展的重要举措。我们期待着未来更多的人能够来到这片美丽的园区，感受冬奥会的魅力与激情。延庆冬奥村见图 16.5-1。

图 16.5-1　延庆冬奥村

2023 年 1 月，文化和旅游部公布首批国家级滑雪旅游度假地名单，北京延庆海陀山位列其中。延庆海陀滑雪旅游度假地总占地面积 91.3km²，除了延庆奥林匹克园区部分区域，还将周边的滑雪场、玉渡山风景区等囊括其中，致力于吸引最广泛的滑雪爱好者，打造国内最高品质的滑雪殿堂，是京张体育文化旅游带的重要组成部分。

2022—2023 年雪季，人们来到延庆海陀滑雪旅游度假地，不仅有可能在"雪飞燕""雪游龙"观看国际赛事，还可在届时新建的 22 万 m² 大众雪场里挑战自我，到玉渡山风景区的雪雕、冰雪乐园感受无穷乐趣。

延庆是旅游大区，然而与春夏秋三季的火热相比，冬季则萧条不少：除了人们熟知的"龙庆峡冰灯"，可玩可赏的地方屈指可数。冬奥会筹办举办，带来了"冰天雪地"，"美丽夏都"从此有了另一个闻名遐迩的名字"最美冬奥城"。一年四季中，曾经的旅游淡季——冬季逐渐成为最火热的季节，见图 16.5-2。

图 16.5-2　延庆奥林匹克园区观光索道

海陀山脚，"雪游龙"西南侧，隐藏着一个独特而美丽的村落——西大庄科村。这个位于张山营镇的村落，因其距离 2022 年北京冬奥会延庆赛区极近，而得以在冬奥会的契机下焕发出新的生机。自 2019 年启动村落升级改造以来，西大庄科村经历了翻天覆地的变化。如今，几十幢联排别墅依山而建，绵延近百米，它们与周围的山势和谐相融，形成了一幅美丽画卷。这些别墅设计独特，叠层、斜屋顶、"之"字形阶梯等元素赋予了它们欧式小镇的优雅气质，而青灰色砖墙和石头纹理又巧妙地融入了中式村落的古朴风情（图 16.5-3）。

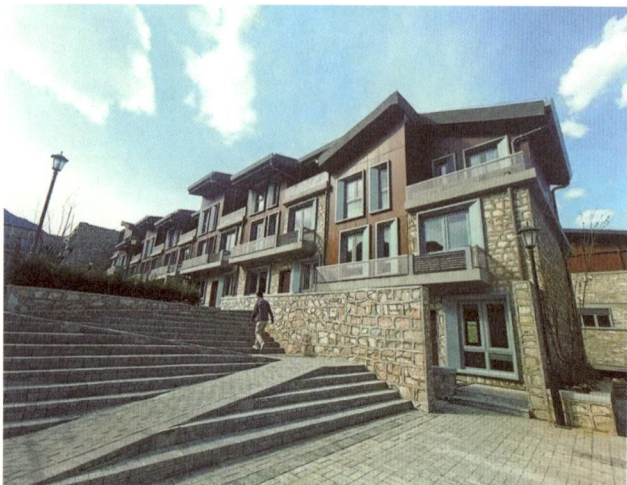

图 16.5-3　升级改造后的西大庄科村

2023 年"五一"假期，村民们陆续领取了新居的钥匙，他们的脸上洋溢着幸福的笑容。根据宅基地面积的不同，村民们有的选择了别墅，有的选择了平层，但无一例外的是，家家户户都拥有了一二百平方米以上的宽敞空间。这不仅改善了村民们的居住条件，也为他们带来了实实在在的经济收益。

作为海陀滑雪旅游度假地的精品住宿群，西大庄科村的新居不仅吸引了众多游客的目光，也为当地旅游业的发展注入了新的活力。游客们可以在这里享受到宁静舒适的乡村生活，同时也能感受到冬奥会的余韵和冰雪运动的魅力。

延庆区通过巧妙的规划和实施，成功地将冬奥赛区转型为旅游景区，实现了冬奥场馆的可持续利用，这是一个值得称赞的成就。在冬奥会结束后，延庆区与北控集团紧密合作，对冬奥场馆的赛后利用进行了深入的研究和规划。他们的努力没有白费，因为延庆奥林匹克园区在 2022 年"五一"假期正式向公众开放后成了热门的旅游目的地。

园区不仅充分利用了冬奥会的遗产，还巧妙地融合了冬奥元素，为游客提供了独特而丰富的体验。从冬天到夏天，从山林美景到冬奥文化，延庆奥林匹克园区为游客提供了全方位的享受。

园区开放以来，已累计接待游客超过 30 万人次，其中国家高山滑雪中心雪场在 2022—2023 雪季就接待了超过 12 万人次的游客，这一数字充分证明了延庆奥林匹克园区的吸引力和成功。

此外，园区还获得了多项荣誉称号，包括"国家级滑雪旅游""北京市体育旅游十佳""北京旅游热门打卡地"等，这些荣誉都是对园区工作的肯定和认可（图 16.5-4）。

图 16.5-4 游客"打卡"热门地

　　一项数据调查显示，延庆赛区国际知晓率 2018 年仅有 8.6%，此后逐年提升至 2022 年的 54.63%，延庆的国际知名度正一路蹿升，国际"朋友圈"可以说越来越大。

　　延庆不仅仅收获了全球知名度，历经冬奥会 7 年筹办，延庆掌握了国际赛事的办赛规律，形成了一套成熟的工作模式。在举办中，340 人直接参与赛事运行，34 名延庆籍技术官员经过冬奥会历练，形成了一支保障国际顶级赛事的高水平专业人才队伍。

　　一系列国际领先水平的高科技应用，成为延庆高质量发展的宝贵财富。延庆赛区首次实现"分钟级、百米级"的气象预报服务系统，达到了历届冬奥会的最高标准；无人机与 200 辆氢能大巴"空地联合"保驾护航；5G + 8K 技术提供优质的非现场观赛体验；气溶胶病毒监测、多体征感知设备等机器人全面应用；数字人民币支付系统方便外籍人员消费购物……这些"科技冬奥"的成果将走向城市发展的应用场景，成为北京建设国际科技创新中心的源源动力。

　　得益于国际化、高水平的设施和保障，2023 年 2 月，国家体育总局冬期运动管理中心、延庆区政府、国际雪车联合会等五方签署《谅解备忘录》，约定未来 5 年，定期在国家雪车雪橇中心举办国际雪车联合会赛事。

　　最美冬奥城，未来图景的璀璨一角仿佛已然揭开。冬奥会的"长尾效应"正推动延庆迈入新的发展阶段。一座生态、文明、幸福的最美冬奥城，正向着未来全速前进！

第六篇

千秋伟业
谁人曾与评说

冬奥管廊工程总结与启示

— 第 17 章 —

冬奥综合管廊工程总结

17.1 建设过程质量

冬奥综合管廊工程建设过程的质量是关乎整个工程可持续性和安全性的重要因素。在工程建设过程中，需要严格执行相关的质量控制标准和规范，确保材料的选用、施工工艺、工程管理等方面符合要求。此外，对于施工过程中的质量监督和检测也至关重要，以确保工程质量达到设计要求。另外，人员的素质和技术水平也是保障工程质量的重要因素，他们需要具备专业的知识和技能，严格遵守相关的施工规范和标准。最终，通过全面的质量管理和监督，确保冬奥综合管廊工程建设过程的质量达到预期目标。

17.1.1 策划质量

从先进的策划理念、高标准的设计要求、高水平的施工技术与管理、绿色环保的建材选用等多角度入手，保障冬奥综合管廊建设过程中的策划质量、设计质量、施工质量、建材质量，为呈现一场"精彩、非凡、卓越"的冬奥盛会奠定坚实基础。

（1）组织严谨，全过程策划

策划坚持科学、严谨的原则，开展多部门合作、多学科融合、多环节联动、多课题支撑，按项目工程阶段划分各参建单位的工作任务，进行系统分解、超前策划。

在延庆赛区外部综合管廊工程项目中，北京市重大项目建设指挥部办公室以可持续性策划为中心，明确工作目标、梳理审批路径、细分节点目标，做实施工计划、紧盯施工进度，从策划编制中提前预见关键路线，从策划落实中提前预见难点问题，并及时给予解决。经过有序组织推进，该项目仅用时 80d 即依法依规取得全部前期手续。

（2）适时调整，动态弹性策划

为适应冬奥综合管廊建设项目规划建设过程中出现的不稳定、不确定因素，根据其动态发展情况，采取灵活的策划方式，及时对策划方案进行改进、修订，使项目适应实际变化，顺利进行建设施工。

17.1.2　设计质量

质量是前提，是建筑工程设计最根本的要求，只有保证了质量，人们才能更好地去追求美观、舒适以及人文等其他方面的要求。为保证冬奥场馆及基础设施的高质量设计，从可持续性、以人为本、减量化设计、BIM 的采用、设计协同五个方面阐述主要冬奥场馆及基础设施设计过程中实现高质量的具体方法。

（1）生态环境保护

冬奥管廊立项之初就制定了极高的生态环境保护标准，严格践行可持续发展理念，落实"绿色办奥、共享办奥、开放办奥、廉洁办奥"理念，在规划设计阶段开展线位选择（进行了多线综合比选，最大可能降低对自然保护区的干扰）、工法选择（尽可能选择 TBM 开挖，减少支洞口、减少施工占地、减少环境干扰）、绿色减排专项设计（减少洞内排水、减少山体水土流失）、生态建设工作（最大可能恢复植被）、BIM 设计（对局部复杂设计、施工区域，通过 BIM 技术对重点、难点施工方案进行模拟，并兼顾现场施工与后期运维，提高三维模型的使用率）等一系列工作。

冬奥管廊采用先进勘察技术，为了查明综合管廊主要工程地质特征及关键地质问题，通过地质调查、地质钻探、综合物探、原位测试及压水试验等勘察技术手段对其地质条件进行了深入剖析与研究，为冬奥会山区综合管廊的科学设计及顺利施工提供了有力的地质支撑。

冬奥综合管廊的规划设计以集约用地、减少地表植被破坏、保护地下水系为原则，从而降低对保护区生态环境的影响。多方案对比优化敷设方式，从成本控制的角度建设综合管廊。在项目规划阶段，综合比选研究各管线单独建设方式（造雪输水、生活用水、中水等涉水管线通过隧洞方式敷设，电力、通信管线需架空敷设）和综合管廊建设方式，最终确定采用综合管廊的建设方式；经初步测算，单独直埋及架空建设成本约 20.31 亿，占管廊建设投资的 156%，故建设管廊当期经济效益十分显著。后期运维成本降低：对比架空电力电信及水线单独建设，管线入廊后在廊内即可检修维护，避免了架空敷设高空作业，减少了反复挖掘地表，可避免受到外力和极端天气的影响，大幅降低了架空敷设的事故率和事故损失；从全寿命周期来看，管廊的综合运营成本将远低于管线各自运营成本的总和。

综合效益高：采用综合管廊的建设方式，可有效提高赛区市政综合保障能力，同时将建设对松山国家自然保护区环境的破坏降到最低，最大限度兼顾工期、建设、投资及景观等因素。

专家指导技术先行，开展多项生态专题研究，项目实施之前，聘请相关领域专家和专业服务公司对施工区域和影响区域内的环境、生态、水资源、野生动植物等进行了充分调查研究，编制了环境影响评价、生态影响评价、水影响评价、国家级重点保护野生动物、市级重点保护野生动物等多份专题评价报告，并取得相关主管部门的核准批复，确保项目各项建设措施满足生态环保要求。

科学规划洞口景观、生态建设，减少施工对生态影响，每座洞口的景观设计力争简洁、适用，与周围环境协调，契合"山林场馆、绿色冬奥"的理念。聘请专业技术团队编制了冬奥会综合管廊工程生态建设方案，建立了生态建设台账，并经专家评审通过，力求将项目建设对生态环境的影响降到最低，相关环保理念和环保措施得到了政府部门和专家的一致认可。

世界埋深最大的综合管廊——冬奥综合管廊工程，维持保障延庆赛区国家高山滑雪中心、国家雪车雪橇中心、奥运村、媒体中心等设施的能源生命线，综合管廊的安全稳定运行，对保障冬奥会延庆赛区的供水供电可靠性起着决定性的作用，其工程安全性直接关系到冬奥会的顺利举行。

冬奥综合管廊是国内首条中高山区综合管廊，综合管廊沿线穿越多条断裂带且岩体节理裂隙发育，分布岩浆岩（花岗岩、辉绿岩等）、沉积岩（白云岩、砂岩等）两大岩类，岩性复杂多变。深大断层问题、涌水问题、围岩分类与稳定问题、浅埋段（穿沟谷）隧洞地质问题等为综合管廊的关键地质问题，需对其进行准确的地质评价，为冬奥会山区综合管廊的科学设计及顺利施工提供有力的地质支撑。设计方案代表了较先进技术和设计理念，将集合水利、电力、电信、铁路、公路、综合管廊等行业规划和技术，填补和丰富国内综合管廊建设案例和技术空白，设计出了国内首条大范围成功穿越环境敏感区的综合管廊，2022 年冬奥会延庆赛区外围配套综合管廊路由穿越北京松山，工程建设可能对保护区的生态环境，尤其地下水环境造成不利影响，如管廊阻断地下水的渗流途径，减少对下游地下水径流量，可能导致森林植被的枯死等生态破坏。工程设计中提出绿色施工地下水控制工艺，降低管廊工程施工过程中地下水位降幅，减少渗流量，降低对松山地下水环境影响，对于北京市市政建设乃至经济社会的可持续发展具有重大意义。

创造性提出建设综合管廊敷设水务管线理念，同步解决了电力、电信等建设难题，低投资、高质量、高效率地保障了延庆赛区基础设施建设。仅本工程水务管线建设估算费用从约 18 亿元降低为约 15 亿元，节省投资约 20%。初步估算仅水务工程临时占地可由明挖方案的 308 亩减少至 58 亩，较明挖方案节约 81%临时占地，永久占地减少约 16 亩，避免大量树木伐移。

（2）以人为本

以人为本找准需求，为冬奥会的成功举办提高服务能力。以人的需求为出发点，关注运动员、裁判员、观众、服务人员、管理人员等建筑使用者的需求和感受，以设计最合理、最实用、最宜人的建筑和基础设施为目标，提高无障碍设计、室内环境品质控制、水质控制等方面的设计质量。

冬奥管廊：根据冬奥管廊工程地质和水文地质条件，开展绿色减排专项设计，针对综合管廊支护结构，提出堵水限排设计思路。在高压富水地区山岭隧道中通过优化灌浆和排水系统设计，控制排水量，降低对隧洞水环境的影响，同时减小作用在结构上的外水压力。由此化解了工程建设与环境保护的矛盾，践行了"绿色奥运"的办会理念，同时通过优化衬砌结构和隧洞开挖工程量，节约了总体工程投资。

（3）BIM 的采用

通过基于 BIM 的协同设计，优化设计流程，实现不同企业间和不同专业间的数据共享，提高设计质量和效率；进行设计方案的性能和功能模拟分析、优化以及可视化沟通，以提高设计质量。

BIM 技术可以通过建立基于 BIM 数据库的协同平台，把建筑项目各阶段、各专业间的数据信息纳入该平台中。业主、设计、施工及运维等各方可以随时从该平台上任意调取各自所需的信息，通过协同平台对项目进行设计深化、管线综合、施工模拟、进度把控、成本管控等多种操作，提升项目管理水平、设计品质。通过将 BIM 技术应用到不同专业协调设计中，各专业的工作人员能够实现信息的完全共享，便于进行协同工作，保证建筑设计以及施工能够正常、有序地进行，进一步保证建筑品质。此外，通过 BIM 技术建立起基于建筑节能方面的模型，帮助建筑师更好地分析能源损耗点，进行相应的调整、优化，例如日照分析、碳排放分析等，提高了建筑设计的效能，实现绿色建筑。

通过深化初步设计、施工图设计，依据专家意见进一步降低投资。经专家及第三方评审、评估根据项目现场实际情况，比选开挖、支护、管线分舱、缆线入廊等方案，指导设计单位优化方案，切实控制成本，提高工程性价比。

对管线需求、建设规模、断面尺寸、施工工艺、主线路由等进行了详细的设计和论证，同时考虑到山岭隧道综合管廊的特殊性和唯一性，最终确定了最优的线路走向和断面尺寸，兼顾了功能、施工和环保等各方面的需求，满足可持续发展的要求，详见图 17.1-1、图 17.1-2。

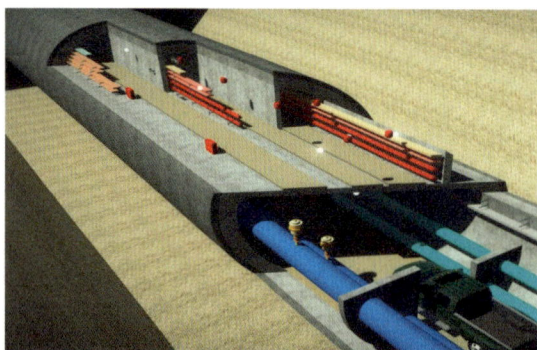

图 17.1-1　BIM 剖面图　　　　图 17.1-2　管廊节点图

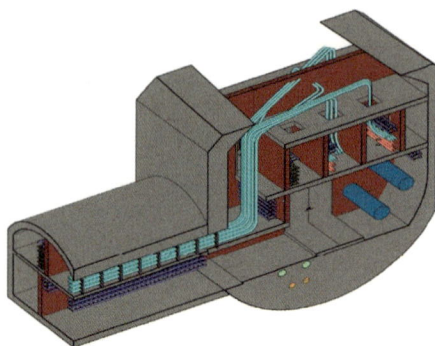

17.1.3　施工质量

冬奥管廊施工质量的控制是以施工过程控制为重点，严格遵循"绿色、共享、开放、廉洁"的办奥理念，坚持安全第一，加强工期统筹，严格环保标准，做好绿色施工，确保高质量完成冬奥重点工程建设任务。所有工程都明确严格的安全质量管理标准和质量创优目标100%之百的工匠精神，高标准推进场馆及配套基础设施建设，创造"冬奥质量"。

1）绿色施工

在施工过程中，各项目均严格执行绿色施工相关要求，实施绿色施工方案制度（图17.1-3），对工程进场阶段、地基与基础工程阶段、结构工程阶段、装饰装修工程阶段、机电安装工程阶段等进行施工策划，落实四节一环保措施，并确定绿色施工目标，明确各控制要点的指标。同时推行绿色建造定量化和动态化的管理模式，努力实现降耗、增效、环保效果的最大化。从而实现场馆建设过程环境、社会与经济的协调性发展，切实落实"绿色办奥"理念。

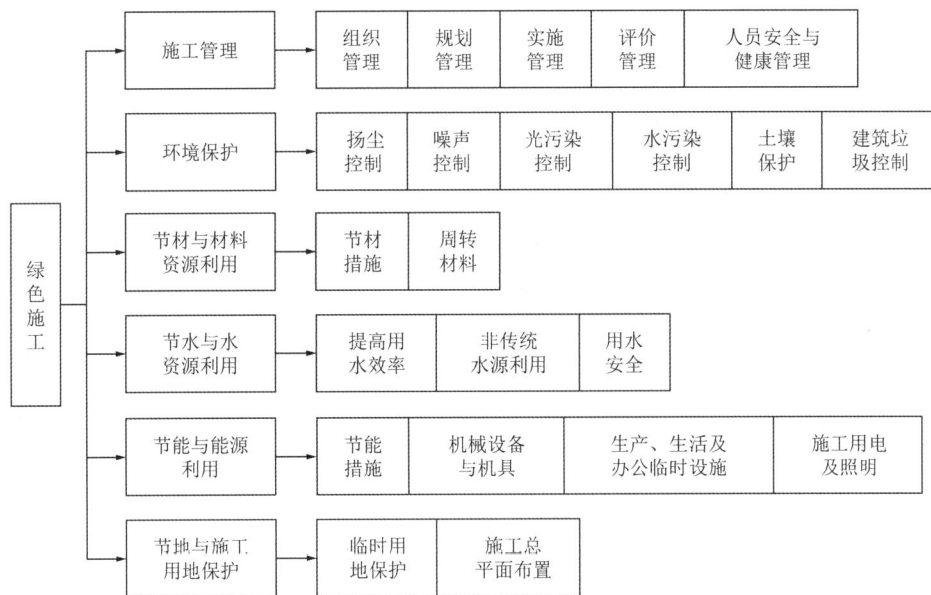

图 17.1-3　绿色施工方案框架

为满足施工过程中资源节约、环境污染控制方面的控制要求，各施工企业采取了一系列措施，包括节材措施、节水与水资源利用措施、节能与能源利用措施、节地与施工用地保护措施、环境保护措施以及职业健康与安全措施。

（1）节材措施

根据施工进度提前做好材料计划，合理安排材料的采购、进场时间和批次，减少库存，材料堆放整齐，一次到位，减少二次搬运。

材料就地取材。如延庆冬奥村山上围挡基础、挡土墙基础、办公室散水做法均采用毛石砌筑，毛石为施工现场石块破碎加工而成，部分墙体采用石笼墙，石笼墙内填充石块均为现场石块，减少了施工材料的运输与采购以及山上石块的外运，也体现了"绿色奥运"

的办奥理念，见图 17.1-4。

(a) 毛石围挡基础

(b) 毛石挡土墙

(c) 毛石散水

(d) 石笼墙图

图 17.1-4 材料就地取材

在项目中，使用标准化可周转材料。办公区所用板房采用集装箱房，方便安拆，提高再利用率。施工现场、工人生活区所用房为集装箱房，使工地临房、临时围挡材料的可重复使用率达 90%，见图 17.1-5。

图 17.1-5 施工现场办公楼

办公区、生活区主路采用混凝土路面，其余路面采用透水砖地面，并且透水砖可多次周转利用，节约材料、减少成本。施工现场道路可采用钢板道路，减少混凝土用量，减少硬化道路破损，减少建筑垃圾产生，钢板路面可重复利用。周转材料选择钢包木和盘扣、轮扣架从而减少损耗，增加周转次数，见图 17.1-6，图 17.1-7。

图 17.1-6　生活办公区路面　　　　　图 17.1-7　钢包木

优化施工方案，节约建筑材料。速滑馆钢结构环桁架滑移采用低位带胎架滑移工艺，节省钢支撑重量 1500t，拼装胎架在新机场航站楼等项目周转使用，使用完成后可以继续用于下一个项目。

建筑材料再利用。速滑馆利用废旧桩头，制作再生骨料，用于预制看台板、堆石混凝土骨料、坡道基底回填、临时用房房心回填。

（2）节水与水资源利用

采用施工节水工艺、节水设备和设施；施工现场卫生间、洗脸池等采用节水型水龙头；低水量冲洗便器或缓闭冲洗阀，见图 17.1-8。

加强节水管理，对施工用水进行定额计量。施工现场装设水表，施工区和生活区分别计量；建立用水节水施工台账，并进行分析对比，提高节水率，现场设置节水警示标牌。

图 17.1-8　低水量冲洗便器

现场通过集水坑收集的雨水，沉淀后进入蓄水池。延庆冬奥村受地理位置影响，山地施工用水困难，通过踏勘对山间高点泉水进行引流，并在低处场地做好存水设施，以解决场内用水问题。现场机具、设备、车辆冲洗、喷洒路面、绿化浇灌等用水，优先采用非传统水源。

同时还有其他措施节水，如速滑馆施工混凝土浇筑完毕后，楼板采用麻袋片覆盖浇水养护，墙柱混凝土采用塑料薄膜包裹保水养护，见图17.1-9。

图 17.1-9 塑料薄膜包裹保水养护

（3）节能与能源利用

在施工过程中优先使用节能、高效、环保的施工设备和机具，杜绝使用不符合节能、环保要求的设备、机具和产品，选择的设备功率与负载相匹配并采用低能耗施工工艺，充分利用可再生能源。

公共区域、办公室等场所均采用节能灯，生活区及现场办公区道路照明采用太阳能路灯，如风光互补路灯，可连续照明8d左右（图17.1-10、图17.1-11）。洗漱、淋浴热源采用空气能热水器，节约能源。

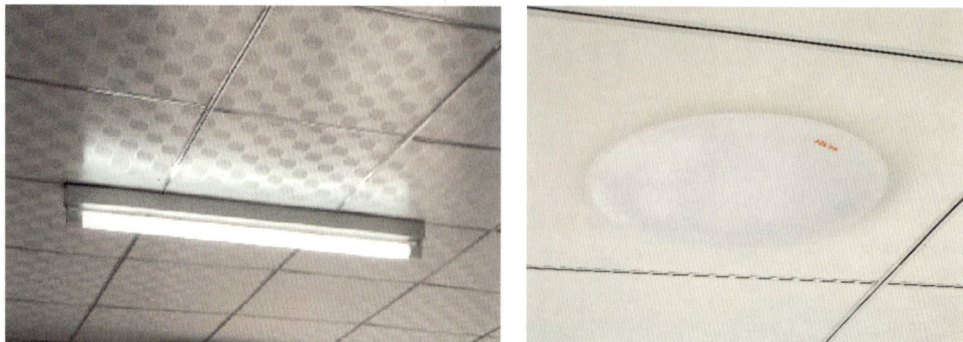

图 17.1-10 办公区节能灯具

图 17.1-11　风光互补路灯

（4）节地与施工用地保护

分阶段制作现场平面布置图，根据工程进展情况进行调整，做到动态管理。如北京冬奥村项目部积极开展 BIM 技术应用，检查现场平面布置的合理性与整体效果，并根据工程进度，实时调整物料堆场等平面布置，反馈至现场管理人员，实现场地的合理利用，增加土地利用率。

合理优化边坡支护形式，减少土方开挖量，减少对土地的扰动。如在山地新闻中心东侧采用护坡桩支护形式（图中红线位置为护坡桩），节约用地，减少对山地的破坏，保护生态环境（图 17.1-12）。

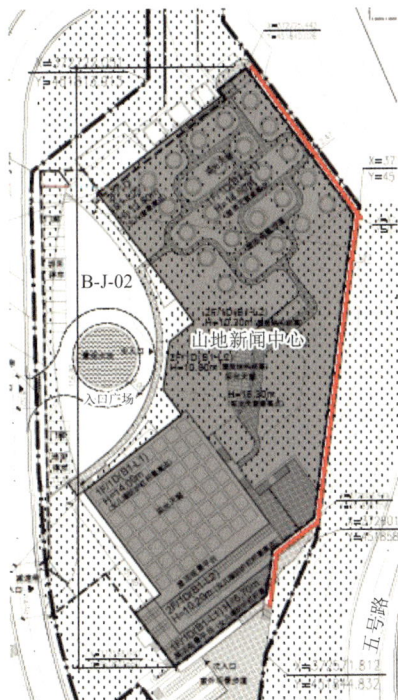

图 17.1-12　山地新闻中心护坡桩位置

合理布置施工现场,将物料堆放及加工区优化整合,材料规范码放减少占地(图 17.1-13),最大限度周边布置,以充分利用场地。

图 17.1-13 材料规范码放减少占地

(5)环境保护措施

在施工过程中形成了"六必须""六不准""三查六确保""六个百分之百"的扬尘控制措施。

"六必须":必须湿法作业、必须打围作业、必须硬化道路、必须设置冲洗设备、必须配齐保洁人员、必须定时清扫施工现场。

"六不准":不准车辆带泥出门、不准运渣车辆冒顶装载、不准高空抛洒建渣、不准现场搅拌混凝土、不准场地积水、不准现场焚烧废弃物。

"三查":扬尘巡查、扬尘集中检查、扬尘督察;"六确保":确保停止扬尘施工工序、确保抑尘措施落实、确保无违规施工、确保清扫冲洗措施落实、确保无道路遗撒和积尘、确保街面裸露地面覆盖措施落实。

"六个百分之百":施工工地周边 100%围挡,物料堆放 100%覆盖,出入车辆 100%冲洗,施工现场地面 100%硬化,拆迁工地 100%湿法作业,渣土车辆 100%密闭运输。

喷淋系统见图 17.1-14。

(a)雾炮机   (b)基坑喷淋系统   (c)围挡喷淋系统

图 17.1-14 喷淋系统

此外北京冬奥村项目由于东西向长度达到 150m,考虑到雾炮机作业范围有限,无法对基坑进行全面覆盖,本工程引用农田灌溉所用摇臂喷枪对基坑内土方作业面进行湿化处理。摇臂喷枪作业半径能够达到 90m,并可进行 180°旋转,沿基坑支护一周设置 10 台摇臂喷枪,可达到对基坑全覆盖的效果。当进行土方开挖作业时,相应区域的摇臂喷枪将全程开启,保证作业面土质湿润且无明水(图 17.1-15)。摇臂喷枪还可应用于混凝土构件养护。

图 17.1-15　摇臂喷枪使用照片

对施工照明灯光设置灯罩(图 17.1-16),让灯光汇聚指向照射。独立设置钢筋加工场,钢筋加工场场地设置活动屏障或封闭围栏。对周围居民有影响的辐射面应搭设挡光壁。现场垃圾分类回收存放(图 17.1-17),危险品单独采用存放柜和专用库房存放(图 17.1-18)。

图 17.1-16　现场各方位配置灯塔与遮光罩棚

图 17.1-17　垃圾分类回收存放

图 17.1-18　现场危险品存放柜和专用库房

　　为保护生态环境，保护土壤种子库资源，减少表土资源在建设施工过程中的流失浪费，延庆冬奥村对施工现场原土进行表土剥离并利用剥离的表土开展赛区内的景观重建与生态环境修复等工作（图 17.1-19）。减少客土使用量，保护生态环境。为减少因施工对树木产生的破坏，保护施工现场内的树木，对施工现场内的树木采用砌筑土台进行保护，砌筑材料为场地内原有石块。国家高山滑雪中心、国家雪车雪橇中心及配套设施项目在生态环境保护方面，采用就地保护小区、近地保护基地全方位植物保护技术，建立移植基地两处，创新使用山地大树移植技术，移植本地树木 3 万多株，采用移植前修枝、伤口涂刷封闭剂、喷施抑制蒸腾剂、草绳缠树干，以及加强输营养液、病虫害防治、喷水等养护措施，提高树木移植成活率（图 17.1-20）。

图 17.1-19　表土收集与储存

图 17.1-20　树木移植与养护

速滑馆现场西南部有兆慧墓碑以及两座华表，项目部编制《文物保护方案》，设立文物保护区，区域内进行绿化和设置栏杆（图 17.1-21）。

图 17.1-21　文物保护措施

（6）职业健康与安全

为保证现场工作人员的健康与安全，对生活办公及工作场所采取了大量措施，如食堂采取食材留样、餐具消毒，厕所、浴室专人清理，浴室 24h 供热水（空气源热泵），生活区、办公区设置化粪池、隔油池，施工现场设移动卫生间，专人定期清扫。还为每位工人配备水杯，现场设暖心驿站，内设直饮水机，暑期向工人免费提供绿豆汤和发放藿香正气水（图 17.1-22～图 17.1-24）。

危险作业环境个人防护器具配置率达到 100%，并设置专门危险品库房，设置醒目安全标识，在有限空间焊接采取有效防护、通风等措施。

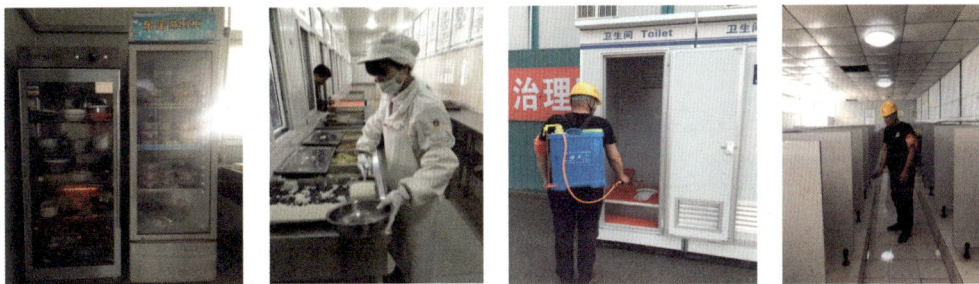

图 17.1-22　职业健康措施

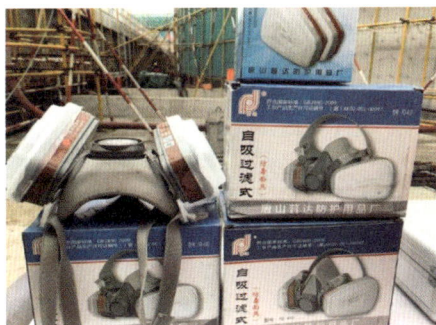

图 17.1-23　作业环境护具　　　　图 17.1-24　现场职工医务室

17.2 冬奥管廊工程品质

2022 年冬奥会延庆赛区外围配套综合管廊工程（图 17.2-1）南起佛峪口水库管理处，北至赛区新建塘坝，长 7.9km，总投资应为 12.98 亿元。入廊管线包括造雪给水、生活给水、再生水、电力、电信及有线电视等，为赛场造雪用水需求、赛区生活用水循环、赛区电力保障、赛区通信和赛事直播等提供市政管线能源输送支持，是维持保障延庆赛区国家高山滑雪中心、国家雪车雪橇中心、奥运村、媒体中心等设施的"生命线"。修建地下综合管廊，不仅有利于集约用地和环境保护，有效减少对赛区周边松山国家级自然保护区的影响，同时也有利于开展入廊管线的施工、运营和维护等工作，为冬奥会延庆赛区提供稳定可靠的基础设施保障。

图 17.2-1　北京冬奥会延庆赛区综合管廊隧道断面大样

1）管廊一通延庆赛区"满盘皆活"

北京冬奥会延庆赛区综合管廊于 2019 年 9 月 20 日正式投入使用。延庆赛区所需的造雪用水、生活用水、再生水、电力、电信及电视转播信号等将如"血液"般注入赛区。北京冬奥会延庆赛区核心区位于小海陀山南麓，建设有国家高山滑雪中心、国家雪车雪橇中心两个竞赛场馆和延庆冬奥村、山地新闻中心两个非竞赛场馆。冬奥会高山滑雪、雪车雪橇项目对地形、环境、造雪、造冰都有非常严格的要求。国家高山滑雪中心垂直落差超过900m，总长达 21km 的赛道需要按照国际标准进行人工造雪，国家雪车雪橇中心 1975m 的U 形赛道也将被高质量的冰面覆盖。

北京冬奥会后，延庆赛区按照规划将成为国内最重要的高山滑雪、雪车雪橇的国际赛事中心和训练中心，也将成为大众冰雪运动、休闲健身的一个集聚区。这些功能的实现也都将通过综合管廊进行市政配套保障。

2）延庆赛区的绿色"大动脉"

为了将工程建设和各种管线铺设对周边生态环境的影响降到最低，北京冬奥会延庆赛区市政能源输送通道采用了地下综合管廊方式进行建设。修建地下综合管廊，不仅能够集约用地和保护环境，有效减少对赛区周边生态的影响，同时也有利于入廊管线在不影响生态环境的前提下施工、运营和维护，为冬奥会延庆赛区和今后的可持续利用提供稳定可靠的基础设施保障。

按照传统的建设方式，多达 10 类共计 18 路的各种管道、线路，如果在地面建造，不仅要翻山越岭加大工程量，而且将大量占用土地，劈山开路铺管架线，都将破坏北京这块宝贵的"后花园"。为了保护好利用好北京这个宝贵的"后花园"，项目从立项之初就聘请专业技术团队，制定了严格的生态环境保护标准，严格践行可持续发展理念，落实"绿色办奥"理念。从环境保护和利用、野生动植物保护、生态建设、可持续发展等诸多方面制定建设方案开展施工建设。

3）挑战国内首例大落差山岭综合管廊

延庆赛区综合管廊是国内首条在山岭隧道中建设并全功能投入使用的大落差、大坡度综合管廊，出口段位于海拔约 1100m 的延庆赛区内，而下方的进口段位于海拔约 550m 的延庆佛峪口水库，垂直海拔高差达 500 余米，最大坡度达到 15%。燕山山脉地质条件复杂，不同强度围岩交替出现，都增加了施工难度。在施工过程中，京投管廊公司和中铁十八局、中铁十四局两支隧道工程"铁军"，持续进行科技攻关，创新应用了大坡度 TBM 全断面硬岩隧道掘进机、软弱围岩钻爆法等施工技术。经过不懈努力，开辟了北京地区山岭隧道大坡度施工的先河。

在综合管廊管线安装中，又一个难题摆在了冬奥建设者面前。为了集约利用空间，10 类共计 18 路管线铺设都集中在一个截面积不足 50m² 的空间内，为了确保工程进度，廊内各种管线施工需要齐头并进，各方人员、各类设备、各种器材云集。建设者通过现场监测测算，制定了精细的统筹管理办法，管廊内被分隔成水舱、电力舱、电信舱等 4 个舱室，各种管线施工交替铺设，大幅提高了施工效率，成为延庆赛区率先完工，率先投入使用的冬奥建设"先锋"工程。延庆赛区综合管廊从 2017 年 9 月开工，到 2019 年 9 月完工，工程施工时间不到 700d。综合管廊开通为延庆赛区 2020 年 2 月迎接北京奥运会首场测试赛"一炮打响"，奠定了坚实基础。

4）"三级跳"实现延庆赛区保障"登顶"

小海陀山最高峰海拔 2198m，国家高山滑雪中心的出发平台就建在这里，被誉为"北京海拔最高建筑"。把市政保障送达山顶本身就是一项巨大挑战。穿越小海陀山的综合管廊内部井然有序，一层的水舱中，两侧依次排列着直径达 800mm 的两根造雪主水管线，两根直径 400mm 的自来水供水管线和一根直径 300mm 的再生水管线。北京 2022 年冬奥会期间，延庆赛区数十万立方米的用水需求要通过这条地下综合管廊完成输送。在管廊中间是一条应急维修道路，工程检修车辆可以在管廊内畅通行驶，确保各种管线随时得到精心维护。综合管廊第二层被隔成 2 个电力舱和 1 个电信舱，据各管线相关建设和施工单位统计，综合管廊内水管铺设总长达 39.5km；电缆铺设总长达 110km；通信线缆铺设总长达 126.4km。其中，电信舱计划铺设 5G 通信光缆，以实现未来北京冬奥会延庆赛区的 5G 信号全覆盖。

500 多米的垂直海拔差，决定了延庆赛区的地下综合管廊已无法像常规综合管廊那样，一次性实现能源供给，必须通过建设加压泵站的方式，分级进行能源供给。延庆赛区综合管廊设计使用寿命达到了 100 年，这条"生命线"不仅为北京冬奥会服务，未来还将持续不断地为延庆区的发展和大众冰雪运动服务。

17.3　冬奥管廊技术创新

技术创新，是此次冬奥建设质量的精神之所在。各个冬奥场馆秉承创新、协调、绿色、开放、共享的新发展理念，在设计、建设、运行全过程中以工匠精神践行科技创新、管理创新、绿色建造示范创新，将国际先进的电力能源技术、冰雪技术、工程施工技术、绿色环保技术、信息化技术融入冬奥场馆及基础设施的建设中去，极大地提高了建设工程质量和管理品质，同时也为主办城市和区域长远发展留下了宝贵的技术成果和管理实施经验。

1）市政工程技术

（1）冬奥管廊项目采用的 TBM 法

冬奥会管廊项目 0 + 210~3 + 635 段采用 TBM 进行开挖建设。本台 TBM 为敞开式硬岩掘进机。TBM 整机全长 155m，总重 1800t，驱动功率 3500kW，装配 68 把滚刀（8 把中心刀，52 把面刀，8 把边刀）；刀盘安装新刀时开挖直径为 10230mm，刀具磨损到极限时开挖直径不小于 10200mm。

TBM 从结构上分为主机、连接桥和后配套三个部分。配备锚杆钻机、拱架安装器、喷混系统、导向系统、出渣皮带系统、除尘系统、水喷雾系统、排水系统等（图 17.3-1）。

<table>
<tr><td>（a）用于兰渝铁路西秦岭特长隧道的 TBM</td><td>（b）用于 LXB 水利工程的 TBM</td></tr>
</table>

图 17.3-1　TBM

在冬奥管廊项目中采用 TBM 法的原因有：

TBM 可实现隧洞开挖、支护、出渣等工序的工厂化流水作业，具有快速、安全、优质、环保等优点，充分满足冬奥会理念。

根据规划要求，入廊管线包括：2 根 DN800 造雪引水管线、2 根 DN400 生活用水管线、2 根 DN300 中水应急排放管线、2~4 条 110kV 电力管线、2~4 条 10kV 电力管线、12 孔电信管道，4 孔有线电视管道。考虑管线需求，衬砌后断面需满足 8600mm，目前国内适合此断面的 TBM 只有两台，直径为 10.23m，且圆形断面受力更好。

（2）综合管廊（延庆赛区）

综合管廊可持续发展措施主要包括先进勘察技术、生态专题评估、绿色减排专项设计、综合管廊逃生和通风系统设计、全寿命期安全保障关键技术和绿色施工措施等。

冬奥会延庆赛区外围配套综合管廊是保障冬奥会延庆赛区造雪用水、生活用水、再生水排放、电力、电信、有线电视转播等市政能源需求的重要市政基础设施，被称作赛区"生命线"。综合管廊秉承"绿色办奥、共享办奥、开放办奥、廉洁办奥"理念，从规划设计、施工控制、水资源保护和利用、野生动物保护、扬尘治理、生态建设、森林防火等因素出发，采取了一系列可持续发展措施。

①技术难点

山区综合管廊的勘测设计及施工在北京地区属于首次，且在全国范围内也很少见。冬奥会管廊工程与传统城市综合管廊工程存在显著不同，主要表现为以下五个方面：一是工程安全性至关重要；二是综合管廊埋深大（3～300m 之间）；三是工程地质条件与自然灾害防治形势严峻；四是综合管廊工程施工工艺复杂；五是工程主线部分穿越松山国家级自然保护区。

②技术亮点

为了查明综合管廊主要工程地质特征及关键地质问题，通过地质调查、地质钻探、综合物探、原位测试及压水试验等勘察技术手段对其地质条件进行了深入剖析与研究，为冬奥会山区综合管廊的科学设计及顺利施工提供了有力的地质支撑。所采用的勘察技术包括：三维地质建模技术、环境敏感区勘探技术、断层取芯综合技术、堵水限排设计理念、数码摄影地质编录系统、地球物理测井技术（图 17.3-2）。

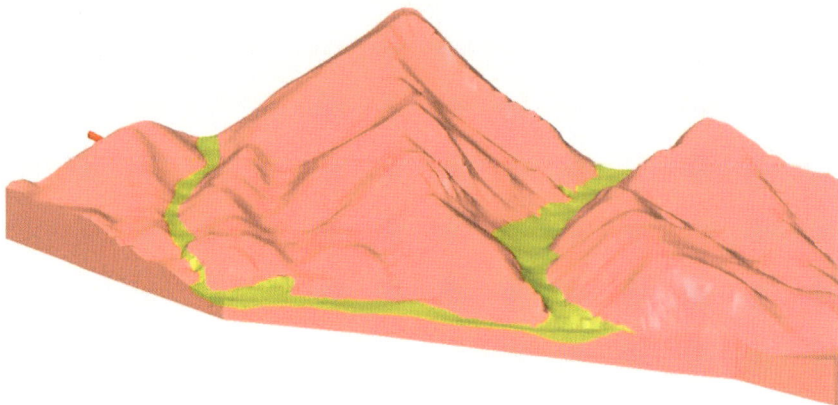

图 17.3-2　勘察技术展示

③生态专题评估

项目实施之前，聘请相关领域专家和专业服务公司对施工区域和影响区域内的环境、生态、水资源、野生动植物等进行了充分调查研究，编制了环境影响评价、生态影响评价、水影响评价、国家级重点保护野生动物、市级重点保护野生动物等多份专题评价报告，并取得相关主管部门的核准批复，确保项目各项建设措施满足生态环保要求（图 17.3-3）。

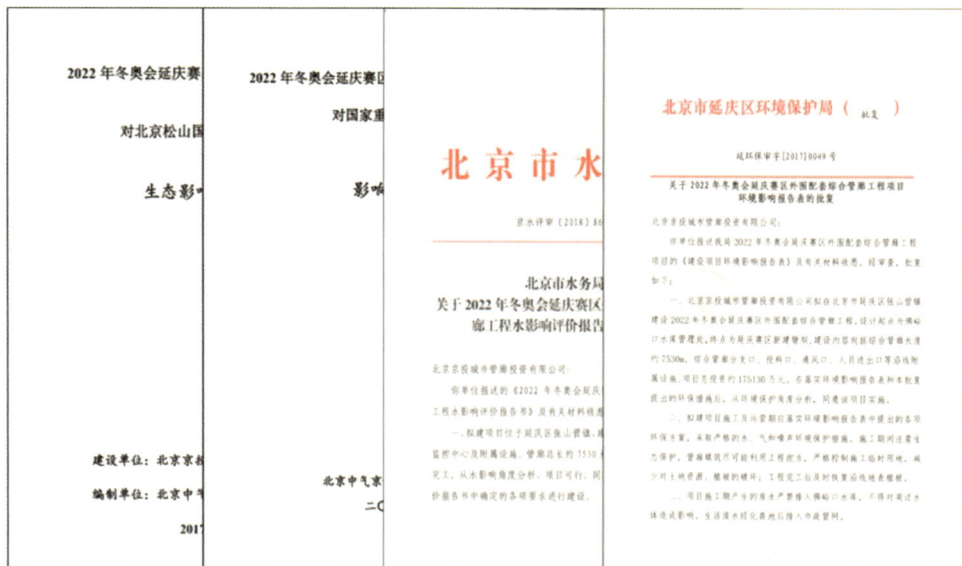

图 17.3-3　各项生态专题评估报告

④绿色减排专项设计

开展了绿色减排专题研究，根据工程地质和水文地质条件，针对综合管廊支护结构，提出堵水限排设计思路。在高压富水地区山岭隧道中通过优化灌浆和排水系统设计，控制排水量，降低对隧洞水环境的影响，同时减小作用在结构上的外水压力。由此化解了工程建设与环境保护的矛盾，践行了"绿色奥运"的办会理念，同时通过优化衬砌结构和隧洞开挖工程量，节约了总体工程投资。

⑤综合管廊逃生、通风系统设计

根据国家标准，综合管廊逃生口间距不宜大于 200m，通过设计方案比选、专家咨询论证等手段，最终优化后，突破了综合管廊国家标准，适当加大了逃生、通风间距，在洞口布置时避开了自然保护区的核心区。

通风系统设计采用自然进风与机械排风相结合的方式，设计时利用不同风口的自然压差，达到了节能减排的目的。

⑥冬奥会山区综合管廊工程全寿命期安全保障关键技术与示范研究

该课题研究创新成果包括：分析微动技术在峡谷复杂地质条件下的应用效果，形成一套微动技术在复杂地质条件下的系统研究和综合应用方案；分析综合管廊建设过程中和后期运行期对松山地下水生态环境的影响，形成一套集探测、排堵结合的地下水处理工艺；基于冬奥会综合管廊设计、建设和研究，形成一套山区综合管廊通风安全保障体系；形成冬奥会综合管廊工程安全运行监测预警成套关键技术，为其安全运行提供技术支撑；建立基于风险指引的综合管廊工程安全实时监测及预警指挥管理平台。

⑦绿色施工

在管廊施工中，贯彻"以资源的高效利用为核心，以环保优先为原则"的指导思想，追求高效、低耗、环保，统筹兼顾，实现经济、社会、环保（生态）综合效益最大化的绿色施工模式。

在保证质量、安全等基本要求的前提下，组织施工单位采用 BIM 技术统筹生产，指导施工；通过科学管理和技术进步，最大限度地节约资源，减少对环境负面影响的施工活动，实现"四节一环保"的目标，制定了绿色文明施工专项方案。

绿色施工措施包括：优化项目施工场地、树木移栽方案，进一步做好景区生态保护（优化场地分区、设置免伐区、打造"花园式"项目部）；制定绿色减排和水资源生态利用专项方案，保护水资源，防治水污染（地下水以防堵为主、对处理水进行循环利用）；保护野生动物，倡导文明施工（水压爆破、柔光照明系统）；预防空气污染，落实扬尘治理（洞口帷幕降尘设施、雾炮机降尘）；编制了森林防火专项工作方案和应急预案，严防森林火灾，守护绿水青山。

2）信息化技术

（1）BIM 技术

BIM 在设计、施工中的应用：BIM 是建筑业信息化的有效应用，为建筑的全生命期的管理提供信息技术支撑。BIM 技术的应用打通了规划、设计、建造、运营等环节的信息共享渠道，信息在各环节间能无损传递，实现建筑全生命期的信息共享，避免人力、物力和财力的浪费，降低风险的产生；能将建筑工程项目产业链上的各个环节包括业主、勘察、设计、施工、项目管理、监理、部品、材料、设备紧密联系起来，促进了各方工作效率的提高和工作质量的提升，大大降低因信息不畅导致的资源浪费等问题。BIM 技术能有效实现设计与施工的一体化，促进改变建筑业传统生产方式。BIM 技术可以给施工企业带来巨大的价值。基本上可以分为如下几类：

可视化功能强大：替代原有二维技术，并支持深化设计和 4D 施工的可视化模拟，让 BIM 技术不仅在招标投标中成为一大亮点，更可以优化施工方案、对施工质量和施工进度予以监控，并能尽力避免施工过程中的碰撞或其他误差等问题。

全过程造价成本管控：BIM 技术可以有效避免项目施工过程中的粗估冒算，加快项目结算过程，避免少算漏算，反映真实的项目盈利水平。全过程造价成本管控，提升项目预算的精度与效率，提升项目精细化管理水平。

协同效率高：BIM 技术可以使项目的各参与方有更方便、更高效的协同沟通工具，使网络协同作业成为可能，有效提升管理效率。例如在施工阶段的施工指导、直接支持预制加工都是直接地体现。

基础数据获取方便准确，有效支持管理决策：BIM 模型是一个关联的数据库，可以快速准确地汇总、拆分、分析各类数据，为企业经营决策提供参考依据，并实现与管理系统的有效整合，提升企业整体的管理效率。

BIM 技术在施工阶段的价值主要体现在三个层面。

最低层级为工具级应用：利用算量软件建立三维算量模型，可以快速算量，极大改善工程项目高估冒算、少算漏算等现象，提升预算人员的工作效率。

第二层级为项目级应用：BIM 模型为 6D 关联数据库，在项目全过程中利用 BIM 模型中的信息，通过随时随地获取数据为人、材、机计划制定、限额领料等提供决策支持，通过碰撞检查避免返工，钢筋木工的施工翻样等，实现工程项目的精细化管理，项目利润将可以提高 10%以上。

第三层级为 BIM 的企业级应用：一方面，可以将企业所有的工程项目 BIM 模型集成在一个服务器中，成为工程海量数据的承载平台，实现企业总部对所有项目的跟踪、监控与实时分析，还可以通过对历史项目的基础数据分析建立企业定额库，为未来项目投标与管理提供支持；另一方面，BIM 可以与 ERP 结合，ERP 将直接从 BIM 数据系统中直接获取数据，避免了现场人员海量数据的录入，使 ERP 中的数据能够流转起来，有效提升企业管理水平。

BIM 在运维中的应用体现在以下几方面：

①系统构建

数据信息能否集成共享：由于项目管理全过程的参与方过多，其使用软件也不尽相同，造成了信息中心库数据格式的差异。为了将项目由设计至施工的各个阶段信息都可以整理保存，并且交由物业的运维管理处，实现信息数据可以得到二次利用，必须建立起稳定适用的数据中心库。将项目整个生命周期的信息储存到数据库内，完成信息的集成共享，并且通过数据中心库来检索信息。

②实现系统各项性能

信息储存和管理的本质目标是为了再次使用，而怎样实现在物业运维管理过程中应用信息则是系统构建的核心内容。物业的运维管理整个框架内，系统应用是框架中层，搭建系统应用层能够实现管理各项性能的正常使用，同时满足信息集成要求。

③解决了客户端权限

应用 BIM 技术需要解决信息安全性问题，也就是客户端的权限安全。物业的运维管理阶段，数据安全作为整体管理基础条件。按照用户职责来设置不同应用权限，在各自职责内获取相应数据信息。将 BIM 技术和管利相结合，实现数据库的信息完善，处理了数据库的设置信息分层权限问题，解决数据使用对安全控制需求。

④系统应用层

功能作用：由于公寓高层、高档住宅以及商业综合体等建筑日渐增多，使得物业运维和管理获得相应发展。应用 BIM 技术后的物业运维和管理涉及项目生命全周期信息，支持可视化查询物业设备的运行情况。为物业工作人员提供实时设备运行信息，更加全面系统地掌握设备问题，为后期维护提供便捷的同时降低了管理成本。

技术支持：现有物业运维和管理阶段主要使用 NAVISWORKS 技术，实现设备动态三维监督，及时处理不同格式三维数据。将处理后的信息导入物业运维和管理模型中，加快了信息查找速度。此外，物业运维和管理中积极应用 RFID，全面收集各项信息。通过智能终端来获取现场物业全部设备的信息。

⑤日常管理

物业运维和管理日常工作包括公共秩序、车辆秩序、系统监视、空间管理以及客户服务等内容。通过应用 BIM 技术之后有效提高了物业安防服务能力，其视频识别与定位跟踪的性能可以针对不法分子展开识别，及时切换不同角度摄像头使不法分子难以逃离监控。对车流量展开监控，通过模糊计算后得出车辆与行人数量。针对建筑入口、展览空间、电梯口、楼梯等处发出人车流量的预警信号，疏导人流和车流应急的安排。例如：针对火灾问题可以提供被困人员正确脱困线路，控制人员伤亡。针对水管爆裂问题，传统物业运维和管理模式下首先要查看水管安装的图纸，寻找水管阀门，这一过程耗费了较多时间，使灾害不断加重。而通过 BIM 技术后，工作人员可以第一时间定位阀门位置，并且显示出整体管道情况，可以有缓解、有侧重地处理灾害问题，高效降低了损失。

（2）智慧云平台

智慧云平台集合大数据、人工智能、云计算、移动互联网、物联网等多种技术，可被广泛用于建造过程的各个环节和全生命周期维护，例如智慧工地、建筑运维系统等。

①云平台的建设原则

标准化：当前云服务在整个信息产业中还不够成熟，相关的标准还没有完善。为保障方案的前瞻性，在设备选型上力求充分考虑对云服务相关标准的扩展支持能力，保证良好的先进性，以适应未来的信息产业化发展。

高可用：为保证数据业务网的核心业务不中断运行，在网络整体设计和设备配置上都是按照双备份要求设计的。在网络连接上消除单点故障，提供关键设备的故障切换。关键设备之间的物理链路采用双路冗余连接，按照负载均衡方式或 active-active 方式工作。关键主机可采用双路网卡来增加可靠性，全冗余的方式使系统达到电信级可靠性。要求网络具有设备链中故障毫秒的保护倒换能力，具有良好扩展性，网络建设完毕并网后应可以进行大规模改造，服务器集群、软件功能模块应可以不断扩展。具有良好的易用性，简化系统结构，降低维护量。对突发数据的吸附，缓解端口拥塞压力，能保证业务的流畅性等。

增强二级网络：云平台下，虚拟机迁移与集群式两种典型的应用模型均需要二层网络支持。随着云计算资源池的不断扩大，二层网络的范围正在逐步扩大，甚至扩展到多个数据中心内，大规模部署二层网络则必然带来一个问题就是二层环路问题。采用传统的 STP + VRRP 技术部署二层网络时会带来部署复杂、链路利用率低、网络收敛时间慢等诸多问题，因此网络方案的设计需要重点考虑增强二级网络技术（如 IRF/VSS、TRILL 等）的应用，以解决传统技术带来的问题。

虚拟化：虚拟资源池化是网络发展的重要趋势，将可以大大提高资源利用率，降低运营成本。应有效开展服务器、存储的虚拟资源池技术建设，网络设备的虚拟化也应进行设计实现。服务器、存储器、网络及安全设备应具备虚拟化功能。

高性能：由于云服务网络中的流量模型发生了变化，随着整个云平台相关业务的开展，业务都分布在各个服务器上，流量模型从纵向流量转换成复杂多维度混合的方式，整个系统具有较高的吞吐能力和处理能力，满足 PB 级别的数据处理请求，具备对突发流量的承受能力。

开放接口：为保证服务器、存储、网络等资源能够被云平台良好地调度与管理，要求系统提供开放的 API 接口，云计算运行管理平台能够通过 API 接口、命令运行脚本实现对设备的配置与策略下发。

绿色节能：节能减排是目前网络建设的重要系统工程之一，从网络机房的整体能耗来看，IT 设备约占到 30%，空调等制冷系统约占 45%，UPS、照明等辅助系统约占 25%。所以作为 IT 设备的节能，不仅要考虑本身能耗比较低，而且要考虑其热量对空调散热系统的影响。应采用低功耗的绿色网络设备，采用多种方式降低系统功耗。

②云平台的建设目标

支持 PB 级数据存储，保障访问高速、安全完善的容灾备份机制，提供完整的故障预警和处理机制，提供弹性计算、自动扩充存储空间功能、提供数据挖掘、数据分析和数据展现工具、部署 CDN。

③云平台的建设思路

云计算主要分为三种服务模式：SaaS、PaaS、IaaS。SaaS 主要将应用作为服务提供给客户，IaaS 是主要是将虚拟机等资源作为服务提供给用户，PaaS 以服务形式提供给开发人员应用程序开发及部署平台。

SaaS（Software-as-a-service，软件即服务）是最为成熟、最出名，也是得到最广泛应用的一种云计算。可以将它理解为一种软件分布模式，在这种模式下，应用软件安装在厂商或者服务供应商那里，用户可以通过某个网络来使用这些软件，通常使用的网络是互联网。这种模式通常也被称为"随需应变（On demand）"软件，这是最成熟的云计算模式，因为这种模式具有高度的灵活性、已经证明可靠的支持服务、强大的可扩展性，因此能够降低客户的维护成本和投入，而且由于这种模式多宗旨式的基础架构，运营成本也得以降低。

PaaS（Platform-as-a-Service：平台即服务）提供了基础架构，软件开发者可以在这个基础架构之上建设新的应用，或者扩展已有的应用，同时却不必购买开发、质量控制或生产服务器。我们自主研发的 APP PaaS Structure 可以在此基础上，很方便地扩展服务模块。

IaaS（Infrastructure-as-a-service：基础架构即服务）通过互联网提供了数据中心、基础架构硬件和软件资源。IaaS 可以提供服务器、操作系统、磁盘存储、数据库和/或信息资源。IaaS 的主要用户是系统管理员。最高端 IaaS 的代表产品是亚马逊的 AWS（Elastic Compute Cloud），不过 IBM、Vmware 和惠普以及其他一些传统 IT 厂商也提供这类的服务。IaaS 通常会按照"弹性云"的模式引入其他的使用和计价模式，也就是在任何一个特定的时间，都只使用需要的服务，并且只为之付费。

鉴于云计算平台应用需求的满足是一个渐进的过程，云平台建设是一项复杂的系统工程，建议云平台建设遵循长期规划、分步实施的原则，前期立足于满足 IaaS 层，后续根据实际需求逐步支持 PaaS 和 SaaS 的实现。

（3）智慧管廊平台

平台应用物联网、大数据、互联网等技术，解决了数据整合、平台服务和业务应用等方面问题：一是通过集成整合"环境监测""安防监控""消防报警""通信传输""移动终端""人员定位"等系统，构建全方位的管廊传感网，打破不同系统间的信息壁垒，实现信息互通，完成基础设备设施的信息采集、信息交互和设备控制；二是构建大数据中心平台，实现各类信息的集中存储、融合处理、分析挖掘、发布共享等服务，为应用层和设备层提供数据服务；三是搭建应用层运维管理业务系统，实现系统管理、综合监控、应急管理、日常管理、移动应用、决策分析等功能。该平台应用效果如下：

①管控可视化

通过"智慧一张图"可展示廊内所有监控设备的实际位置，实现对设备的精准迅速定位，实现对廊内风机风阀、照明、水泵、电子井盖、门禁等设备远程控制和状态监测功能，实现对廊内的环境气体（氧气、甲烷、硫化氢、温湿度）的实时监控、实现了对防入侵的监测、实现了视频实时监控，实现对入廊人员实时定位以及随时通话功能，通过监控设备实现监控中心的可视化管理（图 17.3-4）。

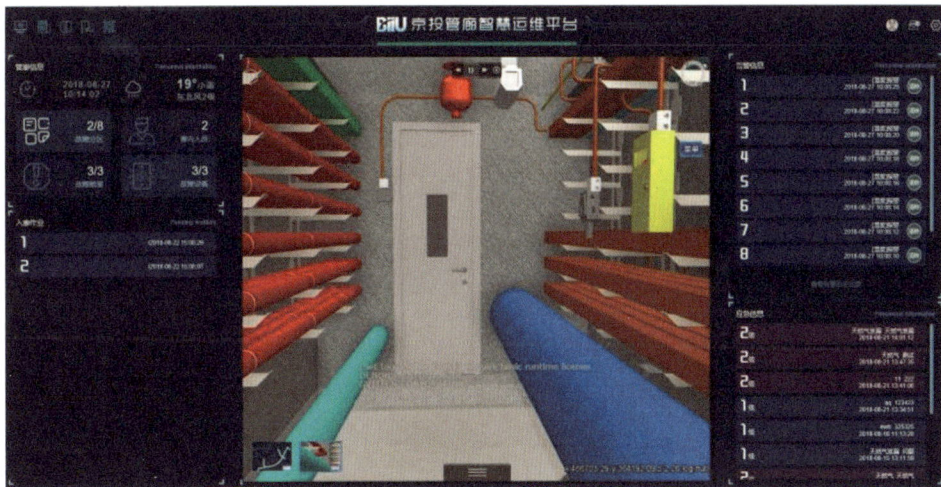

图 17.3-4　综合管廊智慧运维管理平台综合监控界面

②应急智能化

当环境监测、消防报、可燃气报警等系统实时监测数据超过先设定的阈值或入侵报警、门禁系统、电子井盖、视频安防、通信传输等系统状态异常时，平台会自动报警并精准定位，自动识别危险源类型。同时，依据应急事件级别以及应急事件类型，启动相应的应急预案，按照事先设定的应急处置流程，实现各设备系统之间的联动，及时提醒相关人员采取有效处置措施，避免发生次生灾害。此外，平台具有识别及处置"误报"功能，有效提高应急处置可靠性（图 17.3-5）。

图 17.3-5　综合管廊智慧运维管理平台应急管理界面

③管理集约化

将入廊作业等 30 项标准作业流程（SOP）、日常运维及资产管理等 24 项制度嵌入运营管理平台，运维人员通过平台可查看廊内所有作业流程信息，实现对廊内作业情况的整体把控；通过对廊内变化进行实时跟踪，可实现快速协调各方情况的目标；通过构建全过程标准化工作模式，实现巡检任务线上制定、审批、分发，方便运维人员及时查看巡检任务，提高巡检效率。此外，平台与手机 APP 联动，通过手机 APP 记录现场巡检、维修情况并实时上传，方便运维人员及时查阅巡检结果，同时实现了全部日常运维管理工作在手机端的上报及审批，提高运维管理效率（图 17.3-6、图 17.3-7）。

图 17.3-6　综合管廊智慧运维管理平台 APP 界面

图 17.3-7　综合管廊智慧运维管理平台日常管理界面

④决策智慧化

依托日常管理采集的大量运营过程数据，通过计算机自适应学习和智能决策技术对综合管廊环境数据、设施设备维修数据、采购数据、能耗数据和事故数据进行计算分析，优化设施设备采购方案，降低设施设备日常能耗，提高应急响应效率，降低运维过程中人、财、物等成本，从而保障运维自动化、经济化（图 17.3-8）。

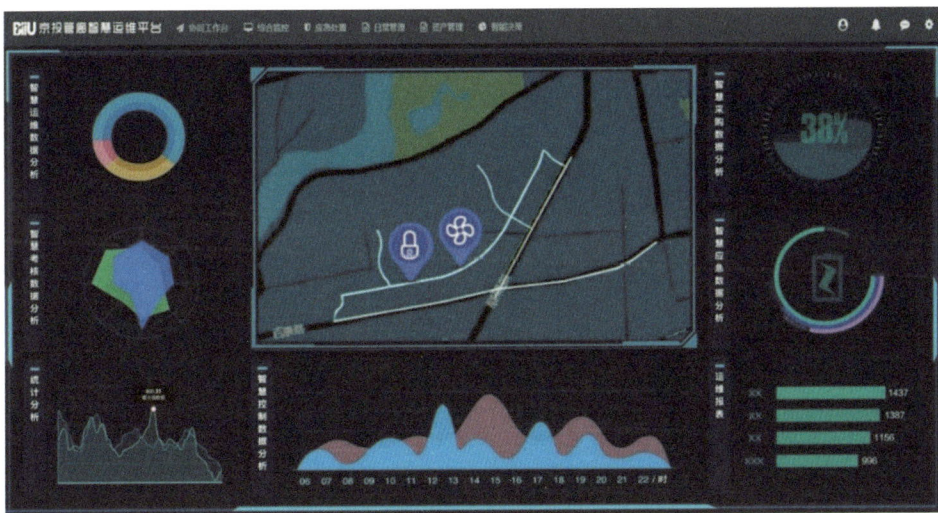

图 17.3-8　综合管廊智慧运维管理平台智能决策界面

为了提升平台的可靠性、稳定性、可扩展性和开发效率，借鉴先进的物联网"感、传、知、用"分层架构的理念将平台分为感知、传输、数据、服务和应用五层，对综合管廊智慧运维管理平台进行设计。

由于业务流程和管理制度会不断地完善和更新，因此综合管廊智慧运维管理平台建设具有需求调研周期长、变化频繁、需要不断完善的特点。在平台建设中采用多次迭代的方式进行研发，并保证每次迭代研发阶段能够解决运维管理中的关键业务问题，规避了需求挖掘中的不确定性带来的问题，有效降低了项目推进的风险。平台研发采用"三步走"的实施策略，其研发过程经信息化、智能化和智慧化三个迭代阶段，逐步达到智慧管廊的运维目标。

信息化阶段：主要是完成管廊运维管理过程中业务管理的信息化。项目建设过程中，通过对管廊业务进行梳理，制定运维管理的标准化业务流程，并根据业务流程构建"日常管理""安防监控""环境监测""通信广播"等全方位的信息系统，从而满足运维管理业务的信息化办公需要。

智能化阶段：是在信息化办公的基础上，通过后端服务对各类信息进行整合，实现终端应用、大屏展示和移动 APP 上的信息联动，完成管廊运维管理中综合监控、智能控制、应急联动等智能化业务功能。

智慧化阶段：是在智能化联动业务基础上，应用大数据、云计算、人工智能等技术，根据历史数据分析挖掘、人工智能模型计算等方法，实现智能分析控制、应急辅助决策、主动式维修保养、智能采购申请与考核评估等智慧化管理的业务功能。

—— 第 18 章 ——

冬奥参与者的感受与感悟

写给 2022 年的自己的一封信

致 2022 年的自己：

展信佳，见字如晤。2022 年北京的第一场雪来得早吗？初雪一落，冬奥会开幕也就不远了吧？我好想赶紧成为你，看看冰雪之下的海坨山是多么的热闹非凡。你也许会觉得恍如隔世：冬奥会仿佛一个梦，在过去的几年里令你朝思暮想，尤其是在建设综合管廊，穿山越岭的那段日子里，这个梦就像一个甜蜜的负荷，令人既期待又紧张。而现在，它就在你眼前缓缓升起，是那么的轻盈和曼妙，就连此刻提笔的我都能想象到它的圆满。

同样令我感到圆满的还有人生的境遇。

我是何其幸福，能够参与到 2022 年北京冬奥会这场国家盛事的建设当中去，目睹所有建设者的家国情怀和心血汗水凝结成"万里长城"，为赛事的顺利举办保驾护航。大雪压青松，青松挺且直，尽管建设任务艰难困苦，道阻且长，我们的建设者队伍也如同青松一般意志坚定，勇往直前。这一份执着，想来 2022 年的你回顾起来也依旧会泛起泪光吧！

我又是何其幸运，能够在职业生涯里留下这浓墨重彩的一笔。冬奥会综合管廊项目的重要性、紧迫性和艰巨性全方面地赐予了我磨砺和成长。如果说冬奥会对于参赛选手的意义就是一天天苦练竞技本领，一步步登顶颁奖礼台，奖牌就是最好的犒赏；那么冬奥工程对于我而言的意义则是一丝丝打磨专业能力，一层层提高工作水平，经验就是最大的财富。这一级阶梯，想来 2022 年的你追忆起来也依然会心怀感恩吧！

可是，令我最感动的永远是这个时代与人民。如同茨维格在《人类群星闪耀时》里所说，一个人生命中最大的幸运，莫过于在他的人生中途，即在他年富力强的时候发现了自己的使命。这个时代里有许多人肩负、履行着各自的使命，于是我们享受着这个时代的光荣和繁华。冬奥会就是一个缩影，我有幸承担部分工程建设的使命，有人承担着赛事组织的使命，还有人承担着传播记录的使命……一个时代的人民共襄一个时代的盛举。一个时代成就着无数个小我，而无数的小我也造就着一个时代。

请继续作为人类群星中的一员闪耀自己的光芒吧！

韩宝江
写于 2020 年深秋 北京